青海省地质勘查成果系列丛书
青海省地质矿产勘查开发局资助

西宁市地质灾害防治

XINING SHI DIZHI ZAIHAI FANGZHI

彭 亮 等著

图书在版编目(CIP)数据

西宁市地质灾害防治/彭亮等著. —武汉:中国地质大学出版社,2023.12
ISBN 978-7-5625-5715-9

Ⅰ.①西… Ⅱ.①彭… Ⅲ.①地质灾害-灾害防治-研究-西宁 Ⅳ.①P694

中国国家版本馆 CIP 数据核字(2023)第 257228 号

西宁市地质灾害防治　　　　　　　　　　　　　　　　　　彭　亮　等著

责任编辑:李焕杰	选题策划:张　旭　段　勇	责任校对:杜筱娜

出版发行:中国地质大学出版社(武汉市洪山区鲁磨路388号)	邮编:430074
电　　话:(027)67883511　　　传　　真:(027)67883580	E-mail:cbb@cug.edu.cn
经　　销:全国新华书店	http://cugp.cug.edu.cn

开本:880毫米×1230毫米　1/16	字数:507千字	印张:16
版次:2023年12月第1版	印次:2023年12月第1次印刷	
印刷:武汉精一佳印刷有限公司		

ISBN 978-7-5625--5715-9	定价:168.00元

　　如有印装质量问题请与印刷厂联系调换

"青海省地质勘查成果系列丛书"
编撰委员会

主　　任：潘　彤
副主任：孙泽坤　党兴彦
委　　员：（按姓氏笔画排列）
　　　　王秉璋　王　瑾　许　光　杜作朋　李东生
　　　　李得刚　李善平　张爱奎　陈建州　赵呈祥
　　　　郭宏业　薛万文

《西宁市地质灾害防治》
编委会

主　　编：彭　亮
副 主 编：白刚刚　杜文学
参编人员：田成成　袁时祥　田　浩　郑长远　贾升安
　　　　　马还援　拉换才让　解立栋　王全义　苏莲霞
　　　　　刘　恒　马　鸣　赵　瑛　金家琼　赵爱玲
技术顾问：夏泽军　张啟兴　胡贵寿　郭宏业　黄　勇

前言

地质灾害防治是指以最大限度地避免和减轻地质灾害造成的损失为目标,以健全调查评价、监测预警、综合治理、应急处置四大体系建设为核心任务,充分依靠科技进步和管理创新,加强统筹协调,全面提升全社会地质灾害防御能力。

西宁市是青海省的省会城市,也是省内地质灾害易发、频发和群发的地区。近年来,受青藏高原暖湿化趋势加剧、极端天气增加的影响,全市地质灾害发生频率明显上升,地质灾害进入相对活跃期。西宁市地质灾害具有隐蔽性、突发性和周期性,防范难度大,社会影响广,防灾形势严峻。

为全面系统研究西宁市地质灾害调查评价、监测预警、综合治理、应急防治等工作,笔者在20余年地质灾害防治工作的基础上,结合近年来开展的重要城镇地质灾害风险评价、汛期地质灾害排查、地质灾害监测预警、地质灾害综合治理工程及地质灾害科研工作,首次系统总结了西宁市地质灾害防治工作取得的主要成果。

(1)深入研究了西宁市地质灾害发育特征及分布规律,分析了西宁市地质灾害孕灾条件及影响因素,揭示了西宁市重大地质灾害的形成机理及破坏模式等灾变规律,对西宁市地质灾害易发程度进行了综合评价。

(2)系统研究了西宁市地质灾害现状及调查评价工作,提出了地质灾害调查与风险评价调查新技术、新方法。自2002年开始,西宁市先后开展了1∶10万地质灾害调查与区划、1∶5万地质灾害详细调查及1∶1万重要城镇地质灾害风险评价工作。通过多年来的基础性调查评价,基本查清了西宁市地质灾害隐患,动态更新了地质灾害防灾数据库,探索形成了一套1∶10万~1∶1万地质灾害调查与风险评价调查技术方法,为后续青海省开展调查评价项目实施提供了经验,为西宁市地质灾害防治奠定了基础性地质资料。

(3)系统研究了西宁市地质灾害监测预警技术,形成了一套适用于高寒高海拔地区地质灾害自动化专业监测的技术方法。在青海省地质矿产勘查开发局计划资金科研项目"西宁市特大型地质灾害预警与示范"的基础上,研究滑坡监测预警新技术、新方法,推动了青海省地质灾害监测预警由传统方式向自动化、数字化、网络化和智能化转变,健全了地质灾害临灾预报和快速处置体系,全面提升了地质灾害监测预警管理和风险防控能力。

(4)系统总结了地质灾害勘查和工程治理的技术方法与工作经验,分析了典型地质灾害的勘查和治理。通过近年来实施的北山地区滑坡、南川东路滑坡、张家湾—杨家湾滑坡、王家庄滑坡等综合治理工程,打造出了一批地质灾害综合治理样板工程,积累了大量的实践性综合治理经验,为西宁市地质灾害防治奠定了技术基础。

（5）系统总结了地质灾害应急防治体系建设，对突发性地质灾害应急调查、地质灾害的应急演练、宣传培训、应急能力建设等内容进行了梳理和总结，提出了地质灾害防治工作建议。

本书共分8章：第一章由彭亮、杜文学撰写；第二章由彭亮、袁时祥撰写；第三章由彭亮、郑长远撰写，贾升安、王全义、解立栋参与了编写与制图；第四章由白刚刚、彭亮撰写，赵瑛、苏莲霞参与了编写工作；第五章由杜文学、彭亮撰写，刘恒、马鸣参与了编写工作；第六章由田成成、彭亮撰写，田浩、袁时祥、拉换才让、马还援参与了部分内容的研究与编写工作；第七章由彭亮、白刚刚撰写，金家琼、苏莲霞参与了编写工作；第八章由彭亮、白刚刚撰写。全书最终由彭亮统稿并定稿。

本书是青海省水文地质工程地质环境地质调查院地质灾害防治科研团队全体同志辛勤劳动的结晶。本书的出版得到了青海省地质矿产勘查开发局、青海省水文地质工程地质环境地质调查院（青海省水文地质及地热地质重点实验室）的大力支持和资金资助，笔者在此向给予指导关心的各位专家、领导表示衷心的感谢！

本书可供从事地质灾害防治、工程地质等领域工程技术人员及科研人员参考。鉴于地质灾害防治工程实践经验浩瀚，技术方法和理论不断更新完善，限于笔者水平有限，书中难免有错误和不当之处，恳请专家与读者批评指正。

彭亮
2023年6月

目录

第一章　绪　论……………………………………………………………………………（1）
　　第一节　研究意义…………………………………………………………………（1）
　　第二节　研究区范围及社会经济概况……………………………………………（2）
　　第三节　研究程度…………………………………………………………………（3）
　　第四节　国内外研究现状…………………………………………………………（10）
　　第五节　研究基础及研究方向……………………………………………………（12）

第二章　地质环境背景……………………………………………………………………（14）
　　第一节　气象与水文………………………………………………………………（14）
　　第二节　地形地貌…………………………………………………………………（15）
　　第三节　地层岩性…………………………………………………………………（19）
　　第四节　地质构造与地震…………………………………………………………（22）
　　第五节　水文地质条件……………………………………………………………（28）
　　第六节　工程地质条件……………………………………………………………（29）
　　第七节　人类工程活动概况………………………………………………………（31）

第三章　地质灾害概况……………………………………………………………………（33）
　　第一节　地质灾害现状……………………………………………………………（33）
　　第二节　地质灾害发育特征………………………………………………………（34）
　　第三节　地质灾害发育分布规律…………………………………………………（41）
　　第四节　地质灾害孕灾条件………………………………………………………（44）
　　第五节　重大地质灾害形成机理分析……………………………………………（50）
　　第六节　地质灾害易发程度………………………………………………………（55）

第四章　地质灾害调查评价………………………………………………………………（58）
　　第一节　地质灾害调查与区划……………………………………………………（58）
　　第二节　地质灾害详细调查………………………………………………………（61）
　　第三节　重点城镇地质灾害调查与风险评价……………………………………（66）
　　第四节　地质灾害排查……………………………………………………………（69）
　　第五节　地质灾害调查评价新技术新方法………………………………………（80）

第五章　地质灾害监测预警 (88)
第一节　地质灾害监测预警工作背景 (88)
第二节　地质灾害监测预警研究现状 (89)
第三节　地质灾害监测预警技术方法 (91)
第四节　地质灾害专群结合监测预警典型案例 (98)
第五节　地质灾害监测预警工作成效 (115)
第六节　地质灾害监测预警工作经验 (119)

第六章　地质灾害综合治理 (125)
第一节　地质灾害勘查技术 (125)
第二节　典型地质灾害勘查实例 (136)
第三节　地质灾害治理技术 (187)
第四节　典型地质灾害治理工程 (192)
第五节　地质灾害综合治理效益评述 (218)
第六节　地质灾害综合治理经验 (220)

第七章　地质灾害应急处置 (228)
第一节　地质灾害应急调查 (228)
第二节　地质灾害应急能力建设 (234)

第八章　地质灾害防治建议 (239)
第一节　地质灾害防治成效 (239)
第二节　地质灾害防治工作建议 (241)

主要参考文献 (245)

第一章　绪　论

第一节　研究意义

青海省位于青藏高原东北部,地质环境复杂,生态脆弱,气候多样,全省地貌以山地、丘陵为主。山地、丘陵地区面积占全省总面积的72%,地质灾害易发区面积占全省总面积的72.5%。地质灾害具有范围广、数量多、群发突发、灾情严重、治理难等特点。截至2021年底,全省共有各类地质灾害隐患点3924处,其中崩塌363处、滑坡986处、泥石流1146处、不稳定斜坡1419处、地面塌陷9处、地裂缝1处,威胁约18.56万人、66.2亿元财产。全省地质灾害隐患点主要分布在东部的西宁市和海东市,这2个市的地质灾害隐患点占全省总数的54.6%,南部地区其次,数量占全省总数的27.7%。地质灾害是全省造成人员伤亡最为严重的自然灾害之一。2017—2020年,全省累计发生突发性地质灾害525起,造成18人死亡、2人失踪、3人受伤,直接经济损失达9650.96万元。其中,2017年全省共发生突发性地质灾害31起,造成12人死亡、3人受伤,直接经济损失达888.5万元,是近10年来青海省地质灾害造成伤亡人数最多的一年;2018年全省共发生突发性地质灾害207起,造成4人死亡,直接经济损失达5100余万元,是青海省地质灾害发生次数最多、经济损失最为严重的年份;2019年全省共发生突发性地质灾害92起,造成1人死亡、2人失踪,直接经济损失达1676.6万元;2020年全省共发生突发性地质灾害195起,造成1人死亡,直接经济损失达1985.86万元。

近年来,受青藏高原暖湿化趋势加剧、极端天气增加的影响,全省地质灾害发生频率明显上升,地质灾害进入相对活跃期,地质灾害呈现出频发、群发的态势,而地质灾害具有隐蔽性、突发性和周期性,防范难度大,社会影响广,防灾形势十分严峻。

西宁市位于青藏高原东北部,是青海省的省会,古称西郡、青唐城,也是国家丝绸之路经济带的重要支点城市,还是青海省政治、经济、文化、科教、交通和通信中心。西宁市地质灾害十分发育,为青海省主要人类活动集中区域,造成的人员伤亡和经济损失严重,如:2010年5月5日发生阴山堂滑坡;2010年7月6日发生湟源泥石流灾害;2010年11月23日发生南山居士林滑坡;2011年7月31日发生一颗印滑坡;2013年8月21日发生大通泥流石灾害,当时降水量达144.9mm,创青海省单站日降水量历史极大值;2017年8月8日城东区王家庄滑坡西侧发生滑动,造成4人死亡;2018年8月26日南川东路滑坡发生大规模滑动,损坏坡脚房屋3间、绿化泵站1座,致使坡脚加油站和加气站关停,造成直接经济损失约1000万元,并迫使坡脚城区主干道南川东路交通中断3d。西宁市地质灾害表现出突发性特征以及其独特的成因机理,特别是西宁市南北山滑坡成灾机理复杂,具有群发性,监测预警的难度很大,近年进行了大量的调查评价、勘查治理及监测预警工作。

本书总结近年来西宁市地质灾害防治的技术成果及工作经验,为科学有效地防治地质灾害、消除或减轻地质灾害隐患积累实践经验,提高地质灾害防治水平,提升防灾减灾科技能力,最大限度保障人民群众的生命和财产安全提供了一定的参考资料依据。

第二节 研究区范围及社会经济概况

一、研究区范围

研究区范围为西宁市行政区划范围(图1-1),笔者重点是对西宁市中心城区地质灾害进行研究。西宁市城区地处青藏高原河湟谷地,湟水自西向东贯穿市区,三面环山,三川汇聚,是进入青藏高原的门户。西宁市辖城中区、城东区、城西区和城北区以及湟中区、湟源县和大通回族土族自治县(简称大通县),面积为7660km²,中心城区面积为476.5km²。区内交通便利,高速公路、国道、省道、骨干乡村公路网纵横交错,青藏铁路、兰新铁路客运专线经过西宁。

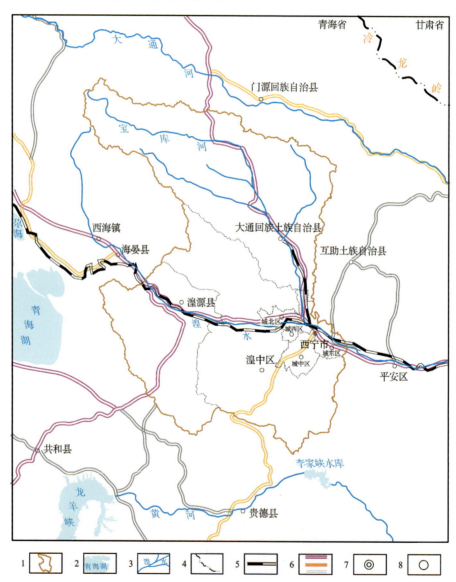

1.研究区范围;2.湖泊;3.河流;4.省界;5.铁路;6.国道、省道、县道;7.市;8.县(区)

图1-1 研究区范围及交通位置示意图

西宁市属于大陆性高原半干旱气候,气候特点是气压低、日照长、雨水少、蒸发量大、太阳辐射强、日夜温差大、无霜期短、冰冻期长、冬无严寒、夏无酷暑,是天然避暑胜地。西宁市乔木树种主要有青杨及青海云杉、油松,灌木主要有沙棘、柠条,草类主要有自然生长的冰草、针茅、骆驼蓬等。

二、社会经济概况

截至2021年末,西宁市总人口247.56万人。全市共有家庭户847 809户,集体户65 944户,家庭户常住人口为2 224 710人,集体户常住人口为243 255人。平均每个家庭户的人口数约为2.62人。西宁市人口约占青海省总人口的39.25%,其中城区常住人口约占全市总人口的54.25%,有汉族、土族、藏族、回族等35个民族,少数民族人口约占总人口的25.9%。

据2021年西宁市统计年鉴,全年完成地区生产总值1 131.62亿元,人均地区生产总值达到4.92万元,全市居民消费价格总水平同比上涨2.5%,工业增加值增长12.7%,接待国内外游客1 606.53万人次。西宁市居民人均可支配收入19 842元。西宁市的地区生产总值约占青海省的46%,财政收入、社会商品零售总额各约占50%以上。青海省90%的调入商品和80%的调出商品经西宁市中转,对全省其他地区具有较强的吸引力和辐射力。

西宁市经过70余年的建设和发展,以城市为中心的交通、通信、金融、商业及城市基础设施体系基本完善并努力成为青藏高原区域内投资环境优良的创业城市、生态良好的宜居城市、改革开放的先行城市、内涵丰富的文化城市、和谐稳定的青藏高原区域性现代化中心城市。

西宁市是青藏高原区域性中心城市,是沟通内地、联通西部边疆和中亚地区的战略通道,对维护西部边疆乃至全国社会稳定具有重要地位。西宁市聚集着青海省占主要优势的社会资源,周边地区人口大量迁移定居于此,新区建设日新月异,城市建设不断外延扩张,初步实现了跨越式发展的目标。

第三节 研究程度

一、区域基础地质工作

西宁市的区域地质研究程度较高,主要的区域地质调查工作始于1958年,先后由青海省地质局区域地质测量队、青海省第九地质队等相关的地质部门完成了1∶100万、1∶20万以及1∶5万的区域地质、构造地质、矿产地质调查工作(表1-1)。这些工作结合物探资料,对西宁地区的地层、古生物、岩石、矿产、构造以及各种地质体的特征等进行了较为系统的研究,这些成果资料是本次研究工作的基础性区域地质资料。

表1-1 区域地质工作主要成果汇总表

序号	时间	报告名称	完成单位
1	1956年	《青海省西宁附近石灰石踏勘报告》	重工部地质局非金属公司709队
2	1956年	《青海省西宁市北黄土踏勘报告》	建材部地质局709队
3	1961年	《祁连山东段10-47-(36)西宁市幅1∶20万区域地质测量报告及说明书》	青海省地质局区域地质测量队

续表 1-1

序号	时间	报告名称	完成单位
4	1961 年	《青海省西宁市北山—付家寨芒硝矿芒硝初步勘探报告》	青海省地质局区域地质测量队
5	1965 年	《青海省西宁幅10-47地质图说明书（1∶100万）》	青海省地质局区域地质测量队
6	1965 年	《青海省10-47-36西宁幅1∶20万地质图说明书》	青海省地质局区域地质测量队
7	1965 年	《青海省10-47-30湟源幅1∶20万地质图说明书》	青海省地质局区域地质测量队
8	1976 年	《青海省西宁市沈家寨砖瓦黏土矿区地质勘探报告》	青海省建材地质队
9	1979 年	《青海省西宁盆地1∶10万石油地质测量报告》	青海省地质局石油普查队
10	1979 年	《青海省西宁至小峡一带地质普查报告》	青海省第九地质队
11	1983 年	《青海省西宁市北山寺—泮子山石膏芒硝矿详查地质报告》	青海省第九地质队
12	1985 年	青海省J47E021023（多巴幅）、J47E021024（西宁市幅）、J47E022024（田家寨幅）、J48E022001（高店幅）1∶5万区域地质调查报告	青海省第九地质队
13	1985 年	《青海省西宁盆地盐类矿产成矿规律》	青海省第九地质队
14	1987 年	《青海省西宁地区地质构造图说明书》	青海省第九地质队
15	1989 年	《青海省西宁煤田聚煤规律与找煤方向》	青海煤田地质局
16	2006 年	《青海省西宁市及周边地区饰面石材资源调查报告》	中国建材中心青海总队
17	2007 年	《西宁市活断层探测与地震危险性评价工程技术报告》	青海省地震局
18	2015 年	J47E020020（梁脊幅）、J47E020021（扎藏寺幅）、J47E020022（湟源幅）、J47E021020（湖东种羊场幅）、J47E021021（日月幅）、J47E021022（通海幅）1∶5万区域地质调查报告	青海省地质调查院

二、水文地质工作

20世纪60年代研究区内依次开展了1∶5万、1∶10万、1∶20万区域水文地质调查工作，在西纳川、南川、多巴等西宁市主要厂矿、企业和市政水源地开展了水源地详细勘查等工作，形成了许多调查成果；2013—2016年完成了《青海省西宁地区六幅1∶5万水工环地质调查报告》。这些调查成果（表1-2）为本书研究提供了丰富的水文地质资料。

表 1-2　水文地质工作主要成果汇总表

序号	时间	报告名称	完成单位
1	1960 年	《青海省西宁钢厂供水水源勘探初步报告》	青海省地质局水文地质工程地质队
2	1963 年	《青海省西宁城市供水水文地质初步勘察报告》	青海综合地质大队水文地质队
3	1964 年	《青海省西宁南川供水水文地质勘察报告（初步勘察阶段）》	建工部给水排水设计院西北院
4	1966 年	《青海省西宁地区供水地下水详查报告》	青海省第二水文地质队

续表 1-2

序号	时间	报告名称	完成单位
5	1966 年	《青海西宁马房拖拉机厂水文地质勘查报告》	青海省第二水文地质队
6	1966 年	《青海省西宁市 1965 年度西宁西川工业供水水文地质勘察报告》	青海省第二水文地质队
7	1970 年	《青海省西宁市青海钢铁化工等 7 厂供水水文地质勘测报告》	青海省第二水文地质队
8	1975 年	《青海省西宁市塔尔水源地水文地质勘察报告》	青海省第二水文地质队
9	1979 年	《青海省西宁南川水源地地下水动态综合报告》	青海省第二水文地质队
10	1984 年	《青海省西宁、乐都幅区域水文地质普查报告(1∶20 万)》	青海省第二水文地质队
11	1984 年	《青海省湟源幅 1∶20 万区域水文地质普查报告》	青海省第二水文地质队
12	1985 年	《青海省湟中县多巴水源地水文地质初勘报告》	青海省第二水文地质队
13	1985 年	《青海省湟中县丹麻寺水源地水文地质详细勘察报告》	青海省第二水文地质队
14	1985 年	《青海省西宁地区地下水资源及环境地质评价报告》	青海省地质环境监测总站
15	1986 年	《青海省湟中县西纳川流域地下水资源综合评价报告》	青海省第二水文地质队
16	1987 年	《青海省湟中县多巴地区供水水文地质详细勘察报告》	青海省第二水文地质队
17	1988 年	《青海省西宁市西川地区环境水文地质调查报告》	青海省地质环境监测总站
18	1990 年	《青海省西宁地区水文地质工程地质环境地质综合勘察评价报告》	青海省第二水文地质队
19	1997 年	《青海省西宁市(含大通县)1∶10 万区域水文地质调查报告》	青海省地质环境监测总站
20	2006 年	《青海东部湟水流域地下水资源调查评价报告》	青海省水文地质工程地质勘察院
21	2016 年	《青海省西宁地区六幅 1∶5 万水工环地质调查报告》	青海省水文地质工程地质环境地质调查院

(1)1963 年,青海综合地质大队水文地质队完成了《青海省西宁城市供水水文地质初步勘察报告》,基本查明了西宁市地下水补给、径流、排泄条件和含水层的分布及其水质的变化规律,为西宁市厂矿企业供水提供了可靠的地下水资源,对区内矿泉水进行研究,对其形成、开发条件、经济价值进行了评价。

(2)1984 年,青海省第二水文地质队完成了《青海省西宁、乐都幅区域水文地质普查报告(1∶20 万)》,对区内地下水类型、含水层分布及富水性,地下水补、径、排条件进行了较为详细的论述,对区内地下水资源量进行了概算和评价。针对农业灌溉、城镇供水的需要,对有开发前景的地下水富水地段进行了开采资源量的概算和评价,对区内主要控水构造、热水和矿泉进行调查,初步论证了矿泉和地下热水的形成与出露条件及其水化学基本特征,对岩、土体工程地质特征及主要工程地质问题进行了概略的区域评价。

(3)1990 年,青海省第二水文地质队完成了《青海省西宁地区水文地质工程地质环境地质综合勘查评价报告》,对评价区内地下水的形成、赋存、分布规律、循环条件、水化学成分的形成和演变论述得比较详细,阐明了上述内容及各地下水类型、含水层特征在不同地貌单元、不同地段所表现出的共性和差异性,基本反映出评价区的水文地质规律和地下水资源贫富不一及其形成的客观原因;按流域、地貌单元、地下水类型分区段采用多种方法对评价区地下水资源进行了计算,阐明了区内地下水资源的分布状况;对西宁地区和西宁市的工程地质条件进行了系统的论述,特别对湿陷黄土的工程地质性质进行了详细的分析研究,对环境地质条件和环境地质现状进行了比较系统的论述。该报告首次对西宁地区的水文、工程、环境地质进行了系统的综合评价。

(4)2006年,青海省水文地质工程地质勘察院完成了《青海东部湟水流域地下水资源调查评价报告》,对流域内地下水天然资源量、可开采量和水资源地利用现状进行了复核调查,寻找并圈定了7处可供开发利用的大中型水源地,并对可开采量进行了评价;调查分析区域地下水环境质量状况,对重点地区地下水污染现状提出防治措施和建议;对西宁市25处水源地的开发利用现状进行了调查评价。

(5)西宁市及周边地区的城镇、厂矿供水勘查工作成果主要包括《西宁西川工业供水水文地质勘察报告》《青海省西宁南川供水水文地质勘察报告(初步勘察阶段)》《青海省大通县桥头电厂供水水文地质勘察报告》《青海省西宁地区供水地下水详查报告》《青海省湟中县多巴地区供水水文地质详细勘察报告》《青海省湟中县丹麻寺水源地水文地质详细勘察报告》等。上述报告为西宁市及各厂矿供水水源的规划建设提供了科学依据。

(6)与此同时研究区内还建设了一批长观孔和监测网点,积累了几十年的地下水动态监测成果和数据资料,为后期地下水数值模型的建立提供了可靠的资料。

三、工程地质工作

(1)1986年12月,青海省第九地质队完成了《青海省西宁地区工程地质图说明书》(1:20万)和《青海省外动力地质现象分布图说明书》,对本区地质灾害作了区域性描述,特别指出了"青东地区(注:含研究区)是崩塌、滑坡、泥石流等地质灾害发育区域",并提出了"地质灾害巡查、评价、预测工作应及早安排"。

(2)1990年6月,青海省第二水文地质队完成了《青海省工程地质远景区划图系及说明书》,并在《青海省岩、土体工程地质类型图及说明书》中按岩、土体的形成条件、结构及物理力学性质对区内出露地层进行了系统划分,对岩、土体的工程地质特征进行了较详细的阐述,另外对区内外动力地质现象作了简单概述,指出了区内崩塌、滑坡、泥石流灾害发育的情况。

(3)1990年7月,青海省第二水文地质队完成了《青海省西宁地区水文地质工程地质环境地质综合勘察评价报告》《黄河流域工程地质图及说明书》《西北地区工程地质图及说明书》的编制等各项成果,为铁路、公路、桥梁、工民建、水电站等工程建设提交了大量的工程地质勘察报告,基本查清了青海省已建、拟建大型工程布设区的区域工程地质条件及所存在的主要环境工程地质问题。

(4)20世纪90年代以来,专门性工程地质勘察突飞猛进,建设部门、地勘部门在西宁地区的工业与民用建筑、交通、国防、水利水电以及基础设施建设等领域开展了一系列多达数千项的工程地质勘察工作,为建设项目的基础设计提供了科学依据,并积累了大量资料。

(5)2011年,青海九〇六工程勘察设计院完成了《火车站综合改造工程地下空间项目岩土工程勘察报告》《西宁火车站综合改造工程轨道交通项目岩土工程勘察报告》《西宁市城市地下综合管廊建设工程岩土工程勘察报告》,研究了西宁市地下空间所处的区域地质构造,地貌类型,岩、土体类型及其工程特性、水文地质条件和特殊土分布,对西宁市境内的地下空间开发利用具有指导意义。

四、环境地质工作

(一)区域环境地质工作

(1)1992年,青海省地质科学研究所遥感站和青海省地质环境监测总站共同完成了《西宁地区地质灾害调查报告》。调查工作采用室内航卫片解译与实地路线调查相结合的方法,从宏观上对西宁市崩塌、滑坡、泥石流等主要地质灾害的分布规律、规模及形成条件进行了论述。

(2)1998年,青海省地质环境监测总站完成了《西宁市地质灾害危险区红线图及说明书》。此项成果是在充分地分析研究历年地质灾害调(巡)查、勘查资料的基础上,划分出地质灾害易发区和危险区,并初步提出了各区地质灾害的防治对策。

(3)2000年,青海省地质环境监测总站提交了《海东地区主要城镇及交通干线地质灾害调查与初步防治规划》《地质灾害险情简报》等,对地质灾害危险性提出了评估性意见和对区域内突发性的崩塌、滑坡、泥石流灾害做了详细记录,并对部分重要灾害点做了巡查工作。

(4)2000年,青海省地质环境监测总站完成了《西宁市(含大通桥头地区)地质灾害调查及初步防治规划报告》。该报告用大量翔实的调查资料对崩塌、滑坡、泥石流及地面塌陷等地质灾害的形成条件、时空分布、控制因素、危害对象、致灾情况等进行了较为详尽的阐述,对发展趋势作了预测,按地质灾害防治管理办法的有关要求,对地质灾害进行了分区,着重指出了市区内9条崩滑危险段和4条泥石流危险段是今后地质灾害的主要防治方向。

(5)2002年,青海省地质环境监测总站完成了《西宁市区地质灾害调查与区划报告》,初步查明了地质灾害类型、分布和发育特征,圈定了地质灾害易发区,初步建立了地质灾害群测群防网络。

(6)2003年,青海省地质环境监测总站完成了《青海省1∶50万环境地质调查报告》,对西宁市境内的地质灾害进行了野外调查,是目前重要的参考资料。

(7)2010年,青海省地质环境监测总站完成了《青海省西宁市及周边地区地下水环境污染调查评价报告》,基本查明了西宁市及周边地区主要污染源的分布,初步查明了重点污染区的污染范围和污染程度,对地下水污染现状进行初步评价,并预测其发展趋势。

(8)2011年,青海省地质环境总站完成了《青海省西宁市城市环境地质调查评价报告》,较为详细地阐述了西宁市地质、水工环地质条件,初步调查分析了地质灾害、土壤及地下水污染、固体废弃物堆放、地下水资源衰减及湿陷性黄土等环境地质问题及其对城市的影响。

(9)2013年,青海省地质环境监测总站完成了《青海省西宁市地质灾害详细调查报告(1∶1万)》,在充分收集已有资料的基础上,以遥感解译、地面调查、测绘和工程勘察为主要手段,以县(区)级行政区划为基本单元,开展了青海省西宁市区滑坡、崩塌、泥石流等地质灾害的详细调查,基本查明了市区内地质灾害及其隐患发育特征、分布规律以及形成的地质环境条件,并对其危害程度进行了评价,圈定了地质灾害易发区和危险区,建立了地质灾害信息预警系统,建立健全了群专结合的监测网络,为减灾防灾提供了地质依据。

(10)2014年,青海省环境地质勘查局和青海省水文地质工程地质环境地质调查院编制完成了《西宁市区重大地质灾害隐患调查报告》《西宁市区重大地质灾害防治专项规划(2014—2020年)》。这两份报告对西宁市区的滑坡、崩塌、泥石流、不稳定斜坡等地质灾害分别提出了监测预警、搬迁避让和综合治理的规划意见,对危害严重的地质灾害提出了综合治理措施,为本项目提供了重要资料依据。

(11)2016年,青海省水文地质工程地质环境地质调查院编制了《西宁市地质灾害防治规划(2016—2030年)》,依据西宁市地质灾害分布现状,全面论述了西宁市地质灾害分布及其危害。按照不同地质灾害类型分析了地质灾害发展趋势,对全市地质灾害隐患点进行了地质灾害易发性分区,提出了地质灾害防治规划建议。

(12)2020年,青海省环境地质勘查局编制了《西宁市城市地质调查评价报告》,查明了西宁市三维地质结构、水工环地质条件、地下空间资源、主要地质灾害、地球化学背景及污染状况,评价了城市地质资源潜力、地质环境容量,建立了三维可视化城市信息管理与服务系统,提出了科学开发地质资源和有效保护地质环境的基本思路、措施、建议,为城市规划、建设、管理,城市安全保障,城市可持续发展,城镇化发展等方面提供了地质依据。

(13)2021年,青海省水文地质工程地质环境地质调查院编制了《青海省1:100万地质环境图系编图》,研究总结了青海省环境地质问题的类型、现状和时空演化规律,开展了环境地质区划研究,编制了青海省及重要地区环境地质系列图,为青海省地质环境管理提供了技术支撑和科学依据。

(二)地质灾害治理工作

依据《西宁市区重大地质灾害隐患调查报告》和《西宁市区重大地质灾害防治专项规划(2014—2020年)》,现查明西宁市境内地质灾害隐患点144个,将这144个地质灾害隐患点整合为43处重大地质灾害隐患区,其中:滑坡10处,约占所调查地质灾害隐患总数的23%;泥石流24处,约占56%;不稳定斜坡9处,约占21%。自然资源部门、水利部门、交通部门等对部分地质灾害隐患区进行了勘查、防治工作。主要包括西宁北山、西宁市西山—阴山堂、西杏园—马坊区、西宁市南山韵家口—付家寨区。西宁及周边地区地质灾害调查、勘查、设计、治理施工工作始于20世纪90年代,主要区段包括西宁北山、西宁市西山—阴山堂、西杏园—盐庄、西宁市南山韵家口—付家寨、西宁市南山,主要地质灾害勘查、设计治理工作见表1-3。

表1-3 研究区主要地质灾害勘查防治工作汇总表

时间	报告名称	工作单位
1996年 1998年	《西宁市林家崖滑坡及小西沟泥石流灾害勘查报告》 《西宁市小西沟泥石流治理工程可行性研究补充报告》	青海省地质环境监测总站
1997年	《西宁市瓦窑沟泥石流灾害勘察报告》	地矿部九〇六水文地质工程地质大队
1998年	《西宁市郭家沟泥石流灾害勘察报告》	青海省地质环境监测总站
1999年	《西宁市北山寺索道工程三号支架南段危岩体及斜坡变形治理方案》	青海省地质环境监测总站
2000年	《西宁市城东区王家庄北侧危岩体治理施工图设计》	青海省地质环境监测总站
2000年	《西宁市东川北山一带地质灾害综合治理方案与生态建设规划报告》	青海省地质环境监测总站
2001年	《西宁市城中区南川东路2#、3#危岩排险施工设计方案》	青海省地质环境监测总站
2002年	《西宁市城东区林家崖(庙沟—小西沟段)危岩、滑坡灾害勘查报告、可行性研究报告》	青海省地质环境监测总站
2007年	《青海省西宁市北山地质灾害勘查报告、可行性研究报告》	青海省水文地质工程地质勘察院
2007年	《西宁市北山寺Ⅰ号滑坡治理方案》	青海省水文地质工程地质勘察院
2009年	《青海省西宁市林家崖滑坡灾害治理工程可行性研究报告》	青海省环境地质勘查局
2011年	《青海省西宁市林家崖滑坡应急治理工程(Ⅱ号滑坡)施工图设计》	青海九〇六工程勘察设计院
2011年	《青海省西宁市南川东路滑坡详细勘查报告》	青海省水文地质工程地质环境地质调查院
2011年	《大寺沟东滑坡应急治理工程可行性研究报告》	青海九〇六工程勘察设计院
2011年	《西宁市城西区彭家寨镇阴山堂加油站应急治理方案》	青海省水文地质工程地质环境地质调查院
2012年	《青海省西宁市北山林家崖滑坡(Ⅲ期)灾害治理项目施工图设计》	青海九〇六工程勘察设计院
2012年	《西宁市城西区火烧沟泥石流防治工程一、二期施工图设计》	青海九〇六工程勘察设计院
2012年	《青海省西宁市城东区苦水沟地质灾害勘查、可研报告》	青海省水文地质工程地质环境地质调查院

续表 1-3

时间	报告名称	工作单位
2012 年	《青海新绿洲置业投资(集团)有限公司玉树地税·新苑小区北侧地质灾害防治工程勘查报告、可行性研究、施工图设计》	青海省水文地质工程地质环境地质调查院
2012 年	《西宁市大寺沟东滑坡灾害治理工程勘查报告及施工设计方案》	青海九〇六工程勘察设计院
2013 年	《青海省西宁市一颗印危岩体滑坡灾害治理工程补充勘查报告、施工图设计》	青海九〇六工程勘察设计院
2014 年	《青海省西宁市张家湾—杨家湾滑坡灾害勘查高密度报告》	青海省水文地质工程地质环境地质调查院
2014 年	《西宁市苦水沟地质灾害防治工程施工图设计》	青海省水文地质工程地质环境地质调查院
2016 年	《青海省西宁市张家湾—杨家湾滑坡灾害勘查报告》	青海省水文地质工程地质环境地质调查院
2016 年	《青海省西宁市城北区小酉山片区泥石流灾害防治工程勘查报告、可行性研究报告》	青海工程勘察院
2016 年	《青海省西宁市城东区红叶谷洪水沟滑坡、泥石流灾害防治工程勘查报告》	青海中煤地质工程公司
2017 年	《青海省西宁市张家湾 H4 滑坡灾害防治工程施工图设计》	青海省水文地质工程地质环境地质调查院
2017 年	《西宁市城北区北山寺危岩体灾害应急治理工程》	甘肃酒泉工程勘察院
2018 年	《西宁市北山 1 号~5 号危岩应急治理工程施工图设计》	青海省有色矿产勘查局八队
2018 年	《西宁市城东区王家庄省教育厅绿化区周边危岩防护方案》	青海省有色矿产勘查局八队
2018 年	《青海省西宁市南川东路滑坡灾害防治工程可行性研究报告》	青海省水文地质工程地质环境地质调查院
2018 年	《西宁市城北区海湖桥北滑坡灾害应急治理工程施工图设计报告》	青海省水文地质工程地质环境地质调查院
2018 年	《青海省国土资源厅北山绿化点管护站不稳定斜坡防治工程勘查报告及可行性研究和施工图设计》	青海工程勘察院
2019 年	《西宁市特大型地质灾害监测预警研究与示范科研项目》	青海省水文地质工程地质环境地质调查院
2019 年	《省审计厅绿化区管护基地滑坡应急治理方案》	青海省水文地质工程地质环境地质调查院
2019 年	《青海省人力资源和社会保障厅西宁市北山绿化区管护基地滑坡应急治理工程勘查报告》《青海省人力资源和社会保障厅西宁市北山绿化区管护基地滑坡应急治理工程施工图设计》	青海省水文地质工程地质环境地质调查院
2019 年	《青海省三江源集团北山绿化区不稳定斜坡防治工程勘查报告》	青海工程勘察院
2019 年	《青海省人民政府办公厅北山三叉岭绿化区不稳定斜坡应急治理施工图设计》	青海工程勘察院
2019 年	《西宁市城北区深沟泥石流防治工程初步设计》	青海省有色第三地质勘查院
2020 年	《青海省西宁市张家湾 H2、H3 滑坡防治工程详细勘查报告》《青海省西宁市张家湾 H2、H3 滑坡防治工程施工图设计（代初步设计）》	青海省水文地质工程地质环境地质调查院
2020 年	《西宁市城东区王家庄滑坡防治工程详细勘查报告》《青海省西宁市城东区王家庄滑坡防治工程可行性研究(代初步设计)》	青海省水文地质工程地质环境地质调查院

续表 1-3

时间	报告名称	工作单位
2020 年	《西宁市城东区王家庄—褚家营滑坡监测预警示范项目》	青海省水文地质工程地质环境地质调查院
2020 年	《西宁市城西区彭家寨张家湾—杨家湾滑坡监测预警示范项目》	青海省水文地质工程地质环境地质调查院
2020 年	《西宁市城中区南川东路滑坡灾害治理工程(四期)详细勘查报告、初步设计》	青海省水文地质工程地质环境地质调查院
2020 年	《青海省人力资源和社会保障厅西宁市北山绿化区管护基地南侧 H3 滑坡后壁斜坡应急治理方案》	青海省水文地质工程地质环境地质调查院
2020 年	《2020 年西宁南北山省民政厅、省联通公司绿化区滑坡应急治理施工图设计》	青海中煤地质工程有限责任公司
2020 年	《西宁市南川东路滑坡地质灾害监测项目》	西宁市测绘院
2020 年	《西宁市城北区双苏堡村省农业农村厅绿化区泥石流灾害应急治理工程实施方案》	青海省有色第三地质勘查院
2021 年	《西宁市城东区泮子山崩塌灾害应急治理工程实施方案》	青海省水文地质工程地质环境地质调查院
2021 年	《2021 年青海省西宁市城区地质灾害监测预警实验工作方案》	青海省水文地质工程地质环境地质调查院
2021 年	《西宁市地质灾害监测预警(普适性仪器监测预警)项目》	青海省水文地质工程地质环境地质调查院
2021 年	《青海省西宁市城北区马坊—西杏园不稳定斜坡监测预警示范》	青海海旺矿产科技有限公司
2021 年	《2021 年西宁南北山绿化区应急灾害治理项目勘查报告及实施方案》	青海中煤地质工程有限责任公司
2021 年	《西宁市城东区张志忠绿化区应急治理方案》	青海省水文地质工程地质环境地质调查院

第四节　国内外研究现状

一、国外研究现状

地质灾害是指造成人类生命财产损失和环境破坏的地质事件,是自然灾害的一种,已成为人类社会经济发展无法回避的重要问题。1976 年,前国际工程地质协会主席 Arnould 教授在发表的题为《地质灾害——保险和立法及技术对策》一文中提出了"地质灾害(geological hazard)",地质灾害开始出现于专业文献及新闻媒体。美国 1969 年首先由土地保护部提出由矿山地质处执行对加州的地震、滑坡等 10 种地质灾害进行风险评估(Yu et al.,2022)。该研究从地质灾害形成发育条件出发,选择了岩性、构造、地貌、降雨、斜坡类型、地质灾害发生频率等作为评价因子,将区域自然地理单元划分为高发区、中发区、低发区,以及高易损区、中易损区和低易损区 6 种类型。其使用方法为多因子综合评价方法,使得对地质灾害的研究从定性描述向定量化方向前进了一大步。

20 世纪 60 年代之前,地质灾害研究方法和理论很不完善,地质灾害的工作重心主要是研究地质灾害的形成机理和现象分布规律,科学家们分析地质灾害发生的原因并且研究地质灾害的时间演化规律

（Zhu et al.，2022）。20世纪70年代以后，随着地质灾害频繁地发生，地质灾害造成的损失也更加严重，地质灾害的研究被越来越多的人重视起来，人们开始进行地质灾害评估领域的探索。Garrison提出了"地理信息系统"(GIS)的理论，这理论的提出在地质灾害研究领域上具有里程碑式的意义（Zhu et al.，2021）。20世纪80年代后期到90年代，GIS大量运用于地质灾害工作。20世纪80年代以后，由于计算机的发展和岩体力学的研究进展，各种复杂的计算机技术应用于坡体研究。"3S"技术（遥感技术、地理信息系统、全球定位系统）是国外进行地质灾害研究的侧重方向，也是地理信息技术的核心。国外地质灾害的研究在今后也会有一些明显的趋势。由于"3S"技术的应用，科学家会更加注重对模型数据的整理、分析和预测，弄清地质灾害产生的原因和发展趋势并为当地人们做出预警，以减少灾害给当地人民群众带来的损失。

滑坡灾害监测预警是整个滑坡灾害系统研究的核心问题，早在20世纪60年代，就展开了研究，滑坡灾害监测预警主要包括空间监测和时间监测两个方面：空间监测是指将滑坡灾害可能发生的位置确定，时间监测是指在空间监测的前提下再进一步确定可能发生滑坡灾害的时间点。但是由于滑坡灾害的发生具有复杂性，因此至今还是一个世界性的难题。国内外专家一直潜心研究，寻找滑坡灾害发生的规律，不断探索实践，使滑坡监测预警有了较大发展。当时确定滑坡是以观察现象以及专家经验进行判断，单靠观察到的变形破坏现象以及宏观的前兆现象来进行滑坡灾害预测，可想而知预警准确度不高。1968年日本学者斋腾迪孝深入研究滑坡形变机理，并通过大量实验，最终提出了蠕变破坏三阶段理论，同时还建立了加速蠕变的微分方程，并且在1970年的日本高汤山的滑坡灾害中进行了成功的预警。20世纪70年代，日本就已开始进行地质灾害的监测预警工作，积累了丰富的研究经验，并且在日本的福井县通过对降雨量的均衡试验研究，已实施了地质灾害预警系统（Peng et al.，2017）。

二、国内研究现状

中国地质灾害防治的历史进程是与中国社会经济进步的防灾减灾需求紧密相关的，是与社会经济发展水平相适应的。20世纪中叶以来，我国工程地质灾害发生的数量、发生频率以及地质灾害造成的经济损失等都呈明显上升趋势，人们把滑坡、崩塌、泥石流、地震灾害看成是一种地质灾害。20世纪60年代以前，地质灾害研究方法及理论尚不成熟，地质灾害工作主要局限于灾害形成机理、分布规律及趋势预测研究，重点调查分析灾害的形成与活动过程，具有浓厚的工程地质色彩，基本以地质灾害调查及风险评价居多，重点通过地质历史背景、地质灾害详细情况，分析研究地质灾害形成条件及形成机理，利用地质灾害历史及地质灾害遗迹来恢复地质灾害发生的时间演化规律及其影响范围。

20世纪80年代中期以前，中国对滑坡、泥石流、地面塌陷或地面沉降等的认识与防范主要服务于工程建设的地质安全选址评价和工程防护方面，一般把其当作工程地质问题进行工程绕避处理或工程地质改良。20世纪90年代，"地质灾害"作为一个专门的术语用于概括崩塌、滑坡、泥石流、地面塌陷、地裂缝和地面沉降等逐步为政府、企业、社会和学术界所接受。1998年开始，全国开展了山地丘陵区地质灾害调查与区划，以县为单位逐步调查全国地质灾害情况，并建立相应的管理信息系统和"群测群防"体系，基本查明了我国地质灾害的总体发育分布规律。

进入21世纪，中国将地质灾害调查评价、监测预警、综合防治和应急响应等已发展成为一个行业，防灾减灾需求也更加多样而迫切，特别是三峡库区地质灾害综合防治工作、全国地质灾害详细调查工作、汶川地震后地质灾害的研究工作及近年来开展的地质灾害监测预警试验工作。新技术、新方法在地质灾害研究中，尤其是在监测预警和防治技术中的应用取得了一定的进展。

国内对于滑坡监测预警降雨临界值方面的研究，主要始于2000年以后。谢剑明等（2003）对浙江省台风区和非台风区的滑坡降雨临界值进行了研究；吴树仁等（2004）以三峡库区滑坡为例对滑坡预警判据进行了研究；李铁峰等（2006）结合前期有效降雨量和Logistic模型对降雨临界值的确定进行了研究，并以三峡地区进行了方法验证;李昂等(2007)采用统计方法对四川雅安雨城区的滑坡降雨临界值进行了研究。

许强等(2020a,2020b)认为滑坡监测预警主要分区域性气象预警和单体预警两大类。区域性气象预警是通过对某区域历史降雨过程及实际诱发滑坡情况的统计分析建立基于临界雨量的统计(经验)预警模型,这是目前国际上研究最多、应用最广的预警方法。但气象预警只能进行大范围趋势性和提示性预警,并不能对某一具体滑坡是否发生以及什么时候发生做出具体预警,其主要作用是指导强降雨过程发生前的地质灾害群测群防工作。单体预警是指通过在某些危险性较大的滑坡隐患点安设专业监测设备,并通过对现场监测数据的实时分析处理,在滑坡发生前一定时间内发出警示信息,提醒受滑坡威胁人员主动避让撤离,以保证生命安全。

自2003年起,中国地质环境监测院与中国气象局国家气象中心等单位共同组建研究团队,开展全国地质灾害气象预警技术方法研究,提出了我国地质灾害区域预警的隐式统计预警、显式统计预警和动力预警方法,并采用临界降雨判据方法(隐式统计)建立了中国第一代国家级地质灾害预警系统,随后又对中国大陆分区建立了显式统计预警模型,研发了第二代国家级地质灾害预警系统,相关工作对支撑我国的地质灾害群测群防工作发挥了重要作用(刘传正,2021)。目前,浙江、四川、重庆、贵州、甘肃等多个省(市)都已开展了地质灾害气象预警服务,并取得了显著的防灾减灾效果。

三、青海省研究现状

青海省地处青藏高原东北部,是青藏高原和黄土高原的交会部位。区内地质环境复杂、生态脆弱、气候多样、构造复杂、地震频发。省内72%的面积以山地和丘陵为主。黄河流域、湟水流域是地质灾害高易发区,西宁市为青海省地质灾害的高危险区。西宁市地质灾害研究工作始于20世纪90年代,主要开展了地质灾害红线危险区的划分,刘红星和孙广仁(1994)对西宁市地质灾害与地质环境的关系进行了研究,指出了西宁市南北山为重点防治地段。2000—2005年,全市相继开展了1∶10万县(市)地质灾害调查与区划工作,按照"以人为本"的原则,采取群众报险调查的方式,首次全面摸排了西宁市的地质灾害情况。2011—2013年开展了1∶5万地质灾害详细调查工作,自2019年开始开展重点城镇1∶1万地质灾害调查与区划工作。周保等(2014)开展了黄河上游特大型滑坡群发特性的年代学研究,胡贵寿(2013)研究了青海省特大型滑坡发育分布规律,初步提出了特大型滑坡的形成机制。2019年自然资源部启动了地质灾害专业监测预警示范项目,这是青海省全面开启地质灾害监测示范工作的第一次。彭亮等(2021)在西宁市开展了特大型滑坡监测预警示范工程,提出了一套监测预警技术法,并在青海省进行了推广应用。

总之,针对西宁市地质灾害防治工作缺乏系统性研究,关于调查评价、监测预警、综合治理和应急能力四大体系的研究也不多,近年来,笔者在西宁市开展了多项地质灾害的勘查、治理和监测工程,积累了大量的一手地质资料。通过研究西宁市地质灾害的发育特征、分布规律、形成条件、孕灾机理、成灾模式、综合治理及监测预警等,总结和完善地质灾害防治基础理论,持续提高青海省减灾防灾的能力,提升地质灾害防治技术水平,最大限度保护人民群众的生命财产安全。

第五节 研究基础及研究方向

2000年以来,西宁市依次开展了1∶10万县(市)地质灾害调查与区划工作、1∶5万地质灾害详细调查工作及重点城镇1∶1万地质灾害调查与区划工作,2009年以来,青海省水文地质工程地质环境地质调查院作为西宁市汛期地质灾害排查技术支撑单位,开展了大量的地质灾害排查工作,有力地保障了西宁市地质灾害危险区群众的生命财产安全。通过近年来实施的北山地区地质灾害勘查、南川东路滑坡勘查、张家湾—杨家湾滑坡灾害勘查、王家庄滑坡勘查等,查明了区内地质灾害的发育特征、稳定性及危害性,提出了治理方案。南川东路滑坡治理工程、鲁沙尔不稳定斜坡治理工程、张家湾滑坡治理工程的实施,为西宁市地质灾害治理打造出了一批样板工程,积累了大量的实践性经验,为西宁市地质灾害防治奠定了技术基础。

2019年以来,青海省水文地质工程地质环境地质调查院陆续承担了青海省科学技术厅及青海省地质矿产勘查开发局计划资金科研项目,在"西宁市特大型地质灾害预警与示范""青海省重大滑坡监测预警关键技术研究示范""西宁黄土滑坡灾变机理、早期识别及监测预警研究"等科研项目的基础上,通过研究滑坡监测预警新方法,形成了一套适用于高寒高海拔地区地质灾害自动化专业监测的技术路线和技术方法。项目的实施推动了全省地质灾害监测预警由传统方式向自动化、数字化、网络化和智能化转变,健全了基层临灾预报和快速处置体系,最大限度保护了区内人民群众生命财产安全,全面提升了地质灾害监测预警管理和风险防控能力。示范项目基于大数据的地质灾害监测预警平台,在各种专业地质灾害监测设备与物联网和通信技术集成的基础上,构建了地质灾害监测、分析、预报、预警和应急服务于一体的信息化、智能化和可视化服务平台,全面提升了青海省对突发性地质灾害的分析、预警、处置和服务的能力,为政府相关部门进行地质环境与地质灾害决策管理和社会服务提供技术保障。项目得到了国家、省部级、科研院校等领导高度关注,科技成果被评价鉴定为"国内领先"水平。

笔者研究分析了近20年来西宁市地质灾害防治的相关资料,主要依托近6年来科研团队实施的地质灾害排查、调查、勘查设计及监测预警项目,主要研究方向为西宁市地质灾害防治四大体系,即调查评价、监测预警、综合治理和应急防治处置。

第二章 地质环境背景

第一节 气象与水文

一、气象

研究区属高原半干旱大陆性气候,具有寒长暑短、温差大、降水量少但集中、蒸发量大等特点。根据西宁市气象站资料(1971—2020年),西宁市年平均气温6.1℃,年最低月平均气温-7.3℃(1月),年最高月平均气温17.4℃(7月),极端最低气温-23.8℃(2010年12月16日),极端最高气温36.5℃(2000年7月24日),年温差24.7℃。区内多年平均蒸发量为1763mm,根据2010—2020年降水情况,多年平均降水量为448.3mm(图2-1),年内降水分配不均匀,一般多集中在6—9月,占全年总降水量的73%以上,且年降水周期性变化明显。全年主导风向及冬季盛行风向均为东南风,年平均风速为1.2m/s,30年一遇最大风速21m/s(2010年12月12日)。年均日照时数2572h,大风日数3.1d,沙尘暴日数0.1d,雾日数0.4d,冰雹日数2.1d,雷暴日数30d,基本雪压为0.25kPa,多年平均相对湿度57%。

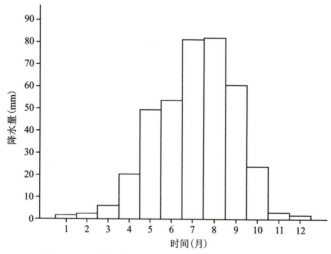

图2-1 西宁气象站多年月平均降水量分布直方图

西宁市区24h最大降水量为82mm,出现在2013年7月3日至4日,6h最大降水量为55mm,出现在2009年8月18日,1h最大降水量为32mm,出现在2005年6月29日,10min最大降水量为12mm,出现在2005年6月29日。2010—2020年,西宁市年降水量有增大趋势(表2-1),2018—2020年,年降水量均超过500mm，最大为2018年，达到552.0mm。近年来极端天气增多，区内降水分配不均匀，一般集中在每年的6—9月（占年降水量的80%以上），且年降水量周期性变化明显，暴雨多。据有关资料，湟水河谷是全省暴雨出现次数最多、暴雨量最大的地区之一，暴雨高频数周期为3—4年，且降水历程在6h以内的占70%以上。据统计100年一遇1h最大降水量为32mm，24h最大降水量为82mm，50年一遇1h降水量为30.1mm，50年一遇24h最大降水量为60mm，20年一遇1h降水量为28.5mm，20年一遇24h最大降水量为53mm。西宁市标准冻结深度为118cm，最大冻土深度为132cm。

表2-1 西宁市降水量统计表（2010—2020年）

参数	2010年	2011年	2012年	2013年	2014年	2015年	2016年	2017年	2018年	2019年	2020年
降水量(mm)	405.0	390.4	446.1	413.6	446.5	306.2	444.1	485.0	552.0	536.5	506.4

二、水文

湟水为区内的主干河流，为黄河一级支流，自西向东流过市区。区内流程35km，西宁水文站的多年平均流量为32.8m³/s，年平均最小流量为4.58m³/s，极值最大流量为698m³/s（1967年）。区内湟水的最大支流是北川河，发源于区外的达坂山南麓，向南于区内汇入湟水，在桥头水文站的多年平均流量为20.08m³/s，区内湟水其余较大支流有南川河、云固川河、沙塘川河，均为常年性河流。除此之外，海子沟、火烧沟、瓦窑沟等湟水小支流平时也有涓涓细流。研究区内冲沟特别发育，沟壑密度达2.5km/km²，这些冲沟纵比降很大，洪水水势凶猛，往往形成泥石流灾害。由于湟水由西川、南川、北川及沙塘川呈"十"字交叉状汇集而成，且处于高原过渡带强烈隆升区，因此，流水作用使得西宁市区形成六大三面临空区（大西山、大墩岭、南酉山、西山、韵家口东山、韵家口西山）和两岸（南、北）对峙高陡斜坡带。这都是湟水锲而不舍流水雕凿引发六大三面临空区、两岸灾害频发的主要因素。

南北山绿化灌溉工程共有泵站96座，蓄水池730座（200t、400t、1000t），灌溉管网4306km（φ219压力钢管、φ100钢管、φ80钢管、φ50钢管）；全年累计灌溉天数为183d，每亩绿化区年平均灌溉量为81.21m³，浇灌时间为每年的3—10月，偶有绿化管网破损长时间渗漏情况，灌溉方式主要为漫灌和喷灌。

第二节 地形地貌

西宁市位于青海省东部，地处我国黄土高原与青藏高原过渡带。距今6500万年以来，伴随着印度板块与欧亚板块碰撞挤压的发生、发展，西宁盆地与高原内部其他盆地一样，边界山系和山间谷地均呈北西向展布的自然地理格局，并表现出湟水自西向东穿越西宁市，形成以湟水为轴线的河谷平原，达坂山与拉脊山呈南北夹击之势由盆地周边向盆地中心依次呈现构造侵蚀中的高山、丘陵地貌景观（图2-2）。

西宁市总体地势具西高、东低，南、北高，中间低的特点（图2-3）。河谷平原海拔在2100~2300m之间，两侧低山丘陵海拔在2300~2500m之间，达坂山、拉脊山则高达4000m以上。挽近期构造运动的差异性，使得河谷平原后缘与低山丘陵前缘相接地带形成高达100余米的高陡斜坡，属崩、滑、流等各类地质灾害的高易发区。湟水河谷区西宽东窄，整个盆地地势西北高、东南低，北、西、南三面环山，北有达坂山，西有团保山、日月山，南有拉脊山等。湟水流域内地形地貌复杂，既有古老变质

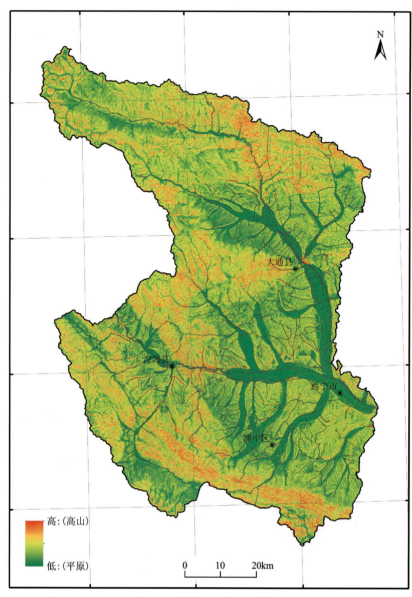

图 2-2 研究区地势及地貌图

岩、火成岩组成的巍峨高山、中高山,又有中生代、新生代碎屑岩充填的高原盆地,还有黄土覆盖的低山丘陵和河谷平原。

根据地貌成因类型和形态特征,分为山地和平原两大地貌单元。

一、山地

1. 构造剥蚀高山

构造剥蚀高山小面积分布于拉脊山,海拔 4000~4101m,由加里东期中性侵入岩构成。山势陡峻,山体坡度多大于 40°,地形起伏较大,寒冻风化作用强烈。山坡植被覆盖较为稀疏,主要以灌木为主,零星散布。

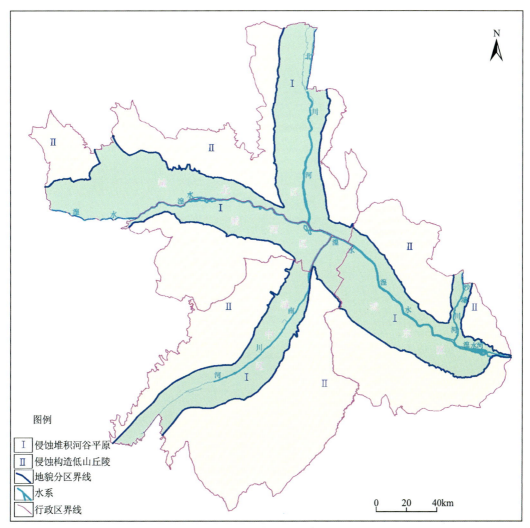

图 2-3　西宁市城区地貌略图

2. 侵蚀剥蚀中山区

侵蚀剥蚀中山区主要分布于研究区西南角的拉脊山,海拔 3200~4000m,相对高差 400~800m,山体由加里东期中性侵入岩和寒武纪喷出岩构成。山体坡度多大于 40°,地形起伏较大,风化、流水侵蚀作用强烈,切割深度 200~500m,多深沟峡谷,沟谷横断面多呈"V"形,沟谷纵坡降 100‰~150‰,谷底基岩跌水陡坎较为发育。区内降水量充沛,沟谷两岸山坡植被覆盖较好,以灌木为主。

3. 侵蚀剥蚀低山丘陵

侵蚀剥蚀低山丘陵广泛分布于研究区河谷两侧。构成丘陵区的主体岩性为黄土和碎屑岩类,黄土主要覆盖于丘陵区山体顶部,局部地段沿山坡坡面分布。总体而言,湟水南岸丘陵区黄土覆盖面积较北岸丘陵区覆盖面积小。丘陵海拔 2900~3600m,丘陵后缘切割较浅,切割深度为 150~200m,山坡坡度一般为 10°~20°,山体浑圆,冲沟大都呈宽浅"U"形谷。丘陵区的中前缘,切割深度为 200~400m,谷深坡陡,主要由白垩纪、古近纪、新近纪泥和砂岩及第四纪黄土组成,是现代流水侵蚀作用最强的地段。冲沟较发育,冲沟横断面多呈"V"形谷,冲沟两侧地形坡度大多在 30°~60°之间,坎高数米至数十米,局部地段形成临空面。区内部分村民依山建房,有的居住在坡脚,有的居住在坡体上部,人类工程活动对地质环境的影响较为严重(图 2-4)。

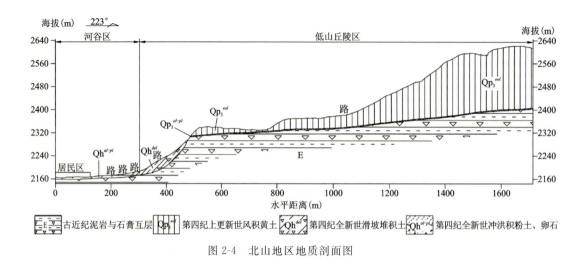

图 2-4　北山地区地质剖面图

二、平原

湟水作为研究区内的主干河流,其现代河床也是研究区内的侵蚀基准面,由盆地边缘的中高山区至湟水现代河床,湟水各级支流树枝状水系极其发育,整体地形较为平坦、开阔,在河谷不同的区段,发育宽度差异性较大。湟水干流及其南、北两岸一级支流的中下游地带,为经济发展、人类工程活动强烈的区域,由流水侵蚀、堆积作用形成的多级阶地组合而成,沿河床呈条带状分布。宽度一般为3~4km,最宽处位于长宁镇附近的北川河谷,达5km,小南川入湟水谷地的沟口最窄,仅0.5km。河谷横向高差一般在50m以内,纵向海拔在湟水干流为2140~2380m(小峡下游—多巴镇),南川、北川2230~2860m。河谷平原一般由Ⅰ~Ⅲ级阶地构成(图2-5),以Ⅱ、Ⅲ级阶地分布较广。Ⅳ级以上阶地分布于河谷平原两侧丘陵边缘,埋藏于黄土层下,已属高基座、埋藏阶地。西宁市区及区内一些主要城镇多坐落在Ⅱ、Ⅲ级阶地之上。湟水河谷平原自西而东(南东东)分别由西宁(西川、东川)、小峡峡谷串连而成,平面形态呈葫芦状。该区地形相对平坦、开阔,村庄、工厂、铁路、农田大都坐落于Ⅱ级阶地上,为西宁市城市建成区及规划建设区,也是地质灾害主要承灾区。

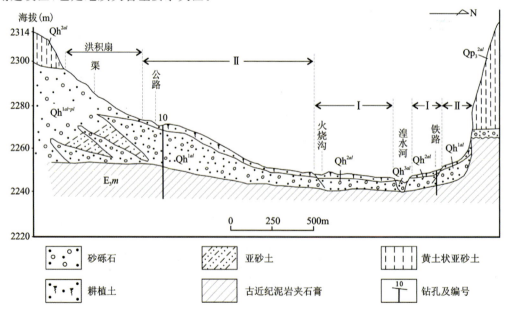

图 2-5　城西区杨家寨湟水河谷地质剖面图

第三节 地层岩性

研究区地层从老到新有元古宇长城系、震旦系,古生界寒武系,中生界侏罗系、白垩系及新生界古近系、新近系和第四系。其中巨厚的侏罗系、白垩系及古近系、新近系构成了研究区的主体地层(表2-2)。西宁市城区地质略图见图2-6。

表2-2 前第四纪地层简表

界	系	统	群	组	地层代号	岩石组合特征	厚度(m)
新生界	新近系	中新统	贵德群	咸水河组	N_1xn^2	棕黄色钙质泥岩与灰白色泥灰岩不等厚互层	>33.7
					N_1xn^1	棕黄色钙质泥岩与石英砂岩、砂砾岩互层	22.29
				车头沟组	N_1c^2	棕黄色含粉沙钙质泥岩夹褐灰色砂岩、粉砂质泥岩	76.68~163.03
					N_1c^1	黄棕色含粉砂钙质泥岩与灰白色含砾石膏质长石石英砂岩互层	2.61~82.27
				谢家组	N_1x^2	黄棕—红棕色含粉砂钙质泥岩、粉砂质泥岩	55.21~78.23
					N_1x^1	棕红色粉砂质泥岩	22.91~44.13
	古近系	始新统	西宁群	马哈拉沟组	E_3m^3	棕红色粉砂质泥岩	146.26~244.7
					E_3m^2	灰白色含泥石膏岩与棕红色含粉砂泥岩互层	38.11~127.20
					E_3m^1	灰白色含泥石膏岩与棕红色含石膏泥岩互层	64.19~141.72
		渐新统		洪沟组	E_2h^3	灰绿色泥质石膏岩夹泥质钙芒硝岩	9.41~28.54
					E_2h^2	砖红色泥岩与灰绿色泥质石膏岩互层	55.97~116.81
					E_2h^1	砖红色泥岩夹石膏	73.91~111.80
		古新统		祁家川组	E_1q^3	上部泥质石膏岩夹杂色泥岩;下部棕红色泥岩	22.69~37.99
					E_1q^2	含泥石膏岩夹泥质钙芒硝岩顶部白云岩	24.00~48.33
					E_1q^1	杂色泥岩夹粉砂岩及石膏;底部石膏质砂岩	7.81~30.8
中生界	白垩系	上统		民和组	K_2m^3	棕红色粉砂质泥岩	30.12~150.22
					K_2m^2	上中部泥质钙芒硝与钙芒硝质泥岩互层	85.38~201.44
					K_2m^1	棕红色含粉砂泥岩	9.20~32.94
		下统	河口群	上岩组	$K_1HK_2^3$	杂色浅棕红色细砂岩与粉砂质泥岩互层	48.73~85.80
					$K_1HK_2^2$	棕红杂色粉砂质泥岩	21.16~84.83
					$K_1HK_2^1$	土黄棕红色钙质砂岩	22.16~139.42
				下岩组	$K_1HK_1^4$	棕红色泥岩	8.81~68.00
					$K_1HK_1^3$	浅棕色、土黄色中细砂长石砂岩、长石石英砂岩	1.66~24.81
					$K_1HK_1^2$	上部棕红色、深灰色页岩中部灰绿色粉砂质泥岩;下部灰色泥质页岩	14.19~88.56
					$K_1HK_1^1$	绿黄色、浅黄色杂砂岩	1.55~45.45

续表 2-2

界	系	统	群	组	地层代号	岩石组合特征	厚度(m)
中生界	侏罗系	中统		享堂组	J_2x	棕红色泥岩与粉砂岩互层	235～1080
				窑街组	J_2y	黑灰及绿灰色含碳泥岩、页岩、粉砂岩夹煤层	
古生界	寒武系	上统	六道沟群		$\in_3 LD$	灰绿色变安山岩夹安山玄武岩、结晶灰岩、硅质板岩、凝灰岩	1467～3232
中元古界	蓟县系			克素尔组	Jxk	灰白色、灰色白云岩、结晶灰岩	817
古元古界	长城系			磨石沟组	Chm	灰色二云石英片岩与石英岩互层	629～3814
				东岔沟组	Pt_1d	含石榴石黑云母斜长片岩	1823～5691

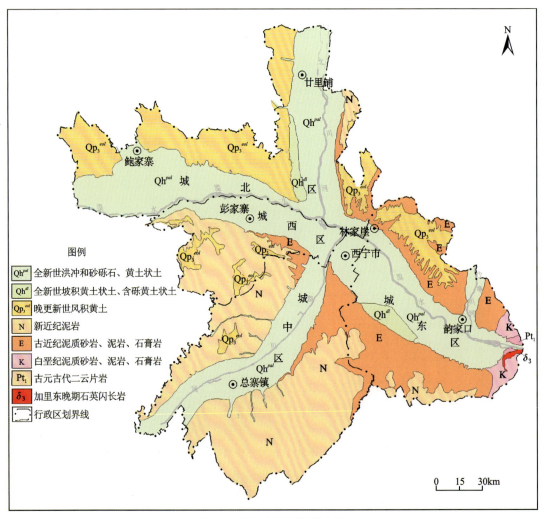

图 2-6 西宁市城区地质略图

一、前第四纪地层

1）元古宇

东岔沟组（Pt_1d）零星出露于西宁市城东区湟水小峡南、北两侧丘陵区，由含石榴石黑云母斜长片岩组成。磨石沟组（Chm）零星分布研究区云谷川上游右岸湟中县李家山镇塔尔沟村以北，岩性上部为灰色二云石英片岩与石英岩互层；中—下部为灰黑色斜长角闪片岩、黑云角闪斜长片岩、含石榴黑云斜长片岩夹深灰色斜长角闪岩。表层强烈风化，厚2~5m，与上覆新近系中新统车头沟组泥岩呈角度不整合接触。克素尔组（Jxk）沿研究区南侧拉脊山北麓拉北断裂呈东西向条带状分布，由灰白色、灰色白云岩和结晶灰岩组成，厚度817m。

2）侏罗系（J_2x、J_2y）

享堂组（J_2x）零星出露于研究区东侧湟水小峡南、北两侧丘陵区，由棕红色泥岩与粉砂岩互层组成。窑街组（J_2y）零星出露于小峡口，由黑灰色及绿灰色含碳泥岩、页岩、粉砂岩夹煤层组成。

3）白垩系（K_1HK、K_2m）

白垩系呈片状出露于拉脊山前缘湟中上新庄镇、田家寨镇一带丘陵区，小南川下游东、西两侧丘陵区，湟水南、北两侧丘陵区前缘地带。

4）古近系（E）

古近系呈片状出露于南川、北川河谷区以东的广大丘陵区，主要由石膏岩及红色碎屑岩组成，以分布广、厚度大、近水平层状产出为特征，沉积物以湖泊相化学沉积的石膏岩为主，可划分为古新统祁家川组、始新统洪沟组及渐新统马哈拉沟组。古近系与下伏上白垩统民和组呈平行不整合接触，与上覆中新统谢家组整合接触，总厚度756.11~984.67m。

5）新近系（N）

新近系广泛出露于研究区内，产状平缓，主要为湖泊和冲洪积扇相的泥岩及粗碎屑岩，由谢家组、车头沟组及咸水河组组成，与下伏渐新统马哈拉沟组整合接触，上部被第四系覆盖。

二、第四纪地层

（1）中更新世冰水堆积（Qp_2^{fgl}）：在研究区内零星出露，主要分布于河床下部，岩性为含泥砂砾石层，钻孔揭露厚度12~21m。该套地层被后期冲洪积物覆盖。

（2）晚更新世风积黄土（Qp_3^{eol}）：主要分布于丘陵区顶部及缓坡地带，土黄色，土质均一，颗粒成分以粉土为主，含少量石英、长石等矿物成分，质地疏松，具大孔隙，垂直节理发育，具崩解性和湿陷性，形成湿陷坑和落水洞，为降雨的汇集和快速入渗提供了通道，常导致崩塌、滑坡等地质灾害发生。

（3）全新世冲洪积粉土、卵石（Qh^{al-pl}）：分布于区内湟水河右岸（南岸）Ⅱ级阶地，具二元结构，顶部为粉土，灰黄色，稍湿，稍密，砂感较强，厚度1~5m。底部为卵石，青灰色，稍湿，中密，分选性一般，级配较好，磨圆均较好，多呈圆—次圆状，母岩成分以砂岩、板岩、花岗岩为主，粒径一般为5~10cm，层厚大于5m。

（4）全新世坡洪积物（Qh^{dl-pl}）：分布在Ⅲ级阶地的后缘。岩性为黄土状土、亚黏土及碎石，厚度变化大，一般厚度约10m。

（5）全新世滑坡堆积物（Qh^{del}）：分布于滑坡体上，岩性混杂，以晚更新世风积黄土和全新世残坡积黄土状土为主，部分区段含泥岩、砂岩碎块。

(6)全新世泥石流堆积物(Qh^{sf})主要分布于泥石流沟谷的流通区和堆积区,杂色,稍湿—湿,结构松散,以碎石为主,分选性较差,充填物多为粗砂、砾砂,泥质含量较高。

三、岩浆岩

研究区内的岩浆岩主要分为喷出岩和侵入岩,呈片状或条带状分布于拉脊山北麓和小峡口附近。

1)喷出岩($\in_3 LD$)

喷出岩呈条带状分布于研究区南侧拉脊山北麓,由寒武系六道沟群灰绿色变安山岩、硅质板岩、凝灰岩等组成,与北侧的元古宙灰岩以北倾的逆断层接触。

2)侵入岩($\gamma\delta_3$、$\zeta\delta o_3$)

侵入岩呈片状分布于研究区南侧拉脊山北麓和湟水南、北两侧小峡口附近丘陵区前缘、小南川下游峡谷两侧丘陵区前缘,由加里东晚期中性和中酸性花岗岩、花岗闪长岩、石英闪长岩组成,岩株状产出,面积约$10km^2$,与周围地层呈侵入接触关系。

第四节 地质构造与地震

一、区域地质构造

(一)地质构造单元划分

研究区位于西宁盆地内。在大地构造位置上,西宁盆地位于北祁连优地槽褶皱带与南祁连褶皱带间的中祁连中间隆起带东部。在四级构造单元上,研究区主要位于大堡子-西宁凸起带(图2-7,表2-3)。

西宁盆地形成于侏罗纪—新生代陆内叠覆造山阶段,经历了多次的建造与改造作用,随着青藏高原的持续隆升,先后经历了晚古生代—早中生代陆内叠覆造山阶段、侏罗纪—白垩纪西宁走滑拉分盆地形成阶段、古近纪盆地沉降成熟阶段、新近纪—早更新世盆地转型阶段、盆山转换初始阶段、更新世高原强烈隆升阶段6个阶段。整个西宁盆地由基底和盖层组成,沉积盖层为中新生代红色含盐泥砂质碎屑岩地层,分布广、厚度大。基底主要为中元古代长城纪、蓟县纪的变质岩,基底凸凹不平,周边四面仰起,向中间下俯。埋深相差达1000余米,据地球物理资料,总寨凹陷基底埋深3500m,双树湾凹陷基底埋深4500m。

(二)断裂构造

强烈的构造活动使得整个盆地内断裂及褶皱构造形迹复杂,主构造线以北西向为主。根据《青海省西宁市城市地质调查评价报告》,研究区内有16条断裂(表2-4),其中F9、F11、F12为活动断裂,均位于丘陵区前缘。在大的地质背景条件下,断裂早期的活动控制了区域地形地貌、地质构造,为这一带滑坡的形成提供了基本条件。此外,由于断裂仍处于活跃期,其差异性活动进一步加剧北山、朝阳和地质灾害发生的可能性,也给工程治理带来难度。

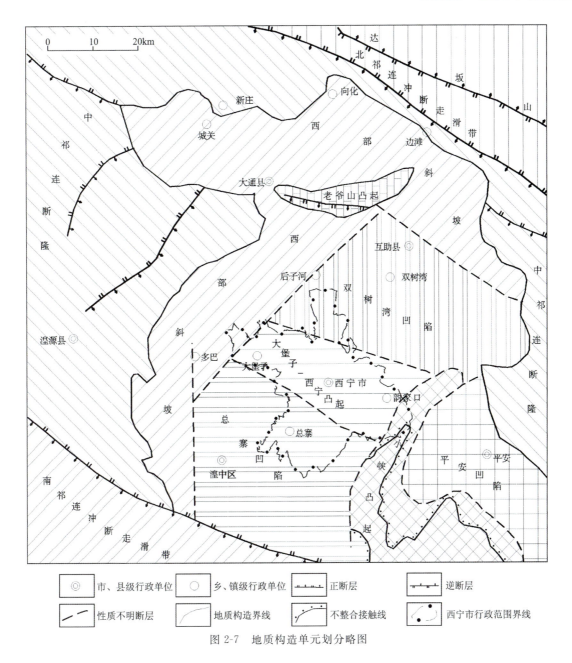

图 2-7 地质构造单元划分略图

表 2-3 构造单元划分表

一级构造单元	二级构造单元	三级构造单元	四级构造单元
祁连(K—Q)冲断走滑隆升带	北祁连冲断走滑带		
	中祁连断隆	西宁走滑拉分盆地	老爷山凸起
			西部斜坡
			双树湾凹陷
			大堡子-西宁凸起
			总寨凹陷
			小峡凸起
			平安凹陷
	南祁连冲断走滑带		

表 2-4 研究区断层简表

序号	位置	断层性质	产状	地质特征
F1	三其-小峡	隐伏逆断层	走向北西,倾向南西	为湟水河中央断裂隆起带南界断裂,北西向展布,受水槽沟(F6)、火烧沟(F7)、北川河西岸(F8)断裂切割,分为4段。地震及瞬变电磁解译资料显示为南倾的逆断层,断裂切割古近系—新近系
F2	三其-小峡（湟水河南岸）	隐伏逆断层	走向北西,倾向北东	为湟水河中央断裂隆起带北界断裂,北西向展布,受水槽沟(F6)、火烧沟(F7)、北川河西岸(F8)断裂切割,分为4段,地表以苏家河湾上升泉形成的古泉华台地为标志。物探资料显示为倾向北东的逆断层,但是早期具有正断层性质
F3	海子沟-西杏园	隐伏逆断层	走向北西,倾向北东	隐伏于湟水河北岸,北西向展布,地表以西杏园上升泉(15.2°)为标志。物探资料显示为倾向北东的逆断层
F4	海子沟		走向南北向	为遥感解译断裂,主要顺海子沟展布,地貌上呈线性,倾向、倾角不详
F5	张家湾-圆树	隐伏逆断层	走向北西,倾向北东	隐伏于湟水河南岸丘陵山前,北西向展布,由张家湾经刘家寨延伸至圆树,受水槽沟(F6)、火烧沟(F7)断裂切割,分为3段。物探资料证实断裂南倾,早期有正断层性质,后期反转为逆断层,断裂垂向上延深至白垩系,深度达500m
F6	水槽沟	隐伏正断层	走向北东,倾向北西	顺海子沟展布,呈北东向隐伏于湟水河,北界与F2交于湟水河。物探资料显示为倾向北西的正断层
F7	火烧沟	隐伏正断层	走向北东,倾向南东	沿火烧沟—刘家寨—苏家河湾呈北东向线性展布,该断裂由多条北东向张纽性断裂组成,主断裂沿火烧沟发育,长约15km。该断裂在苏家河湾上升泉处与湟水F2断裂相交。物探资料显示为倾向南东,兼顾左旋走滑的正断层
F8	北川河西岸	正断层	走向近南北,倾向东	北起塔尔村,沿北川河西岸第一台地前缘附近,穿刘家沟、苏家堡沟等多条冲沟,延伸至湟水河南岸。物探资料证实为东倾,倾角75°～85°的正断层。测年结果显示断裂未错断第四系,中更新世晚期断裂未活动
F9	北川河东岸	逆断层	走向近南北,倾向东	位于北川河东岸,北起赵家庄,南至朝阳,基本沿丘陵与河谷界线展布,为逆断层,走向近南北,倾向东,倾角60°,地貌上可见一系列的断层崖和断层三角面,在九家湾处可见明显的断层错动导致新近系泥岩逆冲于第四系之上。测年资料显示断层在晚更新世以来有活动迹象,断层错断Ⅲ级阶地,阶地年龄0.14～0.12Ma,垂直位移12m左右,垂直活动速率为0.1mm/a
F10	朝阳-大寺沟	逆断层	走向北西,倾向北东	在古近系中发育,野外调查地层中石膏层被挤压破碎,二次结晶,定向排列,可见明显的断层擦痕,断层产状62°∠43°

续表 2-4

序号	位置	断层性质	产状	地质特征
F11	南川河西岸	正断层	走向北北东，倾向东	位于南川河西岸，北起沈家寨，南至元堡子，沿丘陵与河谷界线展布，为正断层，倾向东，倾角81°。错断Ⅲ级阶地，但未错断Ⅱ级阶地。测年资料显示阶地年龄0.18～0.10Ma，垂直位移20m左右，垂直活动速率为0.15mm/a
F12	湟水河北岸山前	正断层	走向北西，倾南	隐伏展布于湟水北岸山前，大致呈北西向310°展布，向北略突，呈弓形，东起韵家口，西至朝阳，在大寺沟分为两支，断层产状230°∠45°，为正断层，断层错断Ⅷ级阶地，但是未错断0.03Ma左右的上覆地层，断距20m，垂直活动速率为0.1mm/a
F13	苦水沟-南酉山	正断层	走向北东，倾向北西	沿苦水沟—大崖沟—南酉山，大致呈北东向展布，野外调查地层中石膏层被挤压破碎，可见明显的断层擦痕
F14	谢家寨北断裂	逆断层	走向北西，倾向南西	平行与谢家寨断裂发育，断裂上盘的藏毯厂内发育有一处温泉，温度可达17.2℃。物探资料显示该断裂和谢家寨断裂性质基本一致
F15	谢家寨	逆断层	走向北西，倾向南西	北西西向展布于谢家寨—泉尔湾一带，沿断裂发育泉尔湾及谢家寨两处温泉，河谷区及两侧丘陵山区被第四系覆盖，构造形迹不明显，但在外围谢家寨山梁垭口处可见断层垭口及构造裂隙破碎带，产状为243°∠76°。物探资料证实为北西向展布，倾向南西的逆断层
F16	沙塘川西岸	正断层	走向近南北，倾向东	沿沙塘川西岸山前呈南北向展布，向南经韵家口湮没于湟水河谷。在尹家沟和朱家沟可见明显的断层导致古近系错断现象，上盘下降，下盘上升，断距1～2m，断面产状95°～110°∠38°～45°

二、新构造运动

区域内新构造运动强烈，具有差异性和阶段性隆升外，还表现出断裂走向滑动为主的水平运动，新构造运动受老构造控制，具有继承性，也有一定的改造性和新生性。自古近纪以来，新构造运动的特点以内陆挤压造山运动和强烈抬升为主，地壳大幅度水平收缩，垂直方向抬升，山间盆地不断发展，水平运动表现出一种横向弧形运动，挤压活动规律(图2-8)。影响西宁盆地变形的盆地边缘断裂带主要有拉脊山断裂带、达坂山断裂带和日月山断裂带。这些断裂第四纪时期均有明显活动。西宁市附近存在北北东向、近东西向多条第四纪断裂，以湟水北岸断裂和南川河西岸断裂为主，这些断裂控制了湟水及其支流河谷的发育，并在湟水两岸丘陵区前缘第一斜坡带形成高陡斜坡甚至陡崖，为滑坡形成提供了有利的地形条件。主要表现为以下3个方面。

(1)湟水河谷两侧山体的上升幅度不同，总体规律是南侧上升幅度大于北侧，南侧山体大幅隆起，基底抬升高，后期受构造剥蚀作用强烈，风化作用强烈，因此在南侧低山丘陵前缘形成了高陡斜坡，为崩塌、滑坡的形成提供了临空条件。

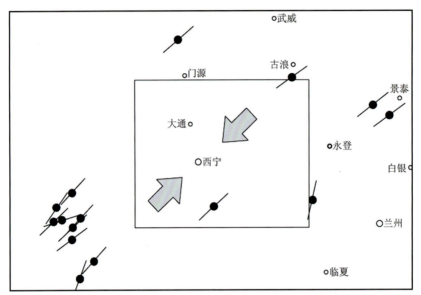

图 2-8　西宁及邻近地区震源机制解主应力方向

（2）区内构造运动间歇性上升的结果，导致湟水谷区强烈下切，形成了多级阶地，并呈现出两侧的差异性，湟水干流自西向东贯穿西宁盆地而过，并形成了6级阶地，代表了自1.2Ma以来6次构造抬升事件。湟水多级阶地的形成与发育主要受控于青藏高原间歇性隆升运动，同时也与地质时期全球气候变化有一定的联系，是第四纪以来构造运动与气候变化综合作用的结果，湟水北岸多以堆积阶地为主，阶地宽阔，南侧兼有堆积阶地和基座阶地，阶地较窄，流水侵蚀作用强烈，从地形条件上推测，历史上湟水河曾紧临阴山下切，流水强烈下切孕育滑坡发生后，掠夺河道形成现状湟水转折。

（3）新构造运动复活了不同构造期形成的褶皱山地及断层构造。大坂山南麓、拉脊山北麓的大断层都是主要活动断层，长期控制着西宁中—新生代沉积盆地的形成和发展，自新近纪以来多次活动，进一步使得山地上升，盆地内新近系发生挤压褶皱，在一些地段较老岩层逆掩于其上。跨断层测量显示现在仍有活动迹象。据青海省地震局《西宁市活断层探测与地震危险性评价报告》，通过浅层地震勘探，推测在阴山一带有湟水河隐伏断层，认为断层发育在新近系内，断层错断新近系约5m，晚更新世以来没有活动。

三、活动性断层

活动性断层主要指中更新世以来活动过、现今仍在活动，并在未来仍可能活动的断层，以全新世（0.01Ma）为界，之前的活动断层称为非全新世活动断层，之后的活动断层称为全新世活动断层。据青海省地震局研究资料（2007年），西宁市区及周边共有2条活动性断层，分别为湟水北岸断层和南川西岸断层。

（一）湟水北岸断层

湟水北岸断层自大堡子乡，经西杏园、北山寺、西宁火车站以北，至中庄一带，沿山前地带延伸，总体走向北西向，全长约20km。其中，大寺沟以西称为西杏园段，该段以西杏园上升泉为标志。北山寺以北段断层错断Ⅴ级阶地卵石层，断面倾向45°，倾角85°，擦痕显示正断层性质，略具右行走滑特征。为了研究断层的活动特征，2007年青海省地震局在中庄附近进行了槽探开挖，发现断层错断了Ⅲ级阶地，累积位错量 20m，中庄以北整个断层带宽约 400m，带内发育数条与主断层近平行的次级断层，走向 115°～125°，此外还发育一条与主断层有一定夹角的正断层。进一步研究显示，该段断层中的 F1、F2、F3 分别错断了湟水Ⅲ级阶地卵石层及浅砖红色粉砂，卵石层厚度大于 2m，为阶地二元结构的上层，上覆表层黄土未被错断。据同位素测年成果，该阶地卵石层上部粉砂、断层上盘含砾黄土及上覆黄土年龄分别为 (243.02±20.66)ka、(217.39±18.48)ka 和 (33.98±2.89)ka，证明该断层活动错断了 0.24～0.21Ma 的阶地地层，但未错断 0.03Ma 以来的上覆黄土地层。

（二）南川西岸断层

南川西岸断层走向北北东，长约 20km，为正断层。遥感影像上线性平直清晰，沿山体边缘展布。断层主要隐伏于第四系之下，部分地段出露于地表。在元堡村南冲沟北岸，出露断层剖面。断层发育在新近系与第四系之间，西盘为新近纪紫红色泥岩，东盘为第四纪粉土，局部含砾石，第四纪地层倾斜变形，产状 90°∠20°，断层走向 15°，断面东倾，倾角 81°。

在元堡村北的小冲沟中，槽探揭露断层错断Ⅳ级阶地卵石层，测量断层走向 340°，东倾，倾角 65°。断层上盘的灰黄色粉土中局部夹砾石透镜体，下盘为阶地卵石层和上覆粉土。断层附近卵石层拱起变形，近断面处卵石定向排列。破碎带包括宽 1.4m 的卵石定向排列带、宽 1.3m 的胶结粉砂滑动带、宽 0.5m 的断层泥和断层劈理带。断层面上发育阶步和擦痕，擦痕右侧伏 70°，显示右行正断层活动。

南川西岸断层在元堡村一带构成新近系与第四系的分界，断层活动造成Ⅳ级阶地卵石层错断，并使Ⅳ级阶地上部卵石层倾斜变形，但区域范围内发育较好的Ⅲ级阶地卵石层在断层两侧均未见出露，Ⅱ级阶地地层则跨断层分布。据此推测该断层在Ⅳ级阶地形成（0.54Ma）后有明显活动，推算活动速率 0.15mm/a，为非全新世活动断层。

四、地震

研究区位于祁连地震带，据西宁地区地震资料，从公元 318 年至今 1700 多年中，西宁市附近共发生地震 40 余次，其中造成不同程度破坏的有 16 次，震中在市区的有 5 次，波及市区的有 11 次。总体地震活动较弱，均以中小型地震为主（表 2-5）。

表 2-5　西宁周边主要地震目录（$M \geqslant 4\frac{3}{4}$）

地震时间	震中纬度（°）	震中经度（°）	震级	地点
318 年 5 月 26 日	36.60	101.80	4.75	青海西宁
372 年 8 月	36.60	101.80	5.00	青海西宁西北
1590 年 7 月	36.50	102.70	5.00	青海乐都
1819 年 2 月 24 日	36.10	102.30	5.75	青海化隆
1890 年 2 月 17 日	36.50	102.00	5.25	青海西宁东
1892 年 3 月	36.50	102.40	4.75	青海乐都
1893 年 6 月 1 日	36.60	101.80	5.50	青海西宁南
1925 年 4 月 20 日	37.20	101.40	5.25	青海大通附近
1927 年 4 月	36.40	102.60	5.25	青海西宁东
1963 年 12 月 26 日	36.80	102.50	4.70	青海互助附近

续表 2-5

地震时间	震中纬度(°)	震中经度(°)	震级	地点
1968年12月22日	36.20	101.90	5.40	青海化隆西
1986年8月26日	37.77	101.67	6.40	门源西北40km
2016年1月21日	37.68	101.62	6.40	门源
2017年7月12日	37.70	101.60	3.90	门源
2019年8月9日	37.69	101.59	4.90	门源
2022年1月8日	37.77	101.26	6.90	门源

从地震震级来说，西宁市范围内近代从1978年至今发生M3.0级以上地震42次，其中3～3.9级地震33次，4～4.9级地震5次，5～5.9级地震4次。历史记载，震级最大的为1893年6月，西宁南发生的5.5级地震，震中烈度Ⅶ度。地震导致小南川锁尔干倾倒房屋300余间，多人被压而失去生命。西宁地区周边震级最大的为1986年青海省海北州门源6.4级地震，其次为2016年1月21日发生的门源6.4级地震和2022年1月8日发生的门源6.9级地震。

五、区域地壳稳定性

西宁市历史地震最高震级为5.75级，根据1∶400万《中国地震动参数区划图》(GB 18306—2015)，西宁市地震动峰值加速度为0.10g，地震动反应谱特征周期为0.45s，相当地震基本烈度为Ⅶ度，该区属现代地质构造活动的基本稳定区。

第五节 水文地质条件

一、地下水类型

根据地下水赋存条件、含水层介质和水动力特征等，研究区地下水可划分为松散岩类孔隙潜水、碎屑岩类孔隙裂隙水、碳酸盐岩类岩溶裂隙水、基岩类裂隙水。

(1) 松散岩类孔隙潜水。松散岩类孔隙潜水分布于河漫滩及Ⅰ、Ⅱ级阶地部位，含水层岩性为第四纪冲洪积砂砾石层，厚度小于5m，单井涌水量为100～500m³/d，水化学类型为$HCO_3·SO_4$-$Ca·Na$型，矿化度为1000～3000mg/L。主要接受大气降水入渗、地表水下渗及来自上游的地下径流补给。总体径流方向从河谷上游向下游径流。主要在Ⅰ级阶地前缘以下降泉的形式泄出地表，从而补给地表水或隐蔽补给河水。

(2) 碎屑岩类孔隙裂隙水。碎屑岩类孔隙裂隙水分布于新近纪、古近纪、白垩纪砂岩和砂砾岩中，主要受大气降水及基岩裂隙水的侧向补给，因地形坡度较陡，地表径流条件好，地下水仅微弱赋存于岩体风化裂隙和构造裂隙中，在低山丘陵区前缘陡崖处以泉的形式泄出，单泉流量小于0.5L/s，水量贫乏，水化学类型为SO_4-Na型。

(3) 碳酸盐岩类岩溶裂隙水。碳酸盐岩类岩溶裂隙水主要分布于研究区西北角的拉脊山中高山区，沿拉北断裂带走向呈带状分布,含水层岩性主要为元古宙灰岩、白云质灰岩,单泉流量均小于1.0L/s,动态不稳定,流量随季节变化趋势明显,矿化度小于1g/L,水化学类型为HCO_3-Ca·Mg型。

(4)基岩类裂隙水。基岩类裂隙水呈片状分布于研究区小峡口一带、拉脊山北麓、云谷川水库西北侧,含水层岩性主要为黑云母斜长片岩、花岗岩、安山岩、花岗闪长岩、石英岩等。主要接受大气降水补给,一般单泉流量为0.1~1.0L/s,但动态不稳定,流量随季节变化趋势明显,矿化度小于1g/L,水化学类型以HCO_3-Ca型或HCO_3-Ca·Mg型为主。

二、地下水补、径、排条件

基岩山区各类地下水均依赖于大气降水的直接或间接补给,碳酸盐岩类岩溶裂隙水除接受降水直接补给外,也接受相邻地区基岩裂隙水和地表水的补给。基岩裂隙水和碳酸盐岩岩溶裂隙水在接受补给后沿构造裂隙运移,在遇到向斜构造或阻水断层时,地下水富集而成为储水构造。在侵蚀基准面以上由于水文网的强烈切割,地下水径流途径变短,地下水以泉的形式向沟谷泄出,侵蚀基准面以下则通过断层带以上升泉的形式溢出地表,部分通过基岩与碎屑岩接触面以隐蔽方式补给碎屑岩承压水。

河谷区潜水主要接受河水渗漏补给和基岩山区、丘陵山区侧向补给,另外,在部分地段还接受大气降水入渗补给,以及渠道水渗漏和农田灌溉水入渗补给,河谷潜水与河水之间互为补给和排泄,转换频繁,关系密切,在较低洼的地方以泉群的形式大量泄出补给河水或形成沼泽消耗于蒸发。

第六节 工程地质条件

根据区内岩、土体成因,结构,构造及其力学性质,将研究区内的岩、土体划分为岩体和土体两大类。按照岩体建造类型、结构类型、力学强度,将岩体进一步划分为坚硬块状侵入岩岩组、坚硬—较坚硬层状变质岩岩组、较坚硬层状碎屑岩岩组、软弱层状碎屑岩岩组。将土体按工程地质特征进一步划分为单一结构的黄土类土(粉土)、砂卵砾类土(砾石土)及混杂堆积类土(碎石土、黏性土)3种类型(表2-6,图2-9)。

表2-6 岩、土体类型划分及特征表

岩、土体类型与工程岩组		建造类型	结构类型	强度或状态	分布范围
岩体	坚硬块状侵入岩岩组	火成岩	块状结构	坚硬	下伏于全区土体下部,沿湟水河谷及各支沟出露
	坚硬—较坚硬层状变质岩岩组	陆相沉积	中厚层状结构	坚硬、较坚硬	
	较坚硬层状碎屑岩岩组	陆相沉积	层状结构	较坚硬	
	软弱层状碎屑岩岩组	陆相碎屑沉积	层状结构	半坚硬—软弱	
土体	黄土类土(粉土)	风积	柱状块裂结构	半干硬—可塑	低山丘陵区墚峁地带
	砂卵砾类土(砾石土)	河流冲积、洪积	层状结构	松散	湟水河及较大支沟中发育
	混杂堆积类土(碎石土、黏性土)	残坡、崩滑堆积	松散结构	松散	沟谷两侧靠山边地带

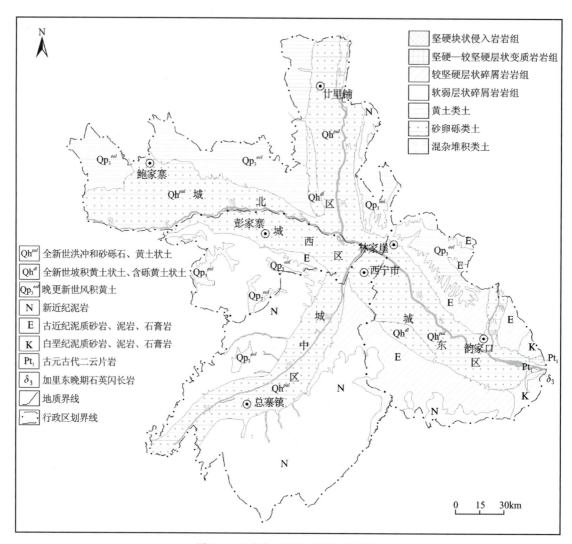

图 2-9　西宁市工程地质岩组类型图

一、岩体

(1) 坚硬块状侵入岩岩组。坚硬块状侵入岩岩组分布于小峡南侧，出露面积很小，仅岩性为加里东晚期侵入的钾长石石英闪长岩，岩石坚硬，节理裂隙发育。新鲜岩石单轴干抗压强度 120～180MPa，软化系数 0.75。据本次调查，该岩组常在陡坡或岩壁下形成小型崩塌。

(2) 坚硬—较坚硬层状变质岩岩组。坚硬—较坚硬层状变质岩岩组分布于小峡两侧，主要由元古宇东岔沟组十字石二云片岩、变粒岩、含石榴石黑云片岩组成，岩体较坚硬，岩体节理、裂隙较发育。其单轴干抗压强度 38～110MPa，软化系数小于 0.3。在高陡斜坡前缘常形成崩塌、滑坡，且沿陡崖断面易形成危岩体。

(3) 较坚硬层状碎屑岩岩组。较坚硬层状碎屑岩岩组由白垩系及古近系组成，岩性有砂砾岩、泥质砂岩、砾岩、石膏岩、泥岩夹细砂岩等。该岩组分布于西宁市东半部的低山丘陵区，岩石结构较致密，成岩程度较好，呈层状。石膏岩遇水溶蚀，砂岩和砂砾岩较坚硬，其单轴干抗压强度 5.0～7.3MPa，软化系数 0.1～0.7。该岩组属区内地质灾害较发育地层之一。

(4) 软弱层状碎屑岩岩组。软弱层状碎屑岩岩组主要分布于湟水河河谷两侧低山丘陵区，由新近纪泥岩、砂岩组成。泥岩强度低，遇水易软化和泥化，岩层产状平缓，风化裂隙发育，在临空条件下易形成崩塌或危岩，遇水与其上覆黄土易形成顺层滑坡，泥岩的内聚力 $c=0.21\sim1.32$MPa，软化系数 0.5，抗压强度 23.7MPa，内摩擦角 $35°47'\sim41°54'$，砂岩干抗压强度 20.0MPa，内聚力 $c=0.21$MPa，内摩擦角 $\varphi=40°$，岩体中由于软弱结构面的存在，崩塌（含危岩体）、滑坡等不良地质现象在局部发育。

二、土体

(1) 黄土类土（粉土）。黄土类土由黄土、黄土状土组成。黄土广泛分布于丘陵区顶部，厚度 $20\sim180$m，颗粒成分以粉粒为主，原生结构为均质结构，土体中密—密实，垂直节理及孔洞发育，一般具Ⅲ、Ⅳ级湿陷性，天然状态下土体力学强度较高，但遇水后强度急剧降低，具崩解性和湿陷性。黄土由于湿陷而变形，形成塌陷坑、落水洞等喀斯特地貌，为降水的汇集和快速入渗提供了通道，常导致崩塌、滑坡等地质灾害的发生。黄土类土主要分布于沟道两岸及河流阶地上，结构松散，一般具Ⅰ～Ⅲ级湿陷性，天然状态下土体力学强度低。

(2) 砂卵砾类土（砾石土）。砂卵砾类土分布在湟水河及其一级支流Ⅰ、Ⅱ级阶地与各支沟沟口，由全新世冲积、洪积粉土和砂卵砾石层组成，具双层或多层结构。上部为土黄色、浅褐色亚砂土层，厚度一般为 $0.5\sim3$m，Ⅱ级阶地以上具Ⅰ～Ⅲ级湿陷性，工程地质性质较差；下部为砂卵砾石层，砾径一般为 $5\sim35$cm，磨圆度较好，由花岗岩、灰岩、石英岩、砂岩组成，厚度一般大于 20m。对一般工程而言，地基承载力较高，可作为天然地基；但粉砂、细砂地基承载力则偏低，通常不被采用。这类土主要分布于河谷区，地势开阔、低缓，一般不易产生地质灾害。

(3) 混杂堆积类土（碎石土、黏性土）。混杂堆积类土分布于研究区内低山丘陵前缘陡坡地带、沟岸两侧，成因有崩滑堆积、残积、坡积，岩性以含石膏、砾石、黄土的粉质黏土为主，杂色，成分不均，结构松散—稍密，无层理。该类土力学强度低，具有较强的透水性，稳定性差，易发生滑坡灾害。

第七节　人类工程活动概况

研究区人类工程活动集中反映在湟水河谷及其较大一级支沟内，其他地区则相对较轻。具体来讲，研究区影响地质环境的主要人类工程活动包括随意削坡取土、人工开挖坡脚，不合理绿化灌溉和不合理弃渣堆放等。

1）随意削坡取土、人工开挖坡脚

由于调查区人口分布相对集中，平整的空闲地稀少，开挖建房特别是对自然斜坡的不合理开挖以及村民无序建房等，打破了地质历史时期形成的斜坡平衡状态，造成斜坡变形失稳。近几年来，随着人口数量的增长，在客观上加大了对居住用地的要求，土地资源日趋紧张，削坡取土建房的情形时有发生，切坡、削坡不科学，局部形成边坡，进而改变了斜坡的原始状态，对滑坡类地质灾害的发生产生了明显的诱发作用。这已成为触发地质灾害的主要因素之一。

公路主要以盘山公路的修建而引发的地质灾害问题最为严重，西宁南北山绿化简易盘山公路的修建很少采取边坡支护等工程措施，进而引发路堑边坡的崩塌和路堤边坡的滑坡等灾害现象；主干公路两侧爆破或人工切坡，导致坡体应力重分布，坡脚位置多发崩滑现象，如西川北侧黄土斜坡地带及凤凰山路沿线。

河道两侧缺乏坡脚防护，后期流水侵蚀作用、物理风化作用、交替冻胀作用等加剧改变了原岩(土)结构，破坏了原岩(土)体的整体性，为边坡失稳的形成和发展提供了条件。

2）不合理绿化灌溉

南北山绿化工程实施以来效果显著，是青海人民改造自然、建设秀美山川的典范工程，对进一步美化和提高人居环境具有十分积极的作用和意义，取得了明显的社会和生态效益。科学合理的灌溉至关重要，既是一种节约更是一种责任。尤其是北山山前崩积地层，其水敏性很强，可溶盐的大量流失必将带来严重失稳隐患。例如，2011年7月31日18时发生的北山一颗印滑坡，与绿化灌溉采取的漫灌直接相关。

区内部分渠道渗漏引起地表水自山坡上部入渗，改变原始斜坡的内部结构，引起斜坡失稳，容易诱发地质灾害。另外，在不稳定斜坡、滑坡体表面开挖鱼鳞坑、截水槽，都会导致表水排泄不畅渗入坡体，导致斜坡变形失稳。

3）不合理弃渣堆放

基础工程建设时，如隧道及其他开挖工程弃渣的肆意堆放，不仅形成高陡边坡威胁人类的生产、生活，而且对沟谷泥石流的发生提供了丰富的松散物源，尤其是付家寨地区，这一问题更为严峻。

总之，西宁市内人类工程活动频繁，强度较大，对地质环境的影响强烈。

第三章　地质灾害概况

第一节　地质灾害现状

截至 2021 年,西宁市五区二县发育地质灾害 2322 处(表 3-1,图 3-1)。按照地区划分,城东区 164 处、城中区 135 处、城西区 35 处、城北区 94 处、湟中区 765 处、大通县 602 处、湟源县 527 处;按照类型划分,崩塌 834 处、滑坡 1198 处、泥石流 284 处、地面塌陷 6 处(图 3-1)。由此可见,西宁市地质灾害主要分布于湟中区、大通县和湟源县,共 1894 处,约占地质灾害总数的 82%,且类型主要以滑坡、崩塌为主,共 2032 处,约占地质灾害总数的 88%。

表 3-1　各县级调查区地质灾害类型统计一览表　　　　　　单位:处

地质灾害类型	崩塌	滑坡	泥石流	地面塌陷	小计
城东区	39	105	20		164
城中区	61	63	11		135
城西区	10	23	2		35
城北区	10	69	15		94
湟中区	318	424	23		765
大通县	184	343	69	6	602
湟源县	212	171	144		527
总计	834	1198	284	6	2322

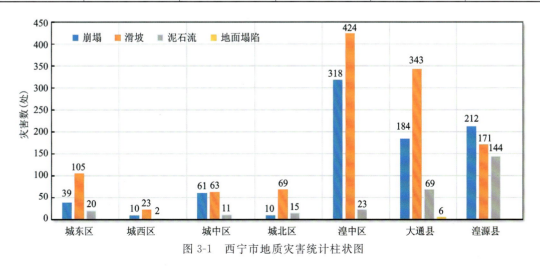

图 3-1　西宁市地质灾害统计柱状图

第二节 地质灾害发育特征

区内地质灾害呈条带状分布在城区周边。危岩崩塌灾害集中分布在湟水北山高阶地前缘,滑坡灾害在丘陵与河谷平原过渡的斜坡地带成群发育。区内沟谷水土流失严重,沟谷坡降大,多为泥石流沟。地质灾害群发性、复合性的特点十分突出,平均每平方千米发育0.3处地质灾害(图3-2)。本节各类地质灾害发育特征分述如下。

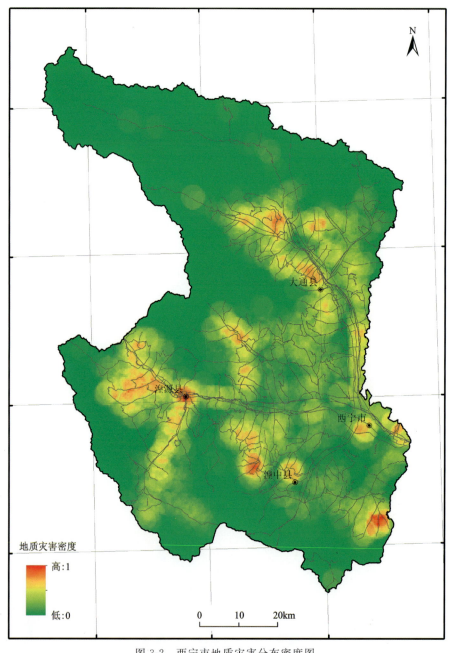

图 3-2 西宁市地质灾害分布密度图

一、滑坡

(一)滑坡类型

截至2021年,西宁市五区二县发育滑坡1198处;按照物质组成分类,土质滑坡918处、岩质滑坡280处;按照滑体厚度分类,浅层滑坡909处、中层滑坡205处、深层滑坡56处、超深层滑坡28处;按照滑体体积分类,小型滑坡895处、中型滑坡200处、大型滑坡80处、特大型滑坡23处;按照滑体运行形势分类,推移式滑坡273处、牵引式滑坡770处、复合式滑坡155处;按照风险等级分类,低风险滑坡543处、中风险滑坡426处、高风险滑坡224处、极高风险滑坡5处(表3-2)。

表3-2 西宁市滑坡发育特征分类统计表　　　　　　　　　　　　　　　　　单位:处

划分依据	类别	城北区	城东区	城西区	城中区	大通县	湟源县	湟中区	小计	总计
物质组成	土质	40	24	15	40	296	130	373	918	1198
	岩质	29	81	8	23	47	41	51	280	
滑体厚度	浅层	52	80	19	50	251	163	294	909	1198
	中层	13	22	1	12	61	6	90	205	
	深层	4	2	2	1	21	2	24	56	
	超深层		1	1		10		16	28	
滑体体积	小型	47	85	18	53	236	155	301	895	1198
	中型	14	14	1	7	66	13	85	200	
	大型	7	6	3	3	24	3	34	80	
	特大型	1		1		17		4	23	
	巨型								0	
运移形式	推移式	2	11	10	16	99	11	124	273	1198
	牵引式	67	94	11	36	182	142	238	770	
	复合式			2	11	62	18	62	155	
风险等级	低	41	99	14	43	157	125	64	543	1198
	中	26	6	9	20	122	34	209	426	
	高					61	12	151	224	
	极高	2				3			5	

(二)形态与规模特征

1. 平面形态

研究区滑坡分为岩质滑坡和土质滑坡两类,无论是实地或在遥感影像上,其形态特征明显,容易识别。滑坡后壁平面形态多呈典型的圈椅状,形态明显,后壁多处于低山丘陵中上部,地形坡度多在30°～50°之间。滑坡前缘表现为舌状或长舌状。滑坡平面形态多为不规则形、半椭圆形及舌形等。

2. 面积和体积

滑坡体面积的大小主要取决于长度或宽度的变化。规模小的长度或宽度小,规模大的长度或宽度大,面积的增加主要体现在长度或宽度的增加。而滑坡体积的大小则主要取决于厚度的变化,当面积基本确定时,体积的增加主要体现在厚度的增加。就其统计资料的长度、宽度和厚度数据,求得研究区内滑坡隐患点面积为 $3\,925.48\times10^4\,m^2$,体积为 $10.50\times10^8\,m^3$。

(三)边界特征

1. 滑坡后壁

滑坡后壁是滑坡体最为显著的特征之一,其位置较高,平面形态多呈弧形。后壁坡度一般较大,在20°～70°之间,坡向与原坡向基本一致,滑壁坡度明显大于原斜坡坡面;顶部与原斜坡坡面相交,形成明显的坡度转折陡坎,滑坡越新转折越清晰。后壁中部坡高最大,向两侧弧形弯曲并降低,高度多在数米至数十米间,大者可达近百米。

滑壁面总体上较为平直。受自然风化侵蚀,滑坡由老至新,滑壁面则由破碎趋于完整。破碎的滑壁面若为古滑坡,仅能从整体上显示出滑坡后壁的形态,多发育有小冲沟以及以草丛为主的植被。在后壁破碎严重时,甚至不易发现,与周边斜坡接近。完整壁面多为老滑坡和新滑坡,特别是新滑坡,壁面黄土裸露,表面略显凹凸不平,可见明显的滑坡擦痕,与周边斜坡可明显区别开来。

2. 滑坡侧界

滑坡侧界分两部分:上部为侧壁,与后壁特征相近;下部为滑体边界,在滑动中滑体堆积于下方,向两侧扩展。滑坡下滑后,坡面坡度减缓,在斜坡上形成一凹地,凹地两侧即为上部侧界。随着滑坡发生时间早晚不同,侧界保留的清晰程度也不同。大多古滑坡和老滑坡侧界已不甚清晰,灌木草丛覆盖,与原坡面呈渐变过渡;由于滑坡大多后倾,中部凸起稍高,两侧边界地势最低,可见发育有双沟同源冲沟。下部滑体顺坡向凸出,向两侧扩展。新滑坡和老滑坡还可见到明显的台坎。由于其边界在长期风化作用下,与原始坡面渐混为一体,古、老滑坡下部侧边界不易与原坡面区分,呈过渡关系。

3. 滑坡前缘

1)出露位置

滑坡前缘出露于河流或沟谷斜坡坡脚。古滑坡和部分老滑坡的前缘在长期地质历史中多遭受河流侵蚀。在古、老滑坡坡脚发育有高漫滩乃至Ⅰ、Ⅱ级阶地堆积。老滑坡和新滑坡前缘保存尚为完好,滑坡在下滑时多冲向彼岸,堵塞河道,迫使河流弯曲,在地貌上多表现为河流凸岸。前缘是滑坡体的堆积区,坡度平缓,多小于30°。

2)临空面

受流水侵蚀和人类工程活动的影响,处于斜坡坡脚的古滑坡和老滑坡前缘多形成滑坡临空面,其高度一般在数米至近百米间,临空面坡度陡,多在45°以上,甚至直立。表面新鲜地层裸露,可见有滑动挤压形成的致密纹理。

3)剪出口

剪出口出露的地层因斜坡地质结构和河谷所处地段不同而异,剪出口可见4种类型。

(1)黄土层内型:滑坡自黄土层内剪出,滑面在黄土和黄土状土中,剪出口位置在黄土和黄土状土中,剪出口位置有高有低,在数米至数十米间。

(2)黄土-基岩型:是区内常见的剪出口类型。黄土和黄土状土直接与基岩(新近纪砂质泥岩)接触,滑坡体沿基岩面剪出,由于二者工程地质性质差异明显,沟谷切割深,坡体临空面大,常见滑坡沿此剪出。

(3)基岩型:滑坡沿斜坡基岩软弱结构面剪出,剪出口位置较低,在数米至10m间,古、老滑坡的前缘遭受河流侵蚀或人为改造。

(4)碎石土层内型:该类滑坡即崩积层滑坡,剪出口多位于坡体中下部地下水露头处,呈带状分布。

(四)表部特征

1. 微地貌

滑坡表面微地貌形态多样。后缘是滑坡体的最高点,由于滑体下滑后形成反倾坡面,较陡后壁与反倾后缘间形成封闭的洼地,降雨在洼地汇集,积水较多时,向滑体两侧排泄,形成"双沟同源"现象。洼地内潜蚀发育,特别当滑坡体有复活运动趋向时,坡体中结构疏松,落水洞发育,直径达数十厘米,深1~2m,并向两侧延伸。

据前人资料,研究区滑坡主要为推移式滑动,其次为牵引式滑坡。推移式滑动,其地貌特征表现为上部岩层滑动挤压下部产生变形,滑动速度较快,滑体表面波状起伏;牵引式滑坡,其地貌特征表现为自前缘到后壁分别逐级滑落,在滑坡体表面自上而下可见逐级坐落的台坎。坎高多在10~40m之间,坡度陡峭或近于直立。台坎宽5~20m,顺坡向下倾,坡度约10°或近于水平。

古滑坡体上冲沟发育,完整性差。冲沟规模随滑坡体的大小不同而异,巨型、特大型、大型滑坡体上冲沟宽15~40m,沟深可达20~60m,将滑坡体分割成独立的若干部分;特别是滑坡体中部较两侧凹陷;老滑坡和新滑坡完整性较好,冲沟浅且少,深和宽均在数米至10m间。总体上,中部凹陷不明显。

近期发生的新滑坡保留着典型的滑坡特征。后壁与侧壁裸露,壁面新鲜明晰,滑坡体基本没有被侵蚀。在滑体前缘,滑体前行受阻,形成前缘鼓胀,两侧并发育数厘米宽的张性裂缝。滑体冲出至沟底,向两侧扩散,形似田垄地埂。受谷底流水侵蚀,垄埂多不易保存,只留下略显凸起的地形。

2. 裂缝

古(老)滑坡由于时代久远,滑体上裂缝已被充填,现今没有迹象可寻。但新滑坡,特别是近期发生的滑坡,其上裂缝清晰可见。滑体两侧有张性裂缝,裂缝宽数厘米,近似平行排列,间距随滑坡规模而不等,从数厘米到数米均有。

(五)内部特征

1. 滑坡体

受黄土斜坡地质结构制约,滑坡体主要由黄土和黄土状土组成,土体组成单一。滑体在滑动时松动解体,稳定后在重力作用下,又重新压密固结。在钻孔内和冲沟中,可以见到固结混杂的土体。仅在滑坡前缘,出现下部基岩风化壳被错动,可见土石混杂体。由于降水稀少,水土流失严重,滑坡体内一般不含地下水,在滑坡前缘一般亦无地下水溢出。

2. 结构面与滑带

斜坡结构面主要有节理面与层面两大类。节理面包括原生的垂直节理面、构造节理面、风化节理面、卸荷节理面以及滑坡与崩塌节理面等,主要表现为黄土的垂直节理面和卸荷节理面。对滑坡而言,节理面主要控制滑坡的后壁拉裂位置,与滑动面关系不大。层面主要有黄土与基岩接触层面,层面控制着滑动面的位置,其在黄土和黄土状土中的位置越高,所形成滑坡的规模就越小。滑带埋藏于滑体之下,调查中仅在一些滑坡前缘断面处可见其露头。滑带是整体移动的滑体与稳定的滑床间形成的一个错动的滑动空间,据野外所见,在黄土和黄土状土中大多数表现为一个面,较为平直或微显弯曲,滑动面光滑。而在基岩中则表现为2个甚至3个滑动面,较为平直或圆滑,滑动面呈阶梯状。

3. 滑床

黄土滑床埋藏于滑体之下,两侧冲沟多未切穿,野外露头不明显,仅在前缘侵蚀断面上可见有部分露头。滑床土体部分多呈强烈挤压状,土体结构致密,具明显排列一致的挤压纹理。在周边压力减缓后,纹理张裂,土体破碎,形成可见厚数十厘米至数米的挤压带。基岩滑床埋藏于滑体之下,滑体未被冲沟切穿,滑床露头很少,仅在前缘侵蚀断面上可见有局部露头。滑床岩体呈强烈挤压状,岩体结构较为致密,岩体破碎,形成可见厚0.5~1.0m的挤压带。

(六)滑动特征

滑坡的滑动方向同斜坡的坡向,区内沟壑纵横,滑动朝各个方向均有。古(老)滑坡坐落式特征较为多见,此外剧动式滑动也有发育,但数量不多。现今滑坡多表现为慢速开裂滑移变形,且以崩积层及老滑坡的再解体最为典型。

二、崩塌

(一)崩塌类型

截至2021年,西宁市五区二县发育崩塌834处;按照物质组成分类,土质崩塌619处、岩质崩塌215处;按照规模等级分类,小型崩塌625处、中型崩塌182处、大型崩塌23处、特大型崩塌3处、巨型崩塌1处;按照运动形式分类,滑移式崩塌294处、倾倒式崩塌201处、坠落式崩塌339处;按照风险等级分类,低风险崩塌358处、中风险崩塌343处、高风险崩塌126处、极高风险崩塌7处(表3-3)。

表3-3 西宁市崩塌发育特征分类统计表　　　　　　　　　　　　　　　　单位:处

划分依据	类别	城北区	城东区	城西区	城中区	大通县	湟源县	湟中区	小计	总计
物质组成	土质	5	2	7	44	165	119	277	619	834
	岩质	5	37	3	17	19	93	41	215	
规模等级	小型	6	22	4	56	165	111	261	625	834
	中型	3	11		5	17	83	57	182	
	大型	1	6			2	14		23	
	特大型						3		3	
	巨型						1		1	

续表 3-3

划分依据	类别	城北区	城东区	城西区	城中区	大通县	湟源县	湟中区	小计	总计
运动形式	滑移式	2	6	3	16	48	78	141	294	834
	倾倒式	7	31	7	29	33	18	76	201	
	坠落式		1		2	16	103	116	101	339	
风险等级	低	9	37	10	43	24	156	79	358	834
	中	1	2		18	128	26	168	343	
	高					29	26	71	126	
	极高					3	4		7	

（二）形态与规模特征

西宁地区崩塌，多为切坡建房或修建道路形成的高陡边坡，坡高 12～300m，坡度在 60°～88°之间，小于 40°的缓坡也仍然存在崩塌的情况，这与坡体的内部结构和变形模式有关。如坡体顺坡向结构面、节理裂隙的发育、坡脚开挖等，都会成为降低坡体稳定性或坡体变形破坏的潜在因素，致使坡体逐渐发展为灾害隐患。据调查，西宁市崩塌主要以切坡建房形成的高陡黄土边坡最为典型，也是对人民群众日常生产生活最具威胁性的地质灾害，坡面裸露，裂隙发育，受雨水冲刷及风化作用影响强烈，边坡的破坏往往存在不确定性，且多为小规模、突发性、坐落式滑塌，为近年来造成人员伤亡最主要的地质灾害。

（三）危岩体特征

危岩体多发育节理裂隙或垂直张裂隙，土质崩塌易沿垂直张裂隙发生向前的倾倒或滑移。遇降雨，水多容易储存在裂隙中，并对黄土产生湿润作用，增加土体的自身重力。岩质崩塌的前缘多会出现岩层之间的节理裂隙，这些裂隙张开一般较大，其间并有泥质或者草根填充，坡面破碎，岩石风化强，表层多松散堆积层，遇水易饱和。

（四）堆积体特征

多数崩塌的堆积体受人为影响已不复存在，对仅存的几处堆积体调查显示，堆积物方向和崩塌方向一致，堆积体长度在 1～15m 之间，宽 2～10m，厚度不等，最厚处约 5m，堆积体剖面形态多为凹型和凸型，稳定性相对较好，体积较小，不容易发生二次崩塌或滑坡。

三、泥石流

（一）泥石流分类

区内泥石流沟具有分布广、数量多、规模较大等特点。沟谷上游、中游（山区与丘陵区）是泥石流的形成区和流通区,出山口平原区为堆积区,也是人口密集区和各类工程设施所在处,是受灾最严重的地区。泥石流灾害年内分布与降水密切相关,集中发生于暴雨季节(6—9月),而且泥石流多发生于午后或夜间,此间也是强降水时段。

截至2021年,西宁市五区二县发育泥石流284处:按照水源类型分类,均为暴雨型泥石流;按照流域形态分类,均为沟谷型泥石流;按照物质组成分类,泥流33处、泥石流219处、水石流32处;按照规模等级分类,小型泥石流223处、中型泥石流52处、大型泥石流2处、特大型泥石流7处;按照发展阶段分类,处于发育期的泥石流176处、旺盛期的泥石流71处、衰败期的泥石流29处、停歇期的泥石流8处;按照易发程度分类,不易发泥石流7处、轻易发泥石流56处、易发泥石流211处、极易发泥石流10处;按照风险等级分类,低风险泥石流130处、中风险泥石流105处、高风险泥石流40处、极高风险泥石流9处(表3-4)。

表3-4 西宁泥石流地质灾害特征汇总表　　　　　　单位:处

划分依据	类别	城北区	城东区	城西区	城中区	大通县	湟源县	湟中区	小计	总计
物质组成	泥流	6		1	6	13		7	33	284
	泥石流	9	20	1	5	42	127	15	219	
	水石流					14	17	1	32	
规模等级	小型		1		4	64	132	22	223	284
	中型	9	19	1	5	5	12	1	52	
	大型					2			2	
	特大型	6		1					7	
发展阶段	发育期	12	20	2	8	18	100	16	176	284
	旺盛期					46	24	1	71	
	衰败期	3			1	4	20	1	29	
	停歇期				2	1		5	8	
易发程度	不易发					7			7	284
	轻易发	2	1		7	18	17	11	56	
	易发	13	10	2	4	44	126	12	211	
	极易发		9				1		10	
风险等级	低	9	6		2	34	74	5	130	284
	中	5	6	1	6	16	53	18	105	
	高	1	3	1	1	18	16		40	
	极高		5		2	1	1		9	

(二)形成区特征

物源区也为形成区,发育于山区,山体岩石风化严重,植被稀少,岩体破碎,山体坡度一般陡峻,泥石流物质来源丰富,具有足够数量的松散堆积物。

(三) 流通区特征

流通区也为径流区，本区多为沟谷性泥石流，受地形影响，中高山分布面积大，这就造就了河谷横断面窄而深，纵向坡降多岩坎，有利于泥石流加速，一旦受强降雨影响，松散碎屑物饱水，摩擦力减小，在重力及其他因素下，容易发生泥石流。

(四) 堆积区特征

堆积区由巨砾和黏土混杂堆积组成，分选差。区内泥石流堆积物砾石含量高，而粉砂含量低，堆积物中5~20cm砾石砾向呈叠瓦式排列逆指向上游趋势，堆积物无明显层有理，并常有泥包砾结构，有时有泥球、压楔等构造，0.5cm以上砾石上有碰击纺锤状碰坑或擦痕，呈垄状、扇状堆积地貌。

四、地面塌陷

西宁市地面塌陷均分布在大通煤矿采矿区的6处地面塌陷点，均为煤矿采空区向下陷落在地表形成塌陷坑。据《青海省大通县地质灾害详细调查报告》，塌陷坑分布面积0.02~21.00km²，口径5~80m，坑口面积12~500m²，塌陷坑深度0.8~50m。按照规模分类，小型塌陷坑4处、中型塌陷坑2处；按照灾情等级分类，特大型塌陷坑1处、中型塌陷坑1处、小型塌陷坑4处；按照发展阶段分类，处于停止期的塌陷坑共1处、处于发展期的塌陷坑共5处；按照风险等级分类，均属于低风险塌陷坑。

第三节　地质灾害发育分布规律

一、地质灾害空间分布规律

研究区内地质灾害分布规律严格受自然地质环境条件和人类工程活动因素的制约，在空间上有相对集中和呈条带状展布的分布特征。其具体表现如下。

1. 沿湟水河谷及其一级支沟中下游两侧呈带状集中分布

据调查资料统计，研究区内的2322处滑坡、崩塌、泥石流集中分布在湟水河及其一、二级支流中下游沟谷两侧（图3-3）。区内滑坡、崩塌均分布在河流两岸或沟谷两侧，其分布密度和致灾作用则与河流及沟谷的侵蚀切割作用关系密切。一般在沟谷上游及源头，以垂直侵蚀作用为主，沟谷两侧崩塌、滑塌频发。但是，由于上游沟谷内人烟较少，也无重要工程和基础设施，地质灾害多数规模较小，程度较轻微。在沟谷中下游以侧蚀作用为主，沟谷两侧谷坡风化、卸载作用强烈，处于河流侵蚀岸的斜坡易发生滑坡、崩塌等地质灾害。在宽阔的（即成型）河谷，如黄河河谷，自然条件下低山丘陵前缘古、老滑坡坡体总体较稳定，在风化和卸载作用下，多形成剥落和局部不稳定。但是，由于河谷区地形平坦开阔，人口、重要工程和基础设施密集，人类不合理工程活动强烈，地质灾害最为严重。

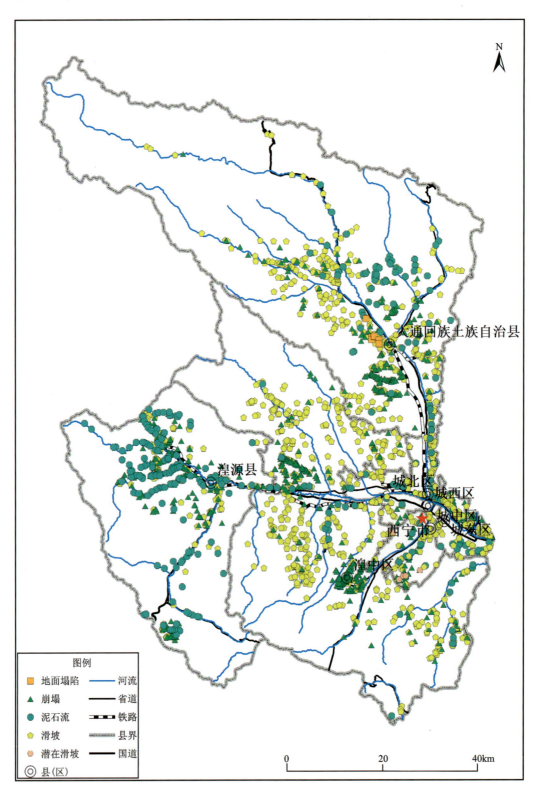

图 3-3　西宁市地质灾害分布图

2. 在凸型、凹型和直线型坡斜坡地段相对集中

凸型和直线型坡易产生滑坡灾害，研究区滑坡以凸型、凹型、直线型坡为主要发生区域。凸型、直线型坡产生崩塌和不稳定斜坡的概率较高，而阶梯形坡产生滑坡的概率明显较高。

3. 在低山丘陵区植被条件差的地段集中

在研究区北川河下游、南川河中下游两侧低山丘陵区边缘和一级支沟中下游,天然植被覆盖率低,水土流失严重,地质灾害在植被条件差的地段相对集中。而在研究区北、西、南部的中高山区(各支沟的上游源头区)天然森林植被较好,覆盖率达60%以上,水土流失强度低,坡体相对稳定,地质灾害少。

4. 在易滑或易崩地层岩性组合地段相对集中

区内易滑地层或软弱结构面主要为新近纪红色泥岩层、黄土和黄土状土、泥岩顶部风化壳与黄土接触面以及基岩中的风化破碎带;易崩地层为黄土和坡度大的花岗岩、片麻岩、砂砾岩等基岩的风化破碎带。

二、地质灾害时间分布规律

地质灾害在时间上也呈现出集中分布的规律。主要表现:在地质历史时期,滑坡、崩塌、泥石流在晚更新世后期和全新世早期不仅活动强烈而且相对集中;在人类历史时期,滑坡、崩塌、泥石流等地质灾害在人类活动强烈的时期相对集中;具体到每一年的时间内,滑坡、崩塌、泥石流等地质灾害在雨汛期相对集中。

1. 在晚更新世后期和全新世早期相对集中

新生代以来,青藏高原、黄土高原区构造运动表现为以大面积抬升为主与振荡性拗陷的差异运动。自更新世初期黄土开始堆积以来,就伴随着侵蚀,只是侵蚀速度远远小于堆积速度。而在黄土堆积晚期,随着晚更新世、全新世青藏高原、黄土高原的强烈整体隆升,特别是在晚更新世初期湟水的全线贯通,使湟水干流及其各支流的垂直侵蚀切割作用急剧增强,侵蚀速度反而远远大于黄土堆积速度,湟水干流及其各支流沟谷的垂直下切与侧蚀作用十分强烈,滑坡、崩塌频繁发生。表现为在地质历史时期滑坡、崩塌在晚更新世晚期和全新世早期相对集中。

2. 在现代人类工程活动强烈的时期相对集中

研究区地质灾害与人类工程活动密切,在人类历史时期,滑坡、崩塌在人类活动强烈的时期相对集中。主要是不合理的人类工程活动破坏了斜坡的结构,使原斜坡应力发生变化,导致斜坡失稳发生滑坡、崩塌等地质灾害。

3. 在雨汛期相对集中

研究区地质灾害发生频次均与同期的月平均降水量呈正相关系,集中降雨是本区滑坡发生的主要诱发因素。

(1)雨季。雨季长短稍有不同,但一般在6—9月,绝大多数滑坡、崩塌发生在雨季,发生在7—9月的滑坡、崩塌占其总数的71%,而3—5月发生的滑坡、崩塌仅占13%,说明滑坡、崩塌与雨季集中降雨有密切关系。

(2)连阴雨滞后期。中至长历时降雨,在干旱地区对黄土坡体的影响十分显著,持续降水可通过大孔隙黄土有效补给坡体内软弱结构层,逐步降低软弱带强度,最终导致下滑力大于抗滑力而形成滑坡。

(3)冻融期。西宁市所处我国西北黄土地区,冬季寒冷,季节性冻融作用对斜坡稳定性产生一定影响,黄土地区在该季节内发生过多起灾害性滑坡。当斜坡区存在不均匀呈脉状分布的地下水,并以泉水的形式排泄时,季节性冻融作用可导致斜坡体内地下水的富集和扩展,斜坡土体大范围软化和自重增大,静水、动水压力增高等冻结滞水促滑效应,从而降低其稳定性,促使滑坡发生。对这个特定环境,如果发生滑坡,则多发生在3月和7月,与冻融期和雨季时间吻合。

第四节 地质灾害孕灾条件

一、地形地貌与地质灾害

地质灾害的分布与地貌类型息息相关,地形复杂的丘陵区和山区是地质灾害高易发区,而平缓的河谷平原区是地质灾害低易发区。

西宁市地貌类型为低山丘陵区和河谷平原区,已有地质灾害主要分布在低山丘陵区,河谷平原区有零星的地质灾害分布,且主要由人类工程活动引发。本次研究区全部位于湟水两侧的低山丘陵区。

区内受冲沟的强烈侵蚀,地形非常破碎,沟谷横断面呈"V"形,沟岸坡度一般大于30°,多在40°～60°之间。冲沟与冲沟之间为墚峁状地形,顶部呈浑圆状。在低山丘陵前缘为高达100～300m的阶地(Ⅲ～Ⅶ级)高陡斜坡,坡度一般在35°以上,且多处形成高30～120m的近直立陡坎。以上地形条件有利于地质灾害的发生,加之人类工程活动切坡,导致区内崩塌、滑坡、泥石流等突发性地质灾害极为发育。

二、地质构造与地质灾害

地质构造决定了区内地形地貌、水系展布、斜坡结构、地层岩性的分布、岩体结构特征,并间接地影响到人居生态的分布,因而间接地影响地质灾害的分布发育程度。地质构造对地质灾害发育的影响或控制因素主要是成岩节理、层面和构造节理裂隙等软弱结构面及其组合与斜坡临空面的关系。

(一)湖盆形成演化

高原自始新世强烈隆起以来,湟水盆地已有远程构造响应,主要表现为局部压隆,大部分地区缓慢下陷,当时西宁盆地的沉降中心就位于西宁市最东端的付家寨地区,沉积了西宁盆地最厚的古近纪含盐地层,并且含盐标志层自东向西逐渐变薄,为现今西宁盆地内古近系崩滑现象的发生创造了有利的物质条件。进入新近纪以来,高原北部开始强烈断陷,并开始发育大面积淡水湖泊——"河湟古湖",其间沉积了一套新近纪泥砂岩,成为北川河东岸坐落式滑坡的主体物源。进入第四纪以来,高原整体进入加速隆升期,强烈的构造抬升降低了区域侵蚀基准面,于青藏运动末期"青东古湖"外泄并解体。

自此,西宁盆地进入河流形成演化阶段。综上所述,湖盆演化阶段为今后各类地质灾害的发生提供了丰厚的物质基础。

(二)河流形成演化

河流形成演化阶段西宁盆地主要经历了两大构造期,分别为昆黄运动时期和共和运动时期,并对每一期构造都有地貌记录。其中,昆黄运动使西宁盆地孕灾地貌定型,共和运动在本区以河道的加宽即侧蚀作用为主。西宁盆地最强烈的构造隆起发生在昆黄运动的二、三幕(0.008～0.006Ma)时期。强烈的隆升使西宁盆地在北山山前的一颗印附近至少下切110m,在付家寨一线同样切割强烈,并发育有局部崩塌体;在张家湾一线Ⅳ级阶地发育于斜坡中部,成为地下水的线性露头区,使得露头以下坡体含水量激增,多见浅表层的滑坡。综上所述,中更新世早期的构造运动塑造了现今地质灾害发育分布的优势地形地貌条件。

(三)岩体结构的构造改造

青藏运动时期的主压应力为NNE-SSW向,其间主要表现为NWW向断裂的挤压逆冲活动,如NWW向区域性深大断裂带及受其控制的NWW向大型隆起带及坳陷带的形成,此期NNW向新生破裂产生,并以走滑为主,此外,盆地内伴生有一系列NNE向张性或张扭结构面和NNW向、NEE向展布的两组剪切面。

昆黄运动时期的主压应力发生顺时针方向偏转,转为NEE-SWW向,此时现存的NNW向和NWW向区域性深大断裂运动性质发生转变,NWW向各大断裂带表现为左旋走滑运动特征,而NNW向断裂以逆冲活动为主,盆地内新生的结构面主要有NNW向和近NS向压性或压扭性结构面,同期还发育NEE向的张性或张扭性破裂结构面。

共和运动时期的构造应力场主压应力方向又回返至NE-SW向,NWW向各区域性深大断裂带继承原有主运动方式左旋走滑,NNW向及近NS向断裂开始以右旋走滑为主,同期盆地内新生NW向压性结构面和NE向张性或张扭结构面,早期形成的各张性结构面转变为压扭性。

三、工程地质岩组与地质灾害

地层岩性、岩土结构及其组合形式是形成地质灾害的重要内在条件。地层岩性的不同决定了地质灾害的种类及规模,地层的成因类型、物质组成不同,地质灾害的种类不一,规模也有差异。

研究区位于湟水两侧丘陵区,地层岩性主要由黄土和黄土状土、泥岩、泥岩与石膏岩互层、砂质泥岩等组成,在小峡地区出露斜长角闪片岩、石英闪长岩等。工程地质岩、土体类型主要有坚硬块状侵入岩岩组、坚硬—较坚硬层状变质岩岩组、较坚硬层状碎屑岩岩组、软弱层状碎屑岩岩组、黄土类土、砂卵砾类土、混杂堆积类土。

黄土和黄土状土(晚更新世黄土)的湿陷性及崩解性,以及泥岩的相对隔水和遇水易软化、强度降低的性质,使其成为斜坡失稳、发生滑坡、崩塌灾害的易发地层。基岩是全区的基底地层,构成黄土(粉质黏土)-基岩接触面滑坡的滑床。基岩出露较高、风化破碎强烈的地段,是岩质斜坡失稳形成地质灾害的易发区。在黄土和黄土状土斜坡地带,人工开挖形成高陡边坡,成为地质灾害潜在隐患地段。区内易滑地层或软弱结构面主要为泥岩层、黄土和黄土状土、泥岩顶部风化壳与黄土接触面;易崩地层为风积黄土和坡度大的泥岩、砂质泥岩、砂砾岩等基岩的风化破碎带及产状外倾千枚岩、板岩。

(一)易崩滑地层

1. 黄土

区内黄土分布的总体特征表现为西厚东薄,且较为集中地分布于研究区内巴浪片区、晋宁坪片区、小西山片区,在北山主要分布于上部,厚度可达261m,另在沟谷内多以披覆形式发育。黄土工程地质特性是具大孔隙和垂直节理、结构疏松。黄土良好的垂直节理以及在后期构造应力中形成的近于直立的构造节理,在风、雨等营力的作用下,其微裂隙不断延伸扩展,大大降低了黄土的整体性。加之在重力作用下,由拉应力和剪应力共同作用,沿已有的裂隙、垂直节理、构造节理或与基岩接触面、古土壤面不断产生滑移、拉断与追踪剪切,逐渐形成滑动面,最终导致崩塌、滑坡发生。黄土内各种结构面还有利于地表水的入渗,并形成软弱结构面,从而进一步降低土体的抗剪强度,导致滑坡、崩塌的发生。

2. 泥岩

研究区泥岩滑坡主要包括了白垩系(K)、古近系(E)、新近系(N)3套地层,岩性主要以泥岩、砂岩、泥岩与石膏岩互层为主。白垩系主要分布于小峡地区;古近系主要分布于九家湾—付家寨的北山地区和南川东路—小峡片区的南山片区;新近系主要出露于阴山堂—沈家寨一带,其次在南川东路—小峡片区上部有出露。

泥岩滑坡主要分布于北川河东岸的斜坡地带(九家湾片区)及阴山堂地区(张家湾片区),且多以坐落式和推移式为主,主要是由于泥岩具有遇水易软化的特点,同时其还具有相对隔水的特性,地下水沿泥岩中的裂隙运移,不断浸润软化降低抗剪强度,形成软弱面,最终导致滑坡。

崩塌主要分布于林家崖片区的山前、南川东路山前及付家寨地区,以古近系(E)为主,主要是由于该套地层由泥岩与石膏岩互层、砂岩组成,同时在构造作用下该地区形成高达50~150m的近直立陡崖,互层结构岩体中泥岩抗风化能力弱,石膏岩和砂岩较强,形成差异性风化,故而陡崖上多表现为帽檐状,石膏岩或砂岩鼓胀外倾,重力卸荷裂隙追踪构造裂隙,最终形成崩塌,并为碎石土滑坡提供了丰富的物源。

3. 碎石土

区内碎石土实为崩积层,岩性为含泥岩块、石膏块、砂岩块的粉质黏土,主要分布于北山、南山及付家寨地区丘陵区前缘第一斜坡带上,其次就是区内冲沟两岸。碎石土主要由古近纪泥岩、砂岩、石膏岩地层风化崩落堆积形成,成分不均、空隙大、高含盐是其总体特征。崩积层滑坡主要以含盐(石膏和芒硝)矿物遇水后盐分被淋滤带出,强度降低有直接关系。其次,崩积层孔隙大,有利于地表水的入渗,而其下部为相对隔水的泥岩、石膏岩等,地下水在此沿基岩面向下运移过程中不断软化上层崩积和下部基岩风化壳,逐渐形成厚0.5m左右的软弱带,最终导致崩积层滑坡。

(二)岩、土体结构面

研究区岩、土体结构面主要是黄土与砂、泥岩层界面,滑坡所形成的滑移结构面、滑面,以及坡体内部发育的构造节理面、垂直节理面、裂隙面等。由于不同岩、土体渗透性的差异,在性质差异较大地层岩性界面上形成了隔水层,汇聚的雨水使得上覆黄土和泥岩软化、泥化,抗剪强度降低,形成软弱带,诱发滑坡的发生;而滑坡体内部发育的滑塌节理面、滑面是诱发滑坡复活或发生滑塌的主要因素。斜坡岩、土体的结构决定了斜坡变形破坏的方式和软弱结构面的分布位置,对滑坡滑移面的位置具有明显的控制作用。这些结构面的存在对坡体的稳定性有着潜在的威胁,一旦条件成熟,可能引起滑坡或诱发滑坡复活而造成灾害的发生。黄土内部发育的构造节理及垂直节理、裂隙等是黄土边坡失稳的一个重要因素。黄土边坡常常沿这些内部节理面发生破坏,常沿构造节理面发生滑坡、崩塌灾害。高陡斜坡地带,土体常沿垂直节理发育并形成卸荷裂隙、拉张裂缝,形成危岩、危坡。受构造作用,岩体内部发育共轭节理,岩体被切割为不同大小、不规则的岩块,受物理风化作用,发育风化裂隙,使得岩体更加破碎,在高陡斜坡地段易发生崩塌、落石现象,造成灾害。在砂泥岩互层高陡边坡地段,由于泥岩抗剪强度较低,与砂岩强度差异较大,再加之易受风蚀作用,致使上部砂岩悬空、鼓胀外倾,形成危岩体,易发生倾倒、拉裂等形式的崩塌灾害。

四、水文地质条件与地质灾害

(一)地下水

地下水主要通过孔隙静水压力和孔隙动水压力作用对岩、土体的力学性质施加影响。前者减小岩、土体的有效应力而降低岩、土体的强度,在岩体裂隙中的孔隙静水压力可使裂隙产生扩容变形;后者对岩、土体产生切向的推力以降低岩、土体的抗剪强度。地下水在松散土体、松散破碎岩体及软弱夹层中运动时对土颗粒施加动水压力,在孔隙动水压力的作用下可使岩、土体中的细颗粒物质产生移动,甚至被携出岩、土体之外,产生潜蚀而使岩、土体破坏,这就是管涌现象。在岩体裂隙或断层中的地下水对裂隙壁施加两种力:一是垂直于裂隙壁的孔隙静水压力(面力),该力使裂隙产生垂向变形;二是平行于裂隙壁的孔隙动水压力(面力),该力使裂隙产生切向变形。

研究区地形支离破碎,黄土覆盖的低山丘陵区水土流失严重,地下水十分贫乏。但由于黄土节理裂隙发育,在斜坡地带,在原生节理和构造节理的基础上,发育了密集的风化、卸荷裂隙,甚至演化为黄土陷穴、落水洞,在暴雨或大雨过程中,降水汇集后,沿节理、裂隙、陷穴、落水洞等通道快速下渗,在新近纪泥岩之上形成局部上层滞水,甚至潜水。地下水活动降低了黄土强度,改变了坡体应力状态,常常触发斜坡变形失稳。据研究,当黄土含水量小于18%时,黄土力学强度较高,坡体在直立的状态下也可保持稳定;但如果大于20%,则强度降低很快,坡体稳定性亦变差。所以,地下水活动对斜坡变形失稳的影响作用十分明显。地下水活动的影响作用主要表现在:一是斜坡上的上层滞水的形成与存在,降低了土体强度,增加了土体的质量,易触发斜坡变形失稳;二是在连续阴雨过程中或大雨之后,水分入渗途中在下部泥岩或较为完整基岩层受阻,使其上部的岩、土体含水量增大,虽然尚未饱和或形成上层滞水,但是含水量增大降低了土体强度,同样可能触发斜坡变形失稳。

通过收集以往资料及本次调查认为,在具备崩塌、滑坡发生的内因条件(地层岩性、地质构造、地形地貌等)下,地下水的存在对崩塌、滑坡的产生或古(老)滑坡的复活起着重要的促进作用。主要表现在以下几个方面:

(1)地表水和大气降水大量渗入孔隙、裂隙中赋存与运移,对岩石产生软化、润滑和动水压力作用,使岩体抗压强度降低,内摩擦力显著减小,容易诱发或加速斜坡失稳,促进崩塌、滑坡形成。

(2)地表水、大气降水大量渗入坡体,静水压力增加,上覆土体的质量增加,容易诱发或加速斜坡失稳,促进崩塌、滑坡形成。

(3)由于地下水的潜蚀作用,区内黄土地层中潜蚀洼地、落水洞发育。在高陡斜坡地段,长期的潜蚀破坏作用容易诱发或加速斜坡失稳,促进崩塌、滑坡形成。

(4)地下水对软硬岩接触带(岩)土滑带土的浸润作用,使其抗剪强度降低,进而促进滑坡产生或引起古(老)滑坡的复活。

(二)地表水

地表水与地质灾害关系密切,这里主要指河流中的地表水,其次为绿化灌溉水。区内夏秋季多暴雨和大雨,且时间集中,有利于降雨在短时间内汇集,形成具有较强侵蚀能力的河流水,塑造了区内千沟万壑的地貌形态,常引发泥石流等地质灾害。河流水流(冲沟)对斜坡(沟岸)坡脚的侵蚀冲刷,导致斜坡前缘临空,为斜坡失稳创造了有利的地形条件。西宁市北山地区小西山绿化区、青海省高级人民法院绿化区滑坡等滑坡均是由沟岸被流水侵蚀导致前缘临空后在综合因素下发生的滑坡;同时地表水流冲蚀沟岸,造成沟岸塌滑,又为泥石流的发生提供了更多的物源。绿化灌溉水入渗为地下水进行了充足的补给,能进一步增加土体的自重,降低了土体的抗剪强度,不利于斜坡的稳定。

五、人类工程活动与地质灾害

西宁市是青海省社会经济、文化教育的中心,随着社会的发展,人类工程活动得到了空前的发展,特别是西部大开发战略的实施,基础设施建设规模及人居环境不断改善,但也存在或引发了一系列的地质灾害问题和隐患。人类工程活动集中反映在湟水河谷及其较大一级支沟内,其他地区则相对较轻。

1. 绿化专用道路与管护基地建设

为方便对绿化区管理和维护,区内修建有多条绿化专用道路。绿化区位于低山丘陵前缘斜坡带,地形坡度大,沟壑密布,道路均为半挖半填式路基,往往在内侧形成高度不等的人工挖方边坡,外侧形成高陡的人工填方边坡。受资金等条件影响,道路边坡并未进行防护,只进行了简单的切坡处理,坡脚也未设排水沟,同时因在坡脚植树,使坡脚由于开挖形成凹腔,在各种条件影响下,坡体岩、土体强度逐渐降低,从而形成不稳定斜坡,最终发生滑坡或崩塌灾害。

南北山绿化区位于湟水河两侧低山丘陵区前缘斜坡带,地形复杂且坡度大,为修建管护基地,往往在山坡较平缓地段采用半挖半填的方法进行场地整平,导致部分管护基地存在人工开挖形成的不稳定斜坡或处于不稳定边坡的影响区内。

2. 绿化灌溉

绿化区内全年累计灌溉天数达到 183d,每亩绿化区年平均灌溉量达到 81.21m³,浇灌时间为每年的 3—10 月,偶有绿化管网因破损而长时间渗漏,同时,区内出露有大量且松散的滑坡堆积土、崩坡积土,土质不均,空隙大,有利于绿化灌溉水的入渗,增加了土体的饱水比,大量灌溉水持续入渗,增大了表层岩、土体容重,又能浸润潜在滑动面,减小抗剪阻力,诱发地质灾害的复活或发生。如发生于 2017 年 8 月 8 日的青海省教育厅绿化区滑坡和南川东路滑坡等,均是由灌溉管道渗漏或不合理的灌溉而引起的滑坡。

南北山绿化工程是青海人民改造自然、建设秀美山川的典范工程,取得了明显的社会效益和生态效益,但同时也改变了原始地质环境条件,造成了一定的破坏,引发新的地质环境问题。

3. 城市建设切坡建房修路

经济的发展势必会加快城市基础设施建设。西宁市建设用地紧缺,部分工民建等建设工程挖山造地,人为改变了坡体的原始结构和坡度,致使坡体处于不稳定状态,加之排水系统不完善,生活用水不合理的排放,在内力及外力的影响下,坡体变形失稳,从而引发灾害,如西杏园—海湖桥一带由切坡建房形成不稳定斜坡。同时,一些机械加工厂、驾校、养殖场、温室大棚、混凝土搅拌站等建设于丘陵区沟道内,对沟道进行填埋、平整,致使沟道断面逐年减小,甚至把沟道的排洪通道堵死,影响沟道泄洪,在雨季易形成泥石流,如水槽沟、火烧沟等。

研究区范围内先后修建了兰西高速、西塔高速、宁互高速、青藏铁路等主要交通干线,以及村镇公路、南北山绿化道路等。其中,南北过境线、兰新高铁等主要沿丘陵区前缘走线;村镇公路,由于修建这些交通路网伴随着切坡、凿建隧洞等工程,道路沿线切坡段多,坡体开挖规模大,开挖形成的高陡边坡众多,部分切坡段斜坡处于不稳定状态,为地质灾害发生埋下了安全隐患;同时切坡、凿建隧洞等工程形成了大量的弃土、弃渣,填埋于丘陵区的季节性冲沟内,由此引发地下水径流条件改变、地基不均匀沉降、形成堰塞湖等,还易引发泥石流灾害等。例如,老官沟、蔡家沟、大沟、王家山沟等沟道内均堆积有大量的建设弃土。

4. 矿业活动

在研究区内开挖坡体取土,剥采泥岩、石膏等,开采产生的弃土、弃渣堵塞沟道,为泥石流的暴发提供了丰富的物源,例如,大寺沟东侧支沟中上游开采石膏所产生的弃渣堵塞沟道。同时,由于不合理的开挖和掘进坡体,形成高陡边坡,临空面发育,坡体有变形迹象,存在较大的安全隐患,例如,汉庄滑坡是由早期烧砖取土形成不稳定斜坡后发生的滑坡;付家寨和林家崖地区因石膏丰富,早期不合理地开采石膏矿形成大量的不稳定边坡;大通县县城西侧为大通煤矿区,由于开采时间悠长,且初期开采属无序、乱采,造成采空区地面塌陷,地面塌陷西起干沟,东至元树尔,呈北西-南东向展布,平面形态呈椭圆形,长轴长约3.25km,短轴宽约3.1km,面积6.02km^2,造成良教乡煤洞村、白崖村及桥头镇元树尔、大煤洞、小煤洞等村庄村民房子、围墙普遍开裂,甚至坍塌。

5. 垃圾填埋场

由于城镇发展,早期建筑生活垃圾设计和管理欠规范,在丘陵区的冲沟中随意堆填建筑和生活垃圾,如巴浪沟、郭家沟、深沟、水槽沟、曹家沟、沈家沟主沟或支沟等,填埋厚度不一,最大可达30m,填埋过程中底部未埋设排水管道,部分沟道路内形成了堰塞湖,极易引发泥石流灾害。

六、其他孕育地质条件与地质灾害

(一)降雨

降雨是西宁市地质灾害频发的主要因素之一。西宁市境内年降雨少,但近年呈逐年增多趋势,多年平均降水量为448.3mm,但降水量年内分配极不均匀,主要集中于6—9月,占全年降水量的80%以上。此时段雨强较高、日降雨量大、降雨集中,多夜雨、暴雨。24h最大降水量为82mm,6h最大降水量为55mm,1h最大降水量为32mm,10min最大降水量为12mm。

研究区地质灾害主要发生在当年的6—9月,其中又以8月、9月最多。地质灾害与降水量以及降雨特征关系密切。区内近年发生滑坡和崩塌的频次与多年月平均降水量呈明显的正相关关系。降雨沿着黄土或基岩构造节理、卸荷与风化裂隙、落水洞、陷穴等空隙下渗甚至灌入,在相对隔水部位形成饱水带,软化滑动带,增大岩、土体重力,甚至形成孔隙水压力,降低岩、土体强度,从而触发滑坡、崩塌的发生。降雨的多少直接影响地质灾害的发生频率,每年的雨季同时也是地质灾害的高发季节,其他月份发生的地质灾害则明显减少。

(二)冻融冻胀作用

西宁市标准冻结深度为118cm,最大季节性冻土深度为132cm。滑坡土体受冬季结冻、春天融化反复冻融的影响,土体强度降低。根据以往资料,因冻融冻胀作用发生的滑坡多发生在每年的3—5月,这类滑坡一般在坡体表层或路边坡处,规模一般为小型。根据收集资料,北山前缘的青海省总工会绿化区崩塌于2018年1月3日发育部崩塌,后经调查,在崩落处的陡崖上残留有裂缝中填充的土、石、树枝等混合物,分析认为冬季雪水下渗使裂缝中的土体饱和,在低温下冻结膨胀导致危岩体倾倒;再就是发育于青海省自然资源厅绿化区的2#崩塌发生于2019年1月10日,据调查,当天最低气温达-20℃,岩体内部水结冰,导致岩体内部冻胀,体积膨胀增大,在反复的大温差冻融循环作用,加剧岩体进一步裂解和风化破碎，致使岩体在自重和外力的作用下崩塌。由此可以看出，冻胀作用引起的岩体崩塌多发生于1月，也就是每年最低气温的时候；而冻融作用引起的滑坡或崩塌发生于每年的3—5月，也就是季节性冻土融化的时候。

(三)植被

1. 水文地质效应

植被不同程度地阻滞了地面径流，增大了降水对坡体的入渗补给量，同时还可以减少蒸发量，因此植被对地下水的蒸腾排泄作用较弱。

2. 力学效应

植被根系具固定土体、提高土体抗剪程度的能力，嵌入基岩或土体的根系还起到了锚筋作用，同时，坡体上植被的自重又增加了坡体的荷重，并向坡体传递风的动力荷载。

3. 护坡效应

植被发育的地区不易产生水土流失，地形侵蚀切割较缓慢，斜坡变形破坏较弱；相反，植被覆盖率低的地区，水土流失严重，地形切割强烈，斜坡变形破坏较强。但是，植被的发育程度并不是决定研究区地质灾害是否发育的根本原因。据本次调查及前人资料，植被的发育程度仅对地表或浅层滑坡有一定的作用；而中层以上滑坡的滑动带已超出了植被根系的范围，也就起不到保护作用。

第五节 重大地质灾害形成机理分析

控制西宁市城区重大地质灾害形成机理的诸多因素中，高原隆升是内动力因素，它控制着湟水的形成演化和岸坡的形成演化，也控制着区内人类经济工程活动空间和区内重大地质灾害的形成。因此，构造抬升，致使湟水阶段性下切，并造就了区内高阶地前缘成为西宁市潜在重大地质灾害隐患区和致灾区。西宁市Ⅴ级高阶地前缘岩性结构特征、地貌形态、构造裂隙面及工程地质性质的差异，导致了研究区不同地段有不同的地质灾害形变特征和未来治理的方案上的差异。

一、重大地质灾害形成机理分析

1. 地质环境演变历史事件与重大地质灾害形成背景

距今45Ma以来，伴随印度板块与欧亚板块碰撞挤压的发生、发展，新特提斯海逐步退出，青藏高原在急剧隆升过程中，迎来盆岭构造发育的新生代，高原"泛湖"期沉积环境形成，青海东部的民和、乐都、西宁及贵德盆地、尖扎-循化盆地沉积了厚逾千米的湖相—盐湖相红色砂岩、泥岩、粉砂质泥岩夹膏盐层，并形成了研究区外围南部的拉脊山、北部的达坂山海拔4000m以上的高级夷平面。此时的沉降中心在尖扎-群科盆地，为青海东部地区及研究区内巨型古新近纪泥岩滑坡和高陡斜坡的形成奠定了物质基础。

2. 湟水演化与地质灾害相关分析

上述资料显示,在距今1～0.6Ma的昆黄运动形成了区内湟水Ⅴ～Ⅶ级高阶地,在距今0.126Ma前后的共和运动是湟水进入快速下切期的一个重大自然地质事件。共和运动早期的快速下切,于距今0.05Ma前后使得湟水Ⅴ级阶地前缘斜坡达到或超过120m,斜坡地质体卸荷、松动、开裂,坡体逐渐变形,并被破坏,地震或其他动力因素作用导致了Ⅴ级阶地前缘临空,并出现局部崩塌和滑坡。最终因重力作用,崩塌堆积体沿Ⅳ级阶地表层古土壤层发生蠕动滑移,而形成今天西宁市南北山山前重大地质灾害隐患。

二、重大地质灾害变形破坏模式

分析重大地质灾害变形破坏模式及形成机理是地质灾害防治工程的重要技术手段,由于西宁市地质环境条件的复杂性,故依据野外地质调查结果,本着防治的原则,讨论研究区重大地质灾害变形破坏模式。

(一)卸荷拉裂型潜在不稳定斜坡变形破坏模式

1. 灾害现状

该类型斜坡带一般高陡,后缘斜坡总体坡形为折线型,坡脚有滑坡体堆积(图3-4、图3-5),如一颗印段存在危岩14块,总体积$6.1×10^4 m^3$;滑坡2个,即林家崖滑坡和一颗印滑坡,残留体积分别为$311.9×10^4 m^3$和$250×10^4 m^3$。其中,一颗印滑坡于2011年8月2日再次发生滑动,摧毁民房13间。现状条件下,林家崖滑坡后缘拉张裂缝发育,开口宽度15～25cm。一颗印滑坡发生后,前缘能量已经消耗,处于稳定状态,但滑坡仍处于固结稳定状态,后缘仍有拉裂及危岩存在,总体处于欠稳定状态。

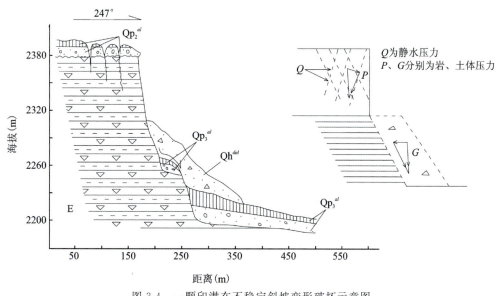

图3-4 一颗印潜在不稳定斜坡变形破坏示意图

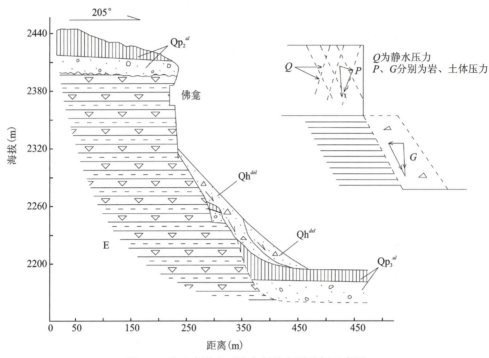

图 3-5　北山寺潜在不稳定斜坡变形破坏示意图

2. 变形破坏模式

地质模型及受力状态如图 3-6 所示,变形特征:上部Ⅴ级阶地前缘具典型的块体运动的特点,即在坠落自重力和静水推力作用下,致使块体卸荷,并向坡外坠落。坠落物在坡脚堆积,并在累积性堆积过程压密固结,当累积性固结推力达到极限时,形成沿古坡面滑动,即典型的先崩后滑型破坏方式(图 3-7)。

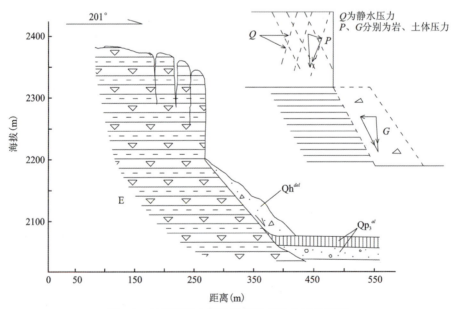

图 3-6　付家寨潜在不稳定斜坡变形破坏示意图

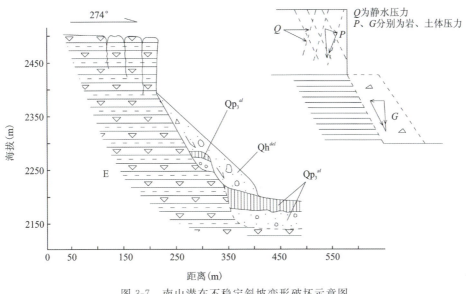

图 3-7 南山潜在不稳定斜坡变形破坏示意图

(二)压致拉裂型潜在不稳定斜坡破坏模式

1. 灾害现状

压致拉裂型潜在不稳定斜坡主要分布在北山中断的褚家营一带,这里由于冲沟密度大,坡顶应力集中,压致裂面极为发育,掉块、撒落时有发生。资料显示规模小于 $10\times10^4 m^3$ 的滑坡多达 11 处,稳定性差。

2. 变形破坏模式

地质模型及岩体受力状态如图 3-8 所示。变形破坏特征,斜坡因冲、切沟密集发育,坡顶应力集中,压制裂隙十分发育,尤以倾向坡外、倾角在 50°左右最为显著,在自重及静水压力作用产生向坡外的滑动力,形成小规模滑坡并堆积在坡脚带。坡脚带堆积物处于基本稳定状态,局部因固结压密产生蠕滑,属固结压密作用引起,推力较小。

(三)黄土自重滑移拉裂型潜在不稳定斜坡破坏模式

1. 灾害现状

黄土自重滑移拉裂型潜在不稳定斜坡主要分布在研究区西部南北山,如马坊—西杏园、西山—阴山堂一带,这里冲沟密度较大,坡顶覆盖有厚达 100m 左右的黄土,底部有相对隔水的泥岩或钙质胶结的底砾石层,为相对隔水层。残留体积小于 $50\times10^4 m^3$ 的滑坡 9 个,稳定性差。

2. 变形破坏模式

地质模型及岩体受力状态如图 3-9 所示,变形破坏特征:斜坡带因冲沟发育,同时黄土垂直节理发育,卸荷裂隙沿黄土垂直节理呈隐性发育,降水沿隐形卸荷裂隙入渗引发湿陷坑、穴相互贯通,在水压力及重力作用下,沿基岩面或底砾石面滑移破坏,现状条件下稳定性差。

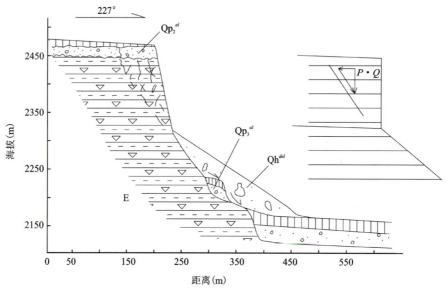

图 3-8 褚家营潜在不稳定斜坡变形破坏示意图

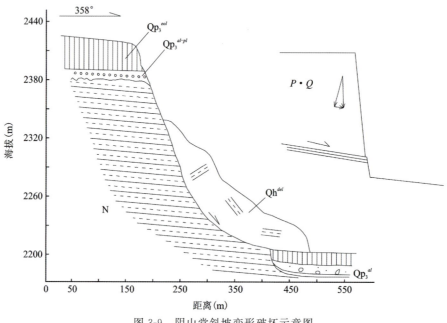

图 3-9 阴山堂斜坡变形破坏示意图

(四)软岩卸荷滑移拉裂型潜在不稳定斜坡破坏模式

1. 灾害现状

软岩卸荷滑移拉裂型潜在不稳定斜坡主要分布在北川河东岸破坏带。这里分布有规模达 $100 \times 10^4 m^3$ 的滑坡 7 个,均为古近纪岩质滑坡。现状条件下,滑坡处于基本稳定状态。

2. 变形破坏模式

地质模型及岩体受力状态及变形破坏特征:斜坡高陡临空,岩体为软弱层状砂岩、砾岩、膏岩夹泥岩岩组,泥岩为软弱夹层,坡体在自重力作用下卸荷拉裂,坡脚带沿软弱结构面蠕变滑移,最终在重力和水压力作用下,上部切层,下部沿软弱面滑动形成滑坡。该类型滑坡现状条件下处于基本稳定状态。

第六节 地质灾害易发程度

　　地质灾害易发程度是指在一定的地质环境条件和人类工程活动影响条件下,地质灾害发生的可能性的难易程度。地质灾害易发性评价是进行危险性和风险评价的基础,相当于地质灾害稳定性趋势评价,其核心内容包括地质灾害特征、空间密度、易发条件和潜在易发区预测评价。分析评价的主要因素和指标包括地形地貌、地质构造、工程岩土性质、斜坡结构、斜坡水文地质条件和人类工程活动。西宁市地质灾害易发程度分区见图 3-10,以县(区)分述如下。

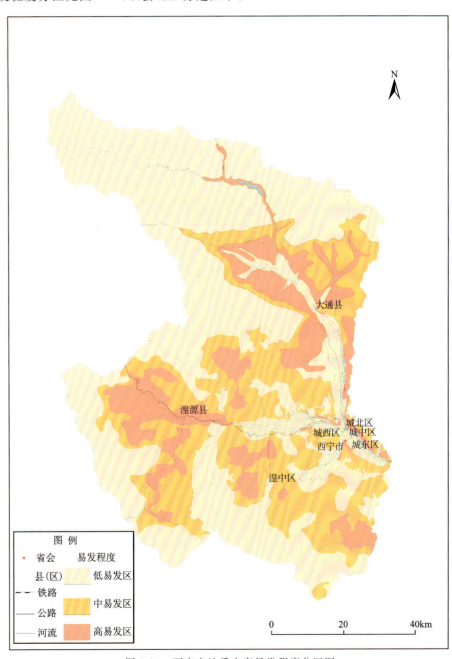

图 3-10　西宁市地质灾害易发程度分区图

一、西宁城区地质灾害易发分区

西宁城区地质灾害易发分区分为高易发区、中易发区、低易发区3个级别的区域。高易发区分布于低山丘陵区斜坡地带和湟水高阶地前缘,分布面积为54.21km²,占总面积的13.6%,可分为9个亚区,分别为巴浪沟—吴仲沟亚区、西杏园—马坊—小桥北亚区、北川河东岸亚区、朝阳电厂—韵家口—西沟亚区、付家寨亚区、阴山堂—火烧沟亚区、浦宁之珠—香格里拉亚区、南川东路—瓦窑沟亚区、曹家沟—杨家湾亚区。中易发区面积为131.27km²,占总面积的32.8%,地质灾害以滑坡为主,崩塌和不稳定斜坡次之。低易发区面积214.52km²,占总面积的53.6%,主要分布于河谷平原区,地形平坦开阔,仅发育少量滑坡及不稳定斜坡。

二、大通县地质灾害易发分区

依地质灾害点集中分布位置,大通县地质灾害易发分区进一步划分为4个亚区,分别为桥头镇—青林乡—青山乡亚区、新庄—东峡亚区、景阳亚区、韩家山亚区。地质灾害中易发区总面积约416.32km²,占全区总面积的13.48%。该区属北川河流域低山丘陵区,修路、架设输电线路、开挖建房、开垦扩地、水利水电建设等活动强烈,其他人类工程活动较强烈。沟谷两岸斜坡为20°～45°,其中25°～35°居多,地形起伏较大,平均高差150～350m。岩体大部属层状软弱碎屑岩岩体,少部较坚硬层状变质岩岩体,土体属松散碎石土。岩体节理裂隙发育、土体疏松易碎,在降雨和工程活动影响下易于发生滑坡、崩塌、泥石流。地质灾害低易发区主要分布于大通县北、西部中高山区与北川河、黑林河河谷平缓区,主要涉及宝库乡、青林乡等乡镇,面积约2 181.65km²,占总面积的70.6%。

三、湟源县地质灾害易发分区

高易发区主要分布于湟水南、北两岸及药水河东、西两侧斜坡地带,灾害类型以泥石流为主,不稳定斜坡次之,分布区面积为381.33km²,约占全区总面积的25.27%。依据区内地质环境条件、地质灾害发育特征,将地质灾害高易发区进一步划分为湟水南北两岸山前不稳定斜坡、泥石流、崩塌灾害高易发亚区,药水河东、西两岸山前泥石流、不稳定斜坡灾害高易发亚区。中易发区分布于湟水南、北两岸,药水河东西两岸及南响河两侧的构造侵蚀中山区,分布区面积为513.60km²,占研究区总面积的34.04%。低易发区分布于研究区东北部和西部构造剥蚀中高山区,分布区面积为614.07km²,占研究区总面积的40.69%。

四、湟中区地质灾害易发分区

高易发区主要分布于湟水干流南、北两岸较大支流两侧斜坡地带:滑坡、崩塌(不稳定斜坡)灾害高易发亚区I_1分布于湟水干流北西纳川中下游两侧低山丘陵区,总体呈南北向展布,分布面积为78.5km²,占高易发区总面积的31.5%;滑坡、崩塌(不稳定斜坡)、泥石流灾害高易发亚区I_2位于湟水河南侧低山丘陵区,总体呈南北向展布,长度约15km,分布面积为91km²,占高易发区总面积的36.6%;

滑坡、崩塌(不稳定斜坡)灾害高易发亚区 I_3 分布于湟中县鲁沙尔镇一带,总体呈椭圆形展布,长轴长约 3km,分布面积为 6.6km²,占高易发区总面积的 2.7%;滑坡、崩塌(不稳定斜坡)、泥石流灾害高易发亚区 I_4 分布于湟中县田家寨镇一带的低山丘陵区,总体呈东西向展布,长度约 14km,分布面积为 72.8km²,占高易发区总面积的 29.2%。中易发区分布于湟水南、北两岸及各大支沟两侧的低山丘陵区,分布面积为 976.4km²,占研究区总面积的 36.2%。低易发区分布于湟水谷地、云固川、大南川等沟口及研究区北部和南部广大中高山区,分布面积为 1 474.93km²,占总面积的 54.6%。

第四章　地质灾害调查评价

西宁市地处黄土高原与青藏高原过渡带，地形地貌复杂，上覆厚度不等的黄土，在侵蚀剥蚀作用下区内墚峁起伏、沟壑纵横、坡面落水洞发育，是崩塌、滑坡的主要发育区，独特的地形地貌以及复杂的地质环境条件决定了该地区地质灾害极为发育。为全面预防地质灾害将地质灾害造成的损失降低到最低程度，保护广大人民群众的生命和财产安全，开展精细化地质灾害调查评价、排查工作是非常重要和必要的。

西宁市2000—2005年开展了1∶10万县(市)地质灾害调查与区划工作，2011—2013年开展了1∶5万地质灾害详细调查工作，自2019年开始开展重点城镇1∶1万地质灾害调查与区划工作。通过有计划地递进性工作，基本摸清了地质灾害隐患，划分了地质灾害易发区，建立了群测群防系统，有效减轻了地质灾害。但随着西宁市社会经济的不断发展，城镇化进程加快，加之地震、强降雨等极端事件频发，造成群死群伤的地质灾害事件屡有发生，地质灾害的防灾形势日趋严峻，亟须更加翔实的地质灾害调查与评价资料，为地质灾害防治工作提供支撑。

第一节　地质灾害调查与区划

县(市)地质灾害调查项目为全国国土资源大调查"地质灾害预警工程"项目之一，技术方法在整个工作过程中做到"开好一个会、下好一个文(项目协调领导小组)、成立好一个组(联合调查组)、办好一个班(地质灾害知识培训班)、建好一个网(地质灾害群测群防网络)"的"五个一"要求。

一、地质灾害调查与区划技术方法

坚持"以人为本"，对区内的厂矿、村庄(包括灾害易发区内的分散居民点)、重要交通干线、重要工程设施潜在的地质灾害隐患点进行调查，初步查明了地质灾害类型、分布和发育特征，对其稳定性和危害性进行初步评价，圈定了地质灾害易发区，初步建立了地质灾害群测群防网络，协助当地政府编制重要地质灾害隐患点的防灾预案。对已发生的崩塌、滑坡、泥石流等地质灾害点进行调查。查清了其分布范围、规模、结构特征、影响因素和诱发因素等，并对其复活性和危害性进行评价，建立地质灾害信息系统。

二、地质灾害调查与区划工作内容

2002—2005年完成的西宁市区(城中区、城东区、城西区、城北区)、湟中区(原湟中县)、大通回族土族自治县(以下简称大通县)、湟源县地质灾害调查与区划工作,调查面积 7 356.7km²,共调查地质灾害 420 处(表 4-1),完成的实物工作量见表 4-2。通过本次对地质灾害深入细致的调查,基本查清了地质灾害分布发育规律、影响因素及受灾损失等,首次对市区进行了地质灾害易发区划分及地质灾害防治分区区划,编制了重大地质灾害隐患点防灾预案,并提出了地质灾害群测群防与防治建议。这对提高西宁市人民群众防灾、减灾意识和促进经济可持续发展起到了积极作用。

表 4-1 西宁市地质灾害调查与区划工作一览表

项目名称	工作时间	比例尺	面积(km²)	灾害点数量(处)	隐患点数量(处)
西宁市区地质灾害调查与区划报告	2002 年	1：10 万	350.00	103	84
青海省湟中县地质灾害调查与区划	2002 年	1：10 万	2 407.70	65	65
青海省大通县地质灾害调查与区划	2003 年	1：10 万	3 090.00	183	71
青海省湟源县地质灾害调查与区划	2005 年	1：10 万	1 509.00	69	68
合计			7 356.70	420	388

表 4-2 西宁市地质灾害调查与区划工作实物工作量一览表

地质灾害调查对象		单位	西宁市区	湟中区	大通县	湟源县
地质灾害调查对象		单位	城中区、城西区、城北区、城东区	18 个乡(镇)、418 个行政村	9 镇 13 乡、289 个行政村	县辖 2 镇 9 乡、146 个行政村
地质灾害点	滑坡	处	31	52	10	7
地质灾害点	崩塌	处	19	11	31	11
地质灾害点	泥石流	处	38	2	40	30
地质灾害点	不稳定斜坡	处	15	—	81	21
地质灾害点	地面塌陷	处	—	—	6	—
走访调查点		个	103	65	168	96
调查路线		km	—	—	260	533
浅井		m	19.35	—	—	—
岩(土)样		组	5	—	—	—
重要地质灾害隐患点防灾预案		份	9	65	71	64(256 张)
签订群测群防责任书		份	9	65	168	64
发放填写防灾工作明白卡		份	9	130	168	65(计 130 张)
发放填写防灾避险明白卡		张	—	130	168	104
发放防灾 VCD 光碟		盘	70	80		11
发放防灾宣传材料		本	400	80	76	330
防灾减灾知识培训班		期	—	4	—	11

三、地质灾害调查与区划取得的主要成果

西宁市区发育崩塌、滑坡、泥石流等地质灾害隐患点84处。西宁市发生崩塌致灾事件15起,死亡8人,伤3人,毁房36间,毁地0.62hm²(1hm²=0.01km²),砸毁温室1座,毁渠15m,砸毁手扶拖拉机1台,造成直接经济损失18.476万元;发生滑坡致灾事件25起,死亡12人,伤2人,毁房68间,致使455间成了危房,毁地71.87hm²,毁树2100余棵,砸毁车辆7台,并毁坏渠道、阻塞交通等,造成直接经济损失1 087.32万元。崩塌、滑坡地质灾害造成的直接经济损失1 105.796万元。发生泥石流致灾事件89起,死亡21人,伤1人,毁坏耕地235.87hm²,毁房1506间等,造成直接经济损失8 288.97万元,已对市区内91 481人和120 749.867万元的生命财产安全构成了极为严重的威胁。特别是城东和城北两个区是调查区内受威胁最为严重的地区。其中,高易发区面积9.4km²,占全区总面积的2.7%,主要分布于湟水干流东、西川北侧及支流南川河谷东侧。根据区内地质灾害发育现状,结合地质灾害易发程度分区和全县经济与社会发展规划,建立了县、乡、村三级地质灾害群测群防监测网络,制定地质灾害防治规划的总体目标和分期目标与要求,提出了地质灾害防治管理方面的建议。

湟中区发育地质灾害隐患点65处,造成291间房屋破坏,62人死亡,直接经济损失达105.56万元,地质灾害隐患对832户4828人受到地质灾害的直接威胁,潜在危害资产达2 586.7万元。湟中区地质灾害灾情严重,地质灾害防治的形势严峻,任务艰巨、责任重大。地质灾害高易发区地质环境条件脆弱,地质灾害密集发育,其易发程度普遍较高,危害性大,类型复杂,致灾可能性大,分布面积347.696km²,占全区总面积的14.4%。这一类区均处于黄土、红层丘陵区,水土流失严重,地形切割强烈,沟道密度大,植被覆盖率一般小于10%,区域二次抬升幅度较大,人类活动强烈。主要分为海子沟乡—李家山镇东崩塌、滑坡、泥石流高易发亚区,拦隆口镇—李家山镇南部崩塌、滑坡、泥石流高易发区,拦隆口镇西—多巴镇北崩塌、滑坡、泥石流高易发区,共和镇—大才乡北崩塌、滑坡、泥石流高易发区,西堡乡—汉东乡、甘河滩镇之间崩塌、滑坡、泥石流高易发亚区。

大通县发育地质灾害隐患点168处,共发生地质灾害事件150起,死亡41人,造成直接经济损失435.94万元,目前受地质灾害威胁人口15 452人,其中滑坡威胁1206人,崩塌威胁377人,泥石流威胁3512人,采空区地面塌陷威胁3687人,危险性斜坡威胁6670人,经济损失评估9 801.8万元。高易发区主要在北川河两岸面积643.89km²,占调查区总面积的15.52%,滑坡、崩塌高易发区分布于宝库河、沙代河两岸低山丘陵区,包括青林乡、青山乡、多林乡、城关镇、宝库乡部分地区。大通县地质灾害区进一步划分为7个亚区,分别为青林乡全家湾—多林乡塔哇,经房口—李家磨,新庄镇新庄村—桦林乡台子,桦林乡东庄—桦林乡阿家沟,青林乡卧马—桥头镇阍门滩,桥头镇老营庄—鸢沟乡东至沟,桥头镇大湾—长宁镇双庙崩塌、滑坡、泥石流高易发区。采空区地面塌陷灾害高易发区分布于桥头镇西大通煤矿区,包括良教乡、桥头镇的5个行政村,面积8.67km²,区内地形切割强烈、破碎,植被覆盖率达5%~10%,水土流失严重,因地面塌陷灾害造成居民损失严重,区内大多数居民房屋开裂,有的已倒塌,或成危房,区内现有灾害点9处,其中地面塌陷5处,滑坡1处,泥石流1条,潜在崩滑危险性斜坡2处。已造成264.2万元经济损失,潜在威胁801户3702人,预测经济损失2403万元,是县内灾害最严重的区。

湟源县发生滑坡、崩塌、泥石流地质灾害致灾事件66起,死亡28人,造成直接经济损失3 811.49万元。目前,区内仍有潜在地质灾害隐患点68处,对区内8543人和8 346.75万元的生命财产安全构成严重的威胁。其中高易发区面积264.8km²,占全区总面积的17.55%,主要分布于湟水干流河谷及其药水河、白水河等较大支流两侧斜坡地带。

第二节 地质灾害详细调查

  地质灾害详细调查是自然资源部中国地质调查局西北黄土高原区地质调查项目,采用以地面调查、遥感解译、山地工程等多种方式为调查手段,查明地质灾害发育特征及其分布规律,提出适合于本区的地质灾害评价指标体系,最终划定本区域地质灾害易发性、危险性综合指数。在半定性的基础上从一个崭新的角度定量化分析地质灾害的变化过程,得出影响本区域地质灾害的主要因素为人为环境的改变,进而揭示地质灾害发展的未来趋势,为今后对本区地质灾害防治规划的建设作出了较为客观、准确的评价。

  西宁处于青藏高原的东北部,是我国生态环境最为脆弱的地区之一,特殊的自然地理环境和地质环境背景条件,导致该地区发育独特的环境地质问题。独特的地质构造,加之本区地处黄土高原和青藏高原结合部这一特殊地段,使得外力地质作用形成和诱发的各种不良外动力地质现象显现得十分突出。由外力地质作用诱发的环境地质问题和不良地质现象主要有黄土湿陷、水土流失、地下水水位上升等。人类工程活动和经济活动也导致了湟水河谷及其较大支沟谷与丘陵交接部位地质灾害频繁发生。

一、地质灾害调查与区划技术方法

  1)以遥感调查为先导,指导野外调查,提高调查工作精度

  全区采用WorldView-Ⅱ遥感数据进行地质灾害与地质环境条件解译,首先在室内对地质环境条件和滑坡、崩塌、泥石流等地质灾害进行解译,对解译的各类地质灾害点逐一填卡建档。在室内解译的基础上确定需要实地核查和调查的地质灾害点,指导野外调查。将遥感解译→野外核查→再次解译贯穿于详细调查工作的全过程,发挥遥感技术优势,起到了先导和事半功倍的作用,提高了调查精度和工作效率。

  2)采用重点调查区和一般调查区相结合的方法

  根据地质环境条件结合区内地质灾害发育程度,划分为重点调查区和一般调查区,采用重点调查区和一般调查区相结合,不搞平均布点的调查方法。将西宁市境内地质灾害频发、致灾作用较强烈、人口分布较密集、重要设施和建设工程分布较密集的湟水河谷边缘,以及其一级支流沟谷中下游谷地[即包括1:10万县(市)区划地质灾害高、中易发区和初步遥感解译结果滑坡、崩塌、泥石流地质灾害点分布密集区]作为重点调查区;将境内地质灾害点少、人口密度小、没有重要工程设施分布的重点调查区以外的低山丘陵区[即1:10万县(市)区划地质灾害低易发区和初步遥感解译结果滑坡、崩塌、泥石流地质灾害点分布稀少区]作为一般调查区。

  通过开展1:5万区域地质环境条件调查,分析滑坡、崩塌、泥石流发生的岩、土体结构条件,阐明其发育、分布规律及形成机理,进行环境工程地质条件区划(图4-1),基本摸清了直接威胁人民生命财产安全的地质灾害类型、规模和分布,对已发生的滑坡、崩塌、泥石流等地质灾害点进行调查,并对其复活性和危险性进行评估,对潜在的滑坡、崩塌、泥石流等地质灾害隐患点进行调查,对其危险性和危害性进行评价。选择重大单体灾害进行地质灾害测绘和勘查,提出治理方案。进行地质灾害分区评价,圈定易发区和危险区,建立地质灾害信息系统,在调查基础上进行地质灾害气象预警区划。完善地质灾害群测群防网络和隐患点防灾预案,对重大地质灾害隐患点推荐应急搬迁避让新址并进行工程建设适宜性初步评估。编制(或完善)地质灾害防治规划(建议)。

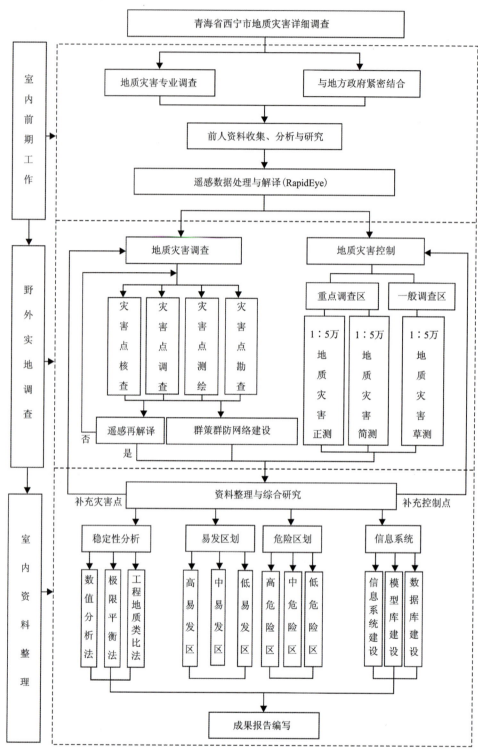

图 4-1　青海省西宁市地质灾害详细调查工作技术路线框架

二、地质灾害详细调查工作内容

2011—2013 年完成西宁市区、湟中区、湟源县、大通县地质灾害详细调查工作,比例尺 1∶5 万,调查面积 7 606.89km², 共调查地质灾害 1210 处(表 4-3), 实物工作量见表 4-4。调查方式采用点、线、面相结合的专业调查方式。对此前已经做过调查工作的地质灾害点(隐患点)以收集资料综合分析为主, 根据资料完整程度或典型性, 选择部分点做补充调查或核查; 对于新增报灾点及本次遥感解译发现的点做全面定点调查, 保证工作区内所有地质灾害点均有较完整的资料。对县城、集镇、重要风景名胜区、矿山、重要公共基础设施、主要居民点均进行全面调查, 不"漏查"地质灾害点, 在地质灾害高易发区对所有居民点进行现场核查, 沿滑坡、崩塌、泥石流易发生的沟谷和人类工程活动强烈的公路进行追溯调查。采用网格控制调查, 对地质环境条件进行修测, 了解地质灾害形成演化的地形地貌和岩、土体结构及地质构造等地质背景条件。

三、地质灾害详细调查取得的成果

通过研究西宁地区地质环境、地质灾害发育特征和分布规律, 形成了一套从资料收集→遥感解译→野外核查→再次解译→野外调查→主要地质灾害点测绘→重大地质灾害点勘查的详细调查工作流程和各个环节的实施细则; 室内工作初步形成了基于 GIS 的从数据采集→空间属性数据库建立→评价指标体系选择→危险程度模型分析→地质灾害危险程度评价与区划较为完整的西宁地区地质灾害危险程度评价的技术方法和工作流程; 总结了滑坡崩塌地质灾害详细调查工作的技术路线和技术方法; 调查成果可作为减灾防灾和国民经济发展规划以及科学研究等的基础地质依据。

西宁市地质灾害主要分布于湟水干流及主支流两侧丘陵区边缘与河谷区边缘的过渡地带, 人口居住较密集, 工程活动强烈, 尤以东川、西川北侧和南川、北川东侧斜坡地带地质灾害最为发育。

地质灾害隐患点 84 处, 崩塌 18 处, 滑坡 28 处, 泥石流沟 38 处, 其中以泥石流最为发育, 灾害的发生次数及所造成的经济损失均占地质灾害总数的 69% 和 88.23%, 并威胁 38 512 人的生命和 268 246.72 万元财产的安全。地质灾害高危险区分 8 个亚区, 分别为付家寨、南川东路—瓦窑沟段、西杏园—马坊—小桥北、尕庙沟—水磨工业园、朝阳电厂—韵家口—西沟、汉庄小区、阴山堂—水槽沟段、北川河东岸亚区。地质灾害高风险区分为南川东路—瓦窑沟段、西杏园—马坊—小桥北、尕庙沟—水磨工业园、付家寨、汉庄小区、北川河东岸、曹家沟、应高咀、蔡家沟、阴山堂—水槽沟段 10 个亚区。1h 降水量≥10mm 预警区划(包括 3h 降水量≥12mm 且日降水量≥25mm), 在预警气象中相对降水强度为最大, 5 级预警区的范围扩展至最大, 囊括了几乎所有主要地质灾害易发区总面积 176.52km², 占调查区总面积的 44.13%。

表 4-3 西宁市地质灾害详细调查工作一览表

项目名称	工作时间	比例尺	调查面积(km²)	灾害点数(处)	高易发区特征
青海省西宁市地质灾害详细调查(西宁市区)	2013年	1∶2.5万	400	294	分布于低山丘陵区斜坡地带和湟水高阶地前缘。分布面积为 54.21km², 占全市区总面积的 14%, 发育崩塌、滑坡、泥石流等地质灾害 145 处, 可分为 9 个亚区, 分别为巴浪沟—吴仲沟亚区、西杏园—马坊—小桥北亚区、北川河东岸亚区、朝阳电厂—韵家口—西沟亚区、付家寨亚区、阴山堂—火烧沟亚区、浦宁之珠—香格里拉亚区、南川东路—瓦窑沟亚区、曹家沟—杨家湾亚区

续表 4-3

项目名称	工作时间	比例尺	调查面积(km²)	灾害点数(处)	高易发区特征
青海省西宁市地质灾害详细调查(湟中区)	2012年	1∶5万	2444	417	分布于湟水干流南、北两岸较大支流两侧斜坡地带,灾害类型以滑坡为主,崩塌(不稳定斜坡)次之。滑坡、崩塌(不稳定斜坡)灾害高易发亚区(I_1)分布于湟水干流北西纳川中下游两侧低山丘陵区,长度约17.0km,分布面积为78.5km²,占高易发区总面积的31.5%;丘陵前缘地形破碎,沟壑纵横,滑坡、崩塌发育,有滑坡灾害点29处,崩塌灾害点4处,不稳定斜坡点26处,对上五庄镇的合尔盖村、华科村、拉目台村、拉一村、黄草沟村、小寺沟村、友爱村,拦隆口镇的红林村、前庄村、尼麻隆村、白杨村,多巴镇的木尔加村、中村、拉卡山村、杨家台村具有潜在危险性,共计3镇23个村186户、813人、3所学校、公路450m,威胁财产483.5万元
青海省西宁市地质灾害详细调查(大通县)	2010年	1∶5万	3090	328	分布于大通县南、中部桥头镇、良教乡等乡镇;总面积约492.03km²,占全县面积的15.92%。该区属北川河Ⅰ级、Ⅱ级河谷区及其一级支沟,沟谷两岸斜坡坡度25°～55°,其中30°～50°居多,斜坡高差在150m以上。岩体多为软弱碎屑岩岩体,土体属松散、中密的黏性土和黄土。岩体节理裂隙发育,土体疏松易碎,特别是丘陵区人工开挖斜坡建房,形成众多不稳定斜坡段;在降雨和工程活动影响下易于发生滑坡、崩塌、泥石流灾害
青海省西宁市地质灾害详细调查(湟源县)	2012年	1∶5万	1509	171	主要分布于湟水南、北两岸,药水河东、西两侧斜坡地带,灾害类型以泥石流为主,不稳定斜坡次之;其中泥石流56条,不稳定斜坡61处,崩塌15处,滑坡12处,分布面积为381.33km²,约占全区总面积的25.27%

表 4-4 西宁市地质灾害详细调查工作实物工作量一览表

地质灾害调查对象		单位	西宁市区	湟中区	大通县	湟源县
地质灾害调查对象			城中区、城西区、城北区、城东区	18个乡(镇)、418个行政村	9镇13乡,289个行政村	县辖2镇9乡、146个行政村
地质灾害点	滑坡	处	184	149	74	13
地质灾害点	崩塌	处	40	29	23	19
地质灾害点	泥石流	处	39	14	59	71
地质灾害点	不稳定斜坡	处	31	225	166	68
地质灾害点	地面塌陷	处	—	—	6	—
1∶5万遥感解译		km²	400(1∶1万)	2 700.23	3090	1509
1∶5万地质灾害调查(正测)		km²	150(1∶1万)	1 437.23	1 023.62	500
1∶5万地质灾害调查(简测)		km²	250(1∶1万)	1 263.00	2 066.38	1009

续表 4-4

地质灾害调查对象	单位	西宁市区	湟中区	大通县	湟源县
		城中区、城西区、城北区、城东区	18 个乡(镇)、418 个行政村	9 镇 13 乡，289 个行政村	县辖 2 镇 9 乡、146 个行政村
1：1 万城区地质灾害测绘	km²	40(1：5000)	46.23	31.48	46.23
1：10 000 地形测量	km²	—	—	—	42
1：2000 工程地质剖面测量	km	20(1：2000)	9.25	8.0	28.28
走访调查点	个	—	—	—	96
调查路线	km	—	—	—	3700
浅井	m	417.06	174.95	201.1	305.5
工程地质钻探	m	769.57	602.7	502.40	528.4
岩(土)样	组	43	10	16	27
地质灾害隐患点防灾预案	份	43	417	42	99
发放填写防灾工作明白卡	份	43	—	—	99
发放填写防灾避险明白卡	张	43	—	—	600
照片	张	—	1200	—	2100
安装滑坡裂缝伸缩仪	套	3	—	4	—
安装裂缝报警器	个	—	52	50	100

湟中区遭受不稳定斜坡、滑坡、崩塌、泥石流等地质灾害 42 次，共造成 81 人死亡；毁坏房屋 316 间；冲毁省、县、乡级公路 4km；毁坏农田 1.67hm²、灌溉渠道 200m；冲走牛羊等大牲畜 12 头(只)；造成直接经济损失 173.95 万元。受潜在地质灾害威胁人数 8560 人、房屋 8088 间；此外，威胁村小学 14 所。据评估，潜在的直接经济损失高达 4 724.165 亿元。高易发区主要分布于湟水干流南、北两岸较大支流两侧斜坡地带，灾害类型以滑坡为主，崩塌(不稳定斜坡)次之；其中滑坡 64 处、崩塌 9 处、不稳定斜坡 117 处、泥石流 7 条，分布面积为 248.9km²，约占全区总面积的 9.2%。依据区内地质环境条件、地质灾害发育特征，将地质灾害高易发区进一步划分 4 个亚区，分别分布于西纳川中下游两侧低山丘陵区、湟水河南侧低山丘陵区、鲁沙尔镇一带、田家寨镇一带的低山丘陵区。预警的临界降水量特征值分别是日降水量≥35mm；6h 降水量≥15mm；1h 降水量≥10mm，或 3h 降水量≥12mm 且日降水量≥25mm；连续 3d 以上，且日降水量≥10mm。符合以上条件之一就应该进行地质灾害预警，作为地质灾害气象诱发日向外发布。

大通县遭受滑坡、崩塌、泥石流等地质灾害共造成 58 人死亡；毁坏房屋(全毁)1089 间；冲毁省、县、乡级公路 5.77km，桥涵 12 座；毁坏农田 67.67hm²、灌溉渠道 121m；冲走牛羊猪等大牲畜 1041 头(只)；造成直接经济损失 531.31 万元。受潜在地质灾害威胁人数 13 421 人，房屋 4519 间。此外，还有清真寺 1 座、村小学校 6 所、省级公路 7.5km、县乡村级道路 3.5km，以及渠道、树木、耕地等基础设施都不同程度地受到地质灾害的威胁。据评估，潜在直接经济损失高达 20 018.5 万元。地质灾害高易发区分布在县域中部的北川河流域及其较大支沟，包括大通县城桥头镇、良教乡、极乐乡、青山乡、向化乡、东峡镇、桦林乡、朔北乡、石山乡、长宁镇、景阳乡大部分丘陵区及宝库河峡谷，总面积约 492.03km²，区内共发育滑坡 68 处、崩塌 18 处、不稳定斜坡 146 处、泥石流沟 57 条、地面塌陷 6 处。共计发育地质灾害点 295 处，发育滑坡 68 处、崩塌 18 处、不稳定斜坡 146 处、泥石流沟 57 条。地质灾害高危险区主要分布在研究区中部的北川河流域与较大支沟沟谷内，主要集中于桥头—极乐、城关—青山、新庄—塔尔—桥头、韩家山—石山4个亚区范围内,总面积约234.02km²,占全县总面积的7.57%。该区村庄稠密、人口众多,城镇化建设速度较快,并分布有公路、水利水电设施、城镇建筑以及寺院等重要的工程设施。提出了地质灾害气象预警的临界降水量值:日降水量≥25mm;6h降水量≥15mm;1h降水量≥10mm,或3h降水量≥12mm且日降水量≥25mm;连续3d以上,且日降水量≥10mm。符合以上条件之一就应该进行地质灾害预警,作为地质灾害气象诱发日向外发布。对可能发生的临界降水量,按照最高级——红色(5级)、中级——橙色(4级)、最低级——黄色(3级)3个预警级别,进行了地质灾害气象预警区划。

湟源县因地质灾害死亡54人,毁坏房屋10间,冲毁省、县、乡级公路4km,毁坏农田1.67hm²、灌溉渠道100m,冲走牛羊等牲畜12头(只),造成直接经济损失7 278.02万元。此外,还有多家学校、企事业单位及部分铁路、公路和农田基础设施都不同程度地受到地质灾害的威胁。预测评估受威胁人数和经济损失分别为13 816人和21 943.02万元。地质灾害高易发区主要分布于湟水南、北两岸及药水河东西两侧斜坡地带,灾害类型以泥石流为主,不稳定斜坡次之;其中泥石流56条、不稳定斜坡61处、崩塌15处、滑坡12处,分布面积为381.33km²,约占全区总面积的25.27%,地质灾害高危险区分布于巴燕乡—申中乡—大华镇—波航乡—东峡乡—城关镇—和平乡—日月藏族乡2个亚区范围内。高危险区的总面积约282.71km²,占全县面积的18.7%。提出了地质灾害气象预警的临界降水量值:日降水量≥35mm;6h降水量≥15mm;1h降水量≥10mm,或3h降水量≥12mm且日降水量≥25mm;连续3d以上,且日降水量≥10mm。对可能发生的临界降水量,按照最高级——红色(5级)、中级——橙色(4级)、最低级——黄色(3级)3个预警级别,进行了地质灾害气象预警区划。

第三节　重点城镇地质灾害调查与风险评价

在地质灾害高、易发区的重要城镇、人口密集地区继续开展大比例尺地质灾害调查与风险区划工作,为今后城乡规划建设、地质灾害防治起到指导性和专业性作用,并采取不同措施对地质灾害进行防治,从而避免地质灾害的发生,保障国民经济建设、人民生命财产安全。随着城镇化建设节奏的加快,青海省自然资源厅自2019起开始组织实施重点城镇1:1万地质灾害调查与风险区划工作,目的是进一步查明地质灾害高易发区、城镇规划区、切坡建房区地质灾害隐患,为国土空间规划及地方政府防灾减灾提供依据。

一、地质灾害调查与风险评价技术方法

通过开展遥感调查和地质测绘,分析地质灾害类型、边界条件、变形特征、分布发育规律等,圈定地表变形区和地质灾害隐患,查明地质灾害孕育、形成的地质环境条件,判识地质灾害隐患,总结地质灾害发育分布规律,分析地质灾害成灾模式。在调查分析孕灾地质条件的基础上,重点对威胁厂矿、党政机关、学校、村庄、风景名胜区、重要交通干线和重要工程设施等安全敏感区开展地质灾害隐患调查,确定形成地质灾害的主控因素,综合分析圈定地质灾害隐患位置或范围,进行地质灾害隐患点风险评估,提出地质灾害隐患点风险处置建议。对已发生崩塌、滑坡、泥石流等地质灾害的点开展调查,了解其分布范围、规模、地质结构特征、影响因素和引发因素等,并对其复活的可能性和风险性进行评估,提出灾害点风险处置建议。开展地质灾害隐患点的承灾体调查,通过调查统计地质灾害影响范围内的人员、基础设施、工程活动等,进行承灾体易损性评价。通过对已实施的地质灾害防治工程及防灾效果评估,为地质灾害防治工程方案比选与优化提供参考资料。开展地质灾害易发性、危险性和风险区划;结合地区防灾减灾需求与经济、社会发展规划,提出合理、有效的地质灾害风险管控对策建议。

二、地质灾害调查与风险评价工作内容

2019年开始,实施了西宁市城中区总寨镇、大通县桥头镇等10个重点城镇1∶1万地质灾害调查与风险区划工作(表4-5),调查面积1 031.64 km²,共调查地质灾害988处,其中滑坡333处、崩塌527处、泥石流122处。工作涉及人口密集区,大部分人口及建筑集中于桥头镇城建规划区内,人口集居,地质灾害多发,本次调查采用重点调查区与一般调查区相结合,即1∶1万地质灾害测量(正测)、1∶5000地质灾害测量(草测)。调查方式采用点、线、面相结合,以专业调查方式为主的方式进行。工作内容主要包括资料收集与数字化、遥感解译、野外地面调查、钻探、山地工程及室内测试与实验等。区域地质灾害调查区范围应达到重要城镇规划区界线、各村镇居民居住地所处斜坡一级分水岭,且应包含对山区城镇、村庄有影响的完整沟谷流域范围,或应尽可能包含邻近地区活动断裂的一些特殊构造部位。城镇调查区第一斜坡带调查根据地形、斜坡结构、岩土类型、沟谷切割等条件划分为详细的调查单元;单条泥石流应作为独立调查单元进行调查;已发生的滑坡、崩塌、地面塌陷等应作为单独调查单元进行调查;整个评价区域调查单元应无缝对接,覆盖全部调查区范围。

表4-5 西宁市重点城镇地质灾害调查与风险区划工作一览表

序号	项目名称	完成时间	调查灾害点数量(处)	调查面积(km²)	调查单元数量(个)	极高风险区面积(km²)	高风险区面积(km²)
1	青海省西宁市湟中县鲁沙尔镇1∶1万地质灾害调查与风险区划	2019年	142	40	95	0.72	0.290
2	青海省西宁市湟源县城关镇1∶1万地质灾害调查与风险区划	2019年	75	60	226	—	0.260
3	青海省西宁市大通县桥头镇1∶1万地质灾害调查与风险区划	2020年	101	89.3	167	1.84	9.110
4	青海省西宁市城中区总寨镇1∶1万地质灾害调查与风险区划	2021年	80	117	310	—	—
5	青海省西宁市大通县城关镇1∶1万地质灾害调查与风险区划	2021年	38	43.6	141	0.05	1.090
6	青海省西宁市大通县黄家寨镇1∶1万地质灾害调查与风险区划	2021年	100	74.04	302	0.55	0.150
7	青海省西宁市湟源县巴燕镇1∶1万地质灾害调查与风险区划	2021年	77	119.5	288	0.005 1	0.183
8	青海省西宁市湟源县大华镇1∶1万地质灾害调查与风险区划	2021年	179	235.6	463	0.014	0.251
9	青海省西宁市湟中区多巴镇1∶1万地质灾害调查与风险区划	2021年	138	148.6	444	0.48	0.480
10	青海省西宁市湟中区海子沟乡1∶1万地质灾害调查与风险区划	2021年	58	104	139	3.37	6.960

三、地质灾害调查与风险评价取得的成果

采用以定性分析为主、定量分析为辅的方法对区内发育的地质灾害隐患点进行了稳定性分析。对地质灾害孕灾地质条件进行了深入分析,基于地理信息系统软件 ArcGIS 强大的空间分析和叠加功能,对调查区相关孕灾环境指标的基础数据进行处理与分析,并利用综合指数计算模型得到研究区各网格单元的孕灾环境综合指数值,划分地质灾害孕灾环境分区。在对孕灾地质条件进行了深入分析的基础上,对地质灾害形成机理及灾害成灾模式进行了剖析,依据高精度遥感解译和野外实际调查工作相结合,主要采用 GIS 分析法和传统单元评价法两种方法进行评价。经综合研究分析,从易发性评价计算结果直方图中找出适宜的临界点作为易发程度分区界线值,从而将全区划分为低易发区、中易发区、高易发区和极高易发区 4 个不同等级的区域。通过对斜坡失稳覆盖范围和泥石流暴发覆盖范围的计算,考虑条件概率和动态变化过程,得出危险性分区结果,划分为地质灾害极高危险区、地质灾害高危险区、地质灾害中危险区、地质灾害低危险区 4 个区。通过社会经济统计指标来表征区域易损性,通过对 GIS 分析法和单元评价法得出的易损性评价结果综合分析,根据结果就易损性原则评价区划分为地质灾害极高易损区、地质灾害高易损区、地质灾害中易损区、地质灾害低易损区 4 个区[图 4-2(a)]。通过地质灾害危险性指数和地质灾害易损性指数综合确定地质灾害风险指数,最终将研究区地质灾害风险性划分为 4 个级别,即地质灾害极高风险区、地质灾害高风险区、地质灾害中风险区、地质灾害低风险区[图 4-2(b)]。针对桥头镇各处地质灾害发育现状,提出了地质灾害监测预报、避让、工程治理等相应的地质灾害防治建议及地质灾害防治的行政管理措施和技术保障措施。

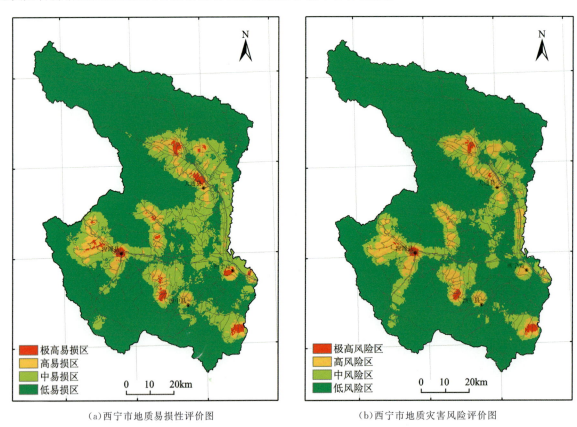

(a)西宁市地质易损性评价图　　　　　　(b)西宁市地质灾害风险评价图

图 4-2　西宁市地质灾害易损性评价图

第四节　地质灾害排查

开展地质灾害隐患排查旨在全面、准确掌握地质灾害隐患点的变化情况，完善地质灾害群测群防体系，及时提出地质灾害隐患点预警预报信息，适时提出切实可行的防治措施，坚持"以人为本、预防为主、科技防灾"的原则，协助地方政府做好汛期地质灾害防治工作，避免造成群死群伤地质灾害事件发生，最大限度地减少地质灾害造成的人员伤亡和财产损失。地质灾害排查即对已知地质灾害隐患点进行逐一核查和对可能发生地质灾害的地区进行地面调查评估的工作。主要对辖区（县）内的地质灾害隐患开展汛前排查、汛中巡查和汛后复查等工作；开展群测群防工作，建立"两卡一表"档案并及时更新；开展灾（险）情调查、临灾处置及信息报送工作；开展地质灾害汛期值班和气象预警预报工作；更新地质灾害数据库；开展地质灾害防治知识宣传培训工作等。

2009年以来，西宁市开展了五区二县地质灾害排查工作。通过有计划的递进性工作，基本摸清了地质灾害隐患，划分了地质灾害易发区，建立了群测群防系统，有效减轻了地质灾害。市内地质灾害不仅种类繁多、规模较大，而且灾害较严重，尤其是2018年受强降雨影响，灾害严重，是有记录以来最为严重的年份。地质灾害排查工作是群测群防监测体系的排头兵，在防灾减灾工作中显得尤为重要，急受威胁群众之所急，想政府管理部门之所想，始终把排查工作做在前面，良好的专业素质和职业素养为防灾减灾工作作出了重要贡献。排查工作周期长、强度大，分为"汛前排查、汛中巡查、汛后复查"，面对严峻防灾形势，按"战时"状态开展值守，全体人员汛期24h待命，接到险情后快速反应，以对人民群众高度负责的态度第一时间赶赴现场进行调查，密切配合当地政府，划定危险区，及时有效组织群众撤离，提出了切实可行的防治措施和建议，最大限度降低损失，保障了人民生命财产安全。在重大险情的应急调查处置中，不惧危险，仔细查勘，全方位、多角度排查地质灾害险情，为全面开展灾前、灾后应急处置工作提供了强有力的技术支撑。

一、地质灾害排查工作方法

技术支撑单位提供技术指导县（区）人民政府紧密配合的基础上开展；以县（区）自然资源局、乡（镇）自查为排查工作主体，市级自然资源部门监管，省级组织、协调、监督、指导的原则进行，对省内重大隐患点重点排查，并结合西宁市实际情况加强对村（居）民房前屋后陡崖、取土点及土窑等的巡（排）查工作。排查范围为五区二县行政区所有可能存在地质灾害隐患的城镇、学校、乡村、医院、集市、旅游景点等人员集中地，重要工程建设活动区。排查内容分为专业核查、突发性地质灾害及隐患点调查、已治理地质灾害工程点排查、隐患点的现场处置、地质灾害隐患点认定与核销、地质灾害防治知识宣传及培训应急监测、地质灾害信息化建设及数据库校核8个部分，具体方法见图4-3。

（一）专业核查

专业核查以技术支撑单位法人为负责人，以分县包干的方式重点对排查方案中确定的重大地质灾害隐患点（段）及已治理地质灾害工程点进行汛前、汛中及汛后核查工作，并协助各县（区）上报的突发性地质灾害点及隐患点进行调查（图4-4），待各期排查结束后由总站组织各技术支撑单位召开阶段性总结会议。

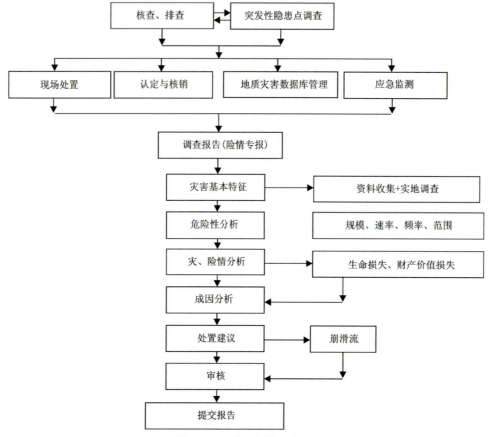

图 4-3　地质灾害排查流程

(a)汛前排查　　　　　　　　　　　(b)汛中排查

图 4-4　突发性地质灾害隐患点调查

（二）突发性地质灾害及隐患点调查

各县(区)发生突发性地质灾害和险情时，县(区)自然资源局有关人员要在第一时间赶往现场进行调查，并按速报制度及时上报信息，省级技术支撑单位提供技术支持，协助县(区)自然资源局进行野外调查。如有威胁人员应划定危险区，设立警示牌，发放"两卡一表"(防灾工作明白卡、防灾避险明白卡及地质灾害防灾预案表)，提出防治措施及建议，编写调查报告，对突发性灾害及新增隐患点填写野外记录表，报青海省地质环境监测总站。青海省地质环境监测总站依据险情大小上报青海省自然资源厅或发各县(区)自然资源局。技术要求是以《地质灾害排查规范》(DZ/T 0284—2015)为基础,结合青海省地质灾害发生实际情况进行编写。

对于突发性地质灾害调查,要填写野外记录表,调查、记录以下内容:

(1)灾害点的基本类型(崩塌、滑坡、泥石流)和已成灾的迹象(如地面或建筑物开裂变形,地面沉降、隆起,危石松动、滚落,泥石流沟道堵塞、行洪障碍等)。

(2)调查致灾地质体的特征。估算致灾地质体的规模(崩塌、滑坡体积,泥石流一次固体物冲出量),分析形成灾害的原因以及可能加剧灾害发展的主要自然和人为影响因素。

(3)调查承灾体的特征。了解受灾情况,统计受灾人口和经济损失,调查威胁对象,统计受威胁人口和资产情况,按地质灾害险情分级标准,客观判定险情等级,圈定危险区范围(边界和面积)。

(4)提出防治措施及建议。

(三)已治理地质灾害工程点排查

对青海省自然资源厅组织实施的已治理地质灾害工程点进行全面排查,主要排查地质灾害防治工程的运行及损毁情况,如滑坡工程治理的抗滑桩、挡土墙及截、排水沟等,崩塌及不稳定斜坡工程治理的主动和被动防护网、护坡、锚固等,泥石流工程治理的拦挡坝、排导渠等;调查内容包括治理单位、治理时间工程布局、截面尺寸、工程类型、数量、防治效果。泥石流排导工程应现场测量断面、坡降,对拦挡工程应核查淤积程度,排导工程应调查堵塞情况。调查当地居民对已有防治工程的满意度。

(四)隐患点的现场处置

地质灾害隐患点现场处置包括先期处置、信息速报等内容。

1. 先期处置

突发地质灾害后,事发地政府和有关部门要立即采取措施,迅速组织开展应急救援工作,防止灾情险情和损失扩大,并及时向上级政府和自然资源部门报告。对监测预警、警示措施不够完善的已有隐患点,要按照相关规定和监测预警工作需要进行现场整改;对于新发现隐患点,要现场填写明白卡、避险卡,确定监测预警责任人和监测人员,落实群测群防制度,确定观测部位和周期,明确紧急疏散信号、撤离路线和避灾场所,并广而告之;必要时,还应在危险区周围设置警示标志,禁止无关人员进入危险区;对于已出现临灾征兆的已有隐患点和险情重大的新隐患点,就近找到安全场地,协助政府及有关部门组织受威胁群众撤离危险区。

地质灾害应急处置在现场开展工作应遵循必要的规范和程序,在听取地方政府或当地自然资源主管部门汇报时,工作组应准确把握上级领导批示精神,重点突出属地管理的原则,不越界、不违规。在技术指导过程中,要充分尊重专家的意见,坚持科学指导(图4-5)。

2. 信息速报

小型地质灾害发生后,应立即报告县(区)人民政府,6h内直接速报市自然资源局和省自然资源厅,并抄报市(州)政府和相关部门。Ⅰ级(特大型)、Ⅱ级(大型)、Ⅲ级(中级)地质灾害发生后,县(区)政府和有关部门、有关单位要速报市政府和有关部门,也可直接向省应急办和省政府报告,最迟不得超过2h,同时将情况通报给相关部门和可能受影响的县(区)。

地质灾害应急工作信息发布,特别是关于灾害性质、伤亡情况等级要统一归口。原则上,受灾过程、灾害调查等重大消息要由灾害发生地政府统一发布。

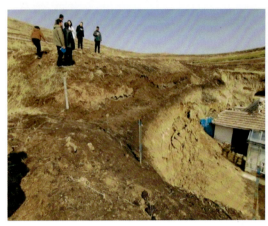 

(a)应急调查　　　　　　　　　　　　　　(b)专业调查

图 4-5　地质灾害隐患点的现场处置

(五)地质灾害隐患点认定与核销

技术支撑单位在县(区)级自然资源局的协助下负责完成辖区内新增隐患点的认定与在册隐患点的核销工作。

(1)对于排(调)查中新发现的地质灾害隐患点按新增隐患点技术要求进行调查,根据野外调查报告及卡片进行认定。

(2)对经搬迁的隐患点核销调查应包括调查基本情况、隐患点基本情况、搬迁概况(安置点、投入资金、时间、搬迁户数和人数,搬迁后土地状况等)及搬迁后隐患点的稳定性和结论建议。

(3)对通过实施工程治理和生态恢复等其他治理措施的点应核实:治理单位、治理时间及工程的总体布局和工程量,工程的试运行情况及效果等。

(4)核实地质灾害隐患点的影响范围和威胁对象,包括危险区内人口的迁移和建筑工程等增减。

(5)分析灾害体发生变化的原因,判断灾害体的稳定性、发展趋势和险情,更新危险区统计受威胁人员及财产数量。

(6)对新增隐患点根据地质灾害野外记录表认定;对核销点根据地质灾害隐患点核销情况表进行核销。

(六)地质灾害防治知识宣传及培训

各级自然资源部门要借助"4·22世界地球日"和"5·12防灾减灾日"开展地质灾害防治知识宣传工作,并在地质灾害重点县(市、区)及乡(镇)至少开展1次地质灾害防治知识培训;技术支撑单位对市(州)、县(市、区)自然资源局,乡(镇)干部和主要负责人及地质灾害多发、易发区学校和集镇等地开展地质灾害防治知识培训;对各技术支撑单位核查人员进行地质灾害专业培训(图4-6)。

(1)培训对象。为受地质灾害隐患点威胁的普通群众、中小学校师生、企业职工和外来务工人员,地质灾害易发区的基层干部、乡镇工作人员、村组监测员,以及市(州)、县(市、区)自然资源局的相关人员和技术支撑单位负责排查的人员。

(2)培训内容。地质灾害发生发展的规律以及防治方面的知识、法律法规和要求;地质灾害防灾避灾、自救技能;在住房选址、工农业建设、矿产开采等活动中如何避开地质灾害危险区;群测群防体系建设,重大地质灾害隐患点应急演练;地质灾害防治高标准"十有县建设"及排查方案等,也可根据实际确定其他培训内容。

第四章 地质灾害调查评价 | 73

(a)地质灾害防治知识培训

(b)地质灾害防治演练

图 4-6 地质灾害培训、演练

(七)应急监测

灾害发生后,应急工作组要协助地方制订应急监测方案,并指导应急监测,观测地质灾害的整体动态状况(图 4-7),保证应急工作的需要。

图 4-7 地质灾害应急监测

简易监测方法有变形位移监测法、裂缝相对位移监测法、目视检查监测法等。

(1)变形位移监测法:通过监测点的相对位移测量,了解掌握地质灾害的演变过程。

(2)裂缝相对位移监测法:通过监测灾体中拉裂两侧相对张开、闭合变化,了解地质灾害体的动态变化和发展趋势。

(3)目视检查监测法:通过定期目视监测地质灾害隐患点有无异常变化,了解地质灾害演变特征,及时发现斜坡地面开裂、剥脱落、地面鼓胀、泉水突然浑浊、流量增减变化、树木歪斜、墙体开裂等微观变化,及时捕捉地质灾害前兆信息。重要危险隐患点应采用专业仪器监测。

（八）地质灾害信息化建设及数据库校核

通过地质灾害隐患点认定与核销管理办法对新增地质灾害隐患点和核销的隐患点按青海省地质环境信息化建设要求录入并更新地质灾害数据库，将排查方案、排查总结、排查报告等资料归档入库。

各技术支撑单位负责将县（市、区）内县级地质灾害隐患点与青海省地质环境监测总站数据库的隐患点进行核对。对新增地质灾害隐患点、突发性地质灾害点及核销的隐患点按方案要求填写野外调查表及隐患点核销情况表，按青海省地质环境信息化建设要求录入数据库。

通过县级地质灾害隐患点与全省数据库隐患点的核对工作，如核对数据完全一致，则保留该隐患点，如核对数据不一致，须说明具体原因，对搬迁、已治理及威胁对象变化的隐患点要具体说明，对新增隐患点列表说明并填写地质灾害野外调查卡片，并于汛前提交省地质环境监测总站。

二、地质灾害排查工作内容

（1）西宁市地质灾害类型以崩塌、滑坡、泥石流等突发性灾害为主（表4-6）。

表4-6　2017—2021年地质灾害突发统计　　　　　　　　　　　　　　单位：处

地点	2017年	2018年	2019年	2020年	2021年
大通县	18	25	24	61	27
湟源县	5	2	1	3	4
湟中区	15	55	48	72	62
西宁市区	22	25	28	24	13
合计	60	107	101	160	106

（2）地质灾害重点防范时期：西宁市地质灾害发生受降雨影响明显，大部分发生在汛期，因此西宁地质灾害防范以汛期为主。3—4月为冻融、春灌引发地质灾害高发期，7—9月为主汛期降水引发地质灾害高发期。2016—2021年底全市新增突发性地质灾害点567处（表4-7），以崩塌、滑坡为主。从地质灾害类型分析可知：近年来主要是崩塌、滑坡等地质灾害数量呈增长趋势，其中崩塌地质灾害数量增加659处，滑坡地质灾害数量增加722处。主要原因：一是地质灾害总数的增加；二是近年来已不再划分不稳定斜坡类型，将前期不稳定斜坡根据变形趋势划分至崩塌和滑坡。从排查总结报告分析来看，近年来的地质灾害增加主要分布于湟中区、大通县等地的农村地区，基本为突发性的小型地质灾害。

表4-7　青海省西宁市地质灾害隐患点（段）分布情况一览表　　　　　　单位：处

	隐患点位置	隐患点数	小计
西宁市	西宁市区	57	747
	大通县	239	
	湟源县	99	
	湟中区	352	

（3）西宁市地质灾害重点防范区域为市辖五区二县，即城中区、城西区、城东区、城北区、湟中区，大通县、湟源县。地质灾害重点防范的对象为受地质灾害威胁的城镇、学校、旅游景点、村庄。具体防范区段见表4-8。

表 4-8　西宁市地质灾害重点防范区

地点	重点防范区	灾害类型	防范措施		
			监测预警（群测群防）	工程治理	避险搬迁
城东区	大寺沟至韵家口北山美丽园第一斜坡带、曹家沟	危岩、泥石流	群测群防		
城西区	彭家寨镇张家湾至阴山堂村滑坡区、火烧沟	滑坡、泥石流	专业监测	抗滑桩	
城北区	马坊村至晋家湾村不稳定斜坡、吴仲沟、深沟,双苏堡至朝阳电厂段丘陵区	滑崩、潜滑、泥石流	群测群防		避险搬迁（集中安置）
城中区	南西山村至泉儿湾村段不稳定斜坡、上下细沟村不稳定斜坡	潜崩、潜滑	群测群防		避险搬迁（分散安置）
湟中区	鲁沙尔镇、大才乡、甘河滩镇、多巴镇、拦隆口镇、上五庄镇、李家山镇、田家寨镇切坡建房区	潜崩、潜滑	群测群防		避险搬迁（分散安置）
大通县	大通煤矿沉陷区,良教乡、塔尔镇、桦林乡、黄家寨、石山乡切坡建房区	地面塌陷、潜崩、潜滑	群测群防		避险搬迁（分散安置）
湟源县	湟源峡崩塌、泥石流;巴燕峡、药水峡泥石流,城关镇南部丘陵区不稳定斜坡	潜崩、泥石流	群测群防		避险搬迁（分散安置）

(4)西宁市重大地质灾害隐患点(段)共计59处,见表4-9。

表 4-9　西宁市重大地质灾害隐患点一览表

序号	地点	乡（镇）	村社	灾害类型	威胁人口(人)
1	城西区	彭家寨镇	张家湾、杨家湾	滑坡	915
2	城中区	南川西路	园树村槐梓沟沟口	不稳定斜坡	120
3	城北区	马坊	大崖沟—海湖桥段	不稳定斜坡	2600
4	城北区	马坊	西杏园郭家沟	泥石流	800
5		大堡子镇	吴仲沟	滑坡、泥石流	2360
6		鲁沙尔镇	团结南路100号家属楼	崩塌	107
7		土门关镇	土门关中心学校	不稳定斜坡	750
8		土门关镇	青峰村1社、4社	不稳定斜坡	150
9	湟中区	土门关镇	王沟儿村	不稳定斜坡	107
10		田家寨镇	黄蒿台村1~8社	不稳定斜坡	104
11		拦隆口镇	民族村1社	滑坡	125
12		拦隆口镇	民联村2社	滑坡	100
13		拦隆口镇	四营学校	不稳定斜坡	695

续表 4-9

序号	地点	乡(镇)	村社	灾害类型	威胁人口(人)
14	湟中区	海子沟乡	东沟村东侧	滑坡	104
15		海子沟乡	水滩村	不稳定斜坡	110
16		海子沟乡	杨库托	不稳定斜坡	292
17		海子沟乡	中庄村	滑坡	230
18		海子沟乡	王家庄村张家坪	滑坡	306
19		上新庄镇	下台村	不稳定斜坡	105
20		共和镇	花勒城村	不稳定斜坡	136
21		大才乡	白崖村	不稳定斜坡	100
22		大才乡	中沟村4社	滑坡	118
23		多巴镇	幸福村2社	滑坡	109
24		多巴镇	扎麻隆村	滑坡	109
25		多巴镇	年家庄村	滑坡	111
26		多巴镇	中村	不稳定斜坡	430
27		群加乡	中心学校	泥石流	242
28	大通县	长宁镇	甘沟门	不稳定斜坡	297
29		塔尔镇	药草中心学校	不稳定斜坡	655
30		塔尔镇	泉沟村	泥石流	139
31		塔尔镇	泉沟村	不稳定斜坡	333
32		塔尔镇	韭菜沟1社	不稳定斜坡	180
33		塔尔镇	格达庄	泥石流	159
34		朔北乡	李家堡村	泥石流、不稳定斜坡	152
35		石山乡	下丰积村2社	滑坡	240
36		石山乡	小沟尔村	不稳定斜坡	111
37		石山乡	下丰积村(幼儿园)	不稳定斜坡	97
38		青山乡	聂家沟	滑坡	150
39		青山乡	西山中学	滑坡	610
40		青山乡	马场村5社	不稳定斜坡	114
41		青山乡	不郎沟	泥石流	251
42		桥头镇	人民路	不稳定斜坡	255
43		桥头镇	后子沟教学点	不稳定斜坡	70
44		桥头镇	下转弯	不稳定斜坡	293
45		桥头镇	南门滩	滑坡	224
46		良教乡	石庄村	不稳定斜坡	175
47		良教乡	桥尔沟村	不稳定斜坡	166

续表4-9

序号	地点	乡（镇）	村社	灾害类型	威胁人口（人）
48	大通县	景阳镇	下岗冲村	不稳定斜坡	118
49		景阳镇	小寺学校	滑坡	160
50		景阳镇	中岭教学点	崩塌	101
51		桦林乡	七棵树村	不稳定斜坡	106
52		多林镇	马场村	不稳定斜坡	126
53	湟源县	城关镇	河拉沟	泥石流	191
54		城关镇	董家庄村至国光村	不稳定斜坡	149
55		城郊乡	石墙沟	泥石流	215
56		大华镇	石崖庄村	不稳定斜坡	136
57		东峡乡	下脖项村	崩塌	115
58		寺寨乡	小寺村1社、2社	泥石流	330
59		寺寨乡	草原村（幼儿园）	泥石流	25

三、地质灾害排查工作重点

地质灾害排查工作在完成所有隐患排查的同时，应加大对村（居）民房前屋后、取土点及土窑，隐患点威胁的城镇、乡村、医院、旅游景点、厂矿等人员聚集区，年内若发生较大地震应对地震危险区及美丽城镇、美丽乡村和传统村落分布区进行地质灾害排查；主要排查有无违章建筑和乱采乱挖现象，有无可能导致地质灾害发生的乱倒、乱堆、乱排及管（渠）道渗漏等现象，是否存在失稳迹象（垮塌、裂缝、沉降等），是否存在地质灾害险情，并严令禁止不合理的人类（工程）活动，对存在险情的地段应与受威胁群众签订"两卡一表"，使群众熟悉撤离路线、报警方法及电话、避灾地点及防范措施，并设置地质灾害警示牌及警戒线，让当地村（居）民及过往行人提高地质灾害防范意识。

1. 调查准备

接到险情报告后，首先要确定灾害所处的位置，找出灾害所在位置的地形图以及相关图件，迅速了解灾害发生地的地形地貌、地层岩性等地质环境条件。

2. 工具及装备

（1）工具：照相机、摄像机、手持GPS、地质罗盘、地质锤、量角器、三角板、卷尺或测距仪、图夹、野外记录本、铅笔、灾害所在位置的地形图（已有研究成果）。

（2）装备：手机、卫星电话、三维扫描仪、无人机及航拍设备、越野汽车、远程会商设备等。

（3）另外还有个人备品，如背包、防寒（雨）服、电筒、雨具、登山鞋、干粮等。

3. 确定位置

（1）到达现场后首先对照地形图或其他带地理底板的图件，询问、对照确定所处位置。

（2）应用手持GPS测定灾害点的地理坐标、高程、方向。

(3)应用地质罗盘确定坡面产状、岩层产状及节理裂隙产状。

4. 了解灾情及发灾过程

(1)认真听取当地干部的汇报,收集汇报材料,记录灾害损失情况、近期天气情况、灾害发生时间及过程、目前地质体的活动情况、灾害救援情况。

(2)向当地灾民询问灾害损失、灾害发生时间及过程、灾害表现形式、有关成灾地质作用的表象、河流动态和降雨情况等。

(3)现场调查核实灾害损失情况。通过灾害现场的观察,统计记录现场人员及财产损失的数量、毁坏程度。通过现场地质作用途径和痕迹、堆积体土石成分、结构的观测、堆积体规模的测量,确定地质作用的类型、规模等级,掌握具体形态数据,如滑坡体的长、宽、厚度、体积,确定成灾地质作用的类型。

5. 调查地质灾害成因

1)地质环境条件

调查内容:地形地貌,崩塌陡崖地形地质特征,滑坡山体的地形地质特征,泥石流的流域地形地质特征;岩、土体工程地质特征;地层岩性、岩层产状、节理裂隙、风化程度、地质构造;岩层结构、断层褶皱;水文地质条件等;地震活动情况;人为活动。选择并规划调查路线。调查路线要符合地质规律,要安全,有利于全面观测。勤于观测记录、拍照和素描。要针对导致灾害发生的脆弱性问题进行观测,确定地质灾害形成的不良地质环境因素,如高陡的斜坡、松散的岩土、暴雨活动情况、强烈的地表水流侵蚀等。

2)人类工程活动影响

调查内容:通过观测和访问,调查了解人类工程活动对地质环境的改造,以及由此带来的不良影响。譬如土地开垦、耕种,挖坡取土、切坡建房,以及工程建设的切坡和填土、对地表径流的改变、增加坡体荷重,采矿活动,弃渣不合理堆放,地下水开采或疏排等。认真调查分析这些活动与成灾地质作用的关系,包括空间位置、时间上的关联,确定这些活动对地质灾害的影响。

6. 初步判断地质灾害的发展趋势

(1)成灾地质作用过程分析,确定地质作用的发展阶段:孕育→发生→发展→调整→稳定。譬如一般柔性介质滑坡的变形活动阶段:初始蠕变阶段→加速变形阶段→剧烈滑动阶段→调整休止阶段→再生固结。

(2)判断和评估崩塌、滑动后斜(边)坡的稳定性,崩、滑堆积体的稳定性。

(3)降雨、洪水、地震、人为诱发因素的变化趋势。

(4)承灾对象的搬迁避让情况。

(5)综合判断地质灾害的发展趋势。

7. 提出应急措施建议

(1)立即启动地质灾害应急预案。

(2)划定地质灾害危险区,设置警示牌,禁止人员在危险区活动。

(3)临时避灾场地的选择和安全性评估。

(4)做好地质灾害群测群防预警工作,同时做好监测网点的布设。

(5)重大地质灾害的应急勘查、监测与防治的建议。

(6)地质灾害防治管理要求等。

四、地质灾害排查取得的成果及经验

（1）通过开展地质灾害排查工作，技术支撑单位与责任主体单位通力协作做好西宁市地质灾害排查的技术支撑和服务，着重开展了全县各乡镇地质灾害排查、巡查、复查工作，夯实地质灾害排查基础数据，推进"三查"制度落实，加强防灾知识培训宣传，组织应急演练，提升各乡镇、村监测预警水平和群防群策能力，最大限度地减少或避免了县域内地质灾害造成的损失，确保了人民群众的生命财产安全。

（2）建立了覆盖全市的地质灾害群测群防网络，在地质灾害高易发的区初步组建了基层监测员队伍，组织体系和监测业务流程不断完善。群测群防以定期巡测和汛期加密监测相结合的方式进行。定期巡测一般每月进行一次，汛期加密监测，可根据降雨强度，每 1d 或 5d 监测，必要时采取 24h 值班监测。以钢卷尺、皮尺为主要工具，重点监测地面裂缝和地表排水等。根据地质灾害动态信息，编制了年度地质灾害防治方案，对已查明的地质灾害隐患点发放了防灾避险明白卡，在重点地质灾害隐患点设立了警示牌，依据地质灾害的危险程度大小，划分其监测级别，落实监测责任人。

（3）通过排查提出的需要搬迁和简易治理的措施都得到了地方政府的重视，积极采取有效措施，为消除隐患保一方平安和稳定起到了良好的效果。各级政府对地质灾害高度重视，重大险情时，各级领导亲临现场，地质灾害特征明显地方都设有警示标志。在搬迁可行性不强的地质灾害隐患点采取了"投亲靠友、帐篷转移"等汛期主动临时避让措施。

（4）通过受威胁群众进行了识灾、辨灾、避灾等知识讲解，对突发性地质灾害隐患点进行了应急处置。通过广泛宣传地质灾害的形成原因以及可能造成重大人员伤亡和财产损失的严重后果，让受灾害威胁的群众明白避险搬迁安置工作的重要意义，形成广泛的思想共识，变"要我搬迁"的被动思想为"我要搬迁"的主动思想。同时给受威胁群众进行地质灾害科普宣传，当大雨和暴雨来临时要注意观察屋前屋后岩、土体变化，构筑物变化及水位等变化情况，一旦有险情首先人要撤离危险区。

（5）地质灾害排查工作关乎老百姓生命财产安全，排查人员对每一个隐患点做到心中有数，尤其是对隐患点类型、规模、分布、发育特征、稳定性（易发性）及承载体。对每一个隐患点"两卡一表"发放到户，对重点隐患点除乡镇地质灾害预案外，协助各村制订通俗易懂的村级防灾预案，对变形明显的隐患点做到一户一策。排查人员一是工作环节上细心；二是对人民群众的讲解和演练上有耐心；三是工作态度上有责任心，技术支撑保障到位。

（6）对省级隐患点、部分县级隐患点立警示牌，在警示牌上附地质灾害防灾知识二维码。采取警示牌、悬挂横幅、发放宣传册等方式，广泛开展防灾减灾知识宣传，着力提升全民防灾能力水平。

（7）对省级隐患点开展县上多部门参与应急演练，对其他县级隐患点依灾害类型做简单的应急演练。建立市级、县级、乡镇级、村级监测负责人及监测员气象预警微信群。

（8）对地质灾害排查工作痕迹化管理，建立台账、影像资料及告知函。与乡、镇村民悉心沟通、正面引导地质灾害防灾重要性，和群众打成一片，消除以往工作中群众对排查人员存在的抵触情绪。对变形比较严重的地质灾害隐患点进行多年跟踪排查，登记造册形成排查记录，根据险情状况及时制订避险措施。对变形比较严重的地质灾害隐患点进行多年跟踪排查，登记造册形成排查记录，根据险情状况及时制订避险措施。

（9）排查工作要做到横向到边、纵向到底，逐点详细排查和记录变形情况、威胁对象，确定已搬迁避让或工程治理结束的隐患点。同时，现场采集新增地质灾害隐患点的相关信息，重点对崩塌、滑坡、泥石流、不稳定斜坡等地质灾害隐患点进行排查。此外，对地质灾害隐患点核查时应查明威胁对象和人数，以及是否签订地质灾害"两卡一表"，确定各隐患点群测群防员，如果群测群防员及威胁对象发生变化，必须重新按要求确定群测群防员，并更新卡片。

（10）大部分地质灾害发生在所掌握的隐患点之外，今后在先期排查的基础上，再次开展重要时段、重点区域、重大工程、重要隐患点和点外拉网式排查,做到不漏一点、不留死角、不留盲区。不断强化完善群测群防和专业监测体系,积极开展汛期地质灾害预警预报,为灾情、险情处置提供科学依据,对重点地质灾害隐患点(变形明显、危险性大)采用普适性监测仪器。

(11)气象风险预警在地质灾害防治工作中意义较大。各县(区)均已建立地质灾害微信联动群,随时掌握气象秘地质灾害动态。迅速组织人员查看是否还有发生灾害的危险,查看天气,收听广播电视,关注是否还有暴雨。通过电视台、短信、群测群防微信群等渠道,及时发布地质灾害气象预警预报,切实发挥"预警器"作用。

(12)政府组织的地质灾害防治知识培训、演练,效果好。通过演练,旨在全面提高应对突发地质灾害事件的快速反应、指挥调度和防范处置能力;通过演练检验技术实力,磨合应急队伍,为做好"应大急、救大灾"技术支持积累经验;通过演练明确受威胁群众撤离信号、路线、应急避险场所,明确分工、明确责任、明确要求等。通过开展应急避险演练,普及应急避险知识,提高广大人民群众的避险防范意识和应对能力。使每位群众都清楚转移路线、安置地点,即使在电力、通信等中断的情况下不乱阵脚安全转移。

第五节 地质灾害调查评价新技术新方法

一、高分辨率遥感解译

运用遥感解译技术,以高分二号、高分七号的ETM+和DEM等高空间分辨率遥感影像为数据源,结合工作区地质灾害资料和野外实地调查情况,通过对遥感影像的处理,利用无人机高分辨率卫星数据、高分二号卫星影像等三维立体图像,建立遥感解译标志,并进行地质灾害解译,圈定地质灾害体的边界,确定其规模、形态,分析其位移特征、活动状态、发展趋势等,如大通县桥头镇地质灾害调查与风险区划项目遥感解译识别滑坡效果较好(图4-8~图4-11),评价其危害范围及程度;研究地质灾害发育规律、成因,确定其与地形地貌、地层岩性、地质构造、河流切割和植被的关系。提取地质灾害的特征和地质环境背景信息,对其特征进行量化,并评价灾害发育分布特征等内容。为野外工作提供遥感技术支持,提高研究区地质灾害调查的整体工作效率和精度,为地质灾害调查等工作提供指导依据。

二、InSAR技术

SAR是一种主动式微波遥感技术,由平台上的发射天线发射电磁波,并通过搭载在平台上的接收天线接收地表物体通过后向散射返回的电磁波,这时回波信号中富含了电磁波与地表物体相互作用的信息。InSAR(InterferometrySAR,合成孔径雷达干涉测量)的原理是利用具有一定视角差的两部天线(或一部天线重复经过)来获取同一地区的两幅具有相干性的SAR单视复数影像,并根据其干涉相位数据来提取地表的高程信息。目前通过InSAR技术获取的数字高程模型精度可达米级。作为一种遥感的新方法,InSAR技术可以快速提供被监测区域内大范围、准确的地形与地表形变信息,便于揭示地学现象的时空变化规律,被广泛地应用在地质灾害形变监测等工作中。

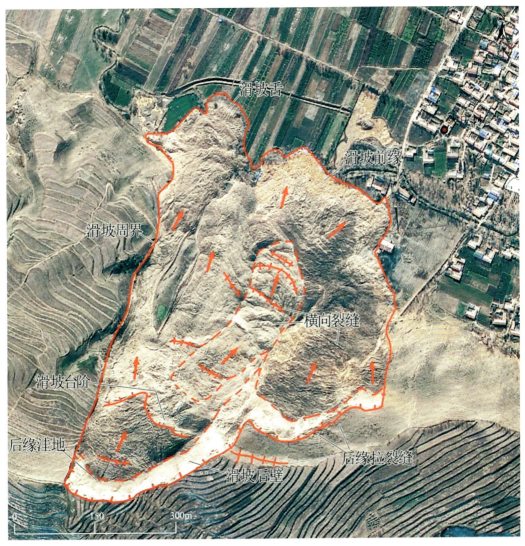

图 4-8 滑坡遥感解译示例

图 4-9 滑坡三维遥感解译示例

(a) 滑坡前遥感影像

(b) 滑坡后遥感影像

图 4-10　滑坡 2003—2013 年变化情况对比

(a) 滑坡前遥感影像

(b) 滑坡后遥感影像

图 4-11　滑坡灾前与灾后影像对比

InSAR 技术是可以获得较高分辨率的地面影像信息及相位信息的观测技术，它通过成孔的方式获得这些信息。InSAR 会通过卫星在一个时间段内，分别飞行到不同轨道对地面进行观测成像，获取图像信息。

西宁市地质灾害调查评价中采取 InSAR 技术对西宁市城区进行了地质灾害隐患识别。选取了 2018—2021 年 238 景 Sentinel-1 影像数据，运用 SBAS-InSAR 与 PS-InSAR 两种时序 InSAR 技术方法解算出研究区不同方位的地表形变，按照形变速率大于 20mm/a 为强变形区，形变速率 10～20mm/a 为中等强度变形区，形变速率小于 10mm/a 为弱变形区。

西宁市张家湾四期滑坡 InSAR 形变分析较为典型。2018 年 1 月 2 日—2022 年 1 月 10 日时间周期内张家湾滑坡周边约 300km² 范围 InSAR 地表形变探测。结果显示张家湾滑坡区域存在两处变形区域：变形区①为滑坡东侧老滑坡（H1）区域，变形区②为第四期滑坡（H4）。变形区①最大形变速率为 21.2mm/a，变形区面积约 31 000m²，提取变形区中心监测点（1#）的时序变形曲线显示该处变形区变形存在一定阶跃特征，即在汛期存在一定加速变形，在非汛期时变形速率与增量变化幅度较小，监测周期内累计形变量为 80mm；变形区②最大形变速率为 16.64mm/a，变形区面积约 43 550m²，变形量相较于变形区①量值较小，提取变形区中心监测点的时序变形曲线显示该处变形区变形存在一定阶跃特征，即在汛期存在一定加速变形，在非汛期时变形速率与增量变化幅度较小，监测周期内最大累计形变量为 80mm（图 4-12～图 4-14）。

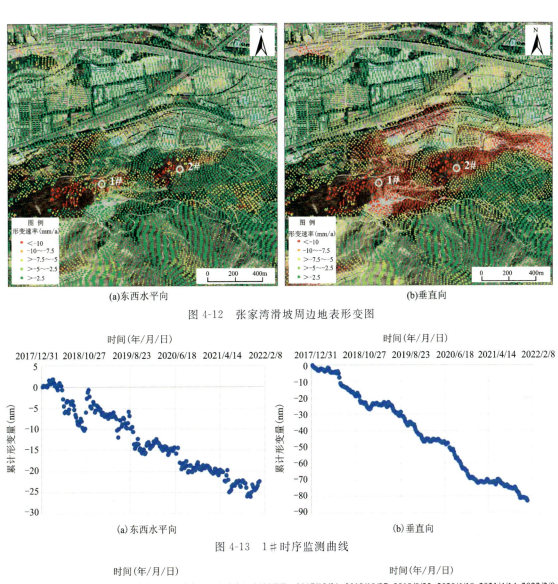

图 4-12 张家湾滑坡周边地表形变图

图 4-13 1#时序监测曲线

图 4-14 2#时序监测曲线

三、LiDAR 技术

LiDAR 是一种集激光、全球定位系统（Global Positioning System，GPS）和惯性导航系统（Inertial Navigation System，INS）三种技术于一身的系统，用于获得点云数据并生成高精度的数字高程模型。

机载 LiDAR 系统的测距原理比较简单，其基本原理：利用光在空气中从光源到目标点是沿着直线进行传播的，且传播速度是固定的，测定光波在接触到目标时会发生反射现象回到设备位置，通过测量光波在两点之间的往返时间来求得距离值。

随着激光扫描仪、全球定位系统、惯性测量单元和飞机技术的进步，LiDAR 凭借其精度高等优势，被认为是地形数据采集的标准方法之一。机载 LiDAR 是一种新发展起来的对地主动观测技术，能快速获取大范围、大区域的地表空间信息，工作效率较高，且 LiDAR 发射的激光脉冲信号，通过多次回波技术，可"穿透"地表植被，能在很大程度上减少植被枝叶遮挡等造成的信息损失，获取森林地区真实的地形数据，有效识别地表"损伤"。它通过滤波去除植被后获得分米级甚至厘米级的高精度 DEM，为地质灾害的识别与调查等带来了新的技术手段。

LiDAR 不但能获取较高精度的地面目标三维坐标，还能提供丰富的信息，如强度信息、回波次数等，将这些丰富的信息与三维空间坐标信息结合起来，利用相应的滤波算法，可以对探测目标进行识别和分类，有效去除地表植被的影响。利用点云滤波去除植被后的地面点生成的高精度 DEM，能显现出真实的地形地貌信息，从而可识别和发现各种松散堆积体和明显开裂、移位的斜坡岩体。

西宁市典型 LiDAR 技术主要用于地质灾害隐患早期识别研究工作，采用机载 LiDAR 技术在青海省西宁市白崖沟、三岔口等地质灾害重点防治区域分别获取 1.75km² 、1.45km² 点云及影像数据，点云平均密度优于 54 点/km²，影像分辨率优于 6cm 的机载 LiDAR 数据，同时获取倾斜摄影数据，提交满足 1∶1000 比例尺数字高程模型(DEM；图 4-15)、数字正射影像(DOM)，制作 3D 成果及其他地质资料，综合开展地质灾害遥感调查。

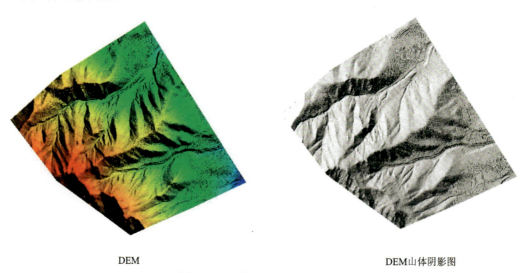

DEM　　　　　　　　　　　　　　DEM山体阴影图

图 4-15　机载 LiDAR 生成 DEM

四、倾斜摄像测量技术

无人机数字摄影测量技术(UAV photography)是基于无人机为平台，采用数字摄影测量为手段的测绘技术，是航空摄影测量的一个重要分支。无人机数字摄影测量随技术演化发展又分为两个分支，即传统垂直航空摄影测量和倾斜摄影测量。传统的航空摄影测量主要用于地形图测绘工作，是将航拍设备垂直对地获取数字影像，经空三解算利用立体相对三维成像绘制测区地形图(DLG)，并可得到测区正射影像图(DOM)；倾斜摄影测量技术是测绘遥感领域近年发展起来的一项高新技术，通过垂直、倾斜等不同角度采集影像，获取物体更为完整准确的信息。数字摄影测量技术以大范围、高精度、高清晰的方式全面感知复杂场景，通过高效的数据采集设备及专业的数据处理流程生成的数据成果直观反映地物的外观、位置、高度等属性,为真实效果和测绘级精度提供保证。倾斜摄影测量技术不仅真实地反映地物情况,而且可通过先进的定位技术,嵌入精确的地理信息、更丰富的影像信息,这种以"全要素、全纹理"的方式来表达空间物体,提供了不需要解析的语义,一张图胜过千言万语,直观立体的三维模型使得地质灾害全息再现。倾斜摄影技术是当今地质灾害三维建模的一个重要发展方向。

西宁市地质灾害调查评价已成熟应用无人机辅助野外调查,如西宁市张家湾滑坡与大通县下丰积滑坡野外调查时进行了航拍工作,采用精灵四 RTK 无人机,搭载 1 英寸(1 英寸≈2.54cm)CMOS,有效像素 2000 万(总像素 2048 万)完成作业,本次飞行 3 个架次,总影像数目 432 张,正射影像图如图 4-16 与图 4-17 所示。通过对影像图片分析,无人机航拍获取滑坡影像在滑坡早期识别上具有巨大优势,能够完整展现整个滑坡范围内坡体变形破坏情况,同时确定滑坡破坏范围。

图 4-16　西宁市张家湾滑坡无人机效果图

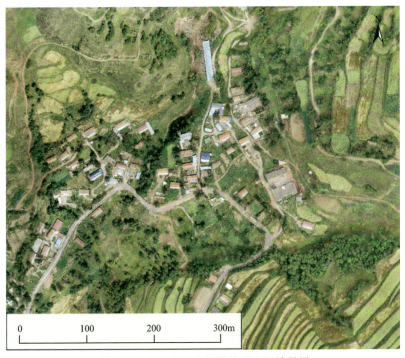

图 4-17　大通县下丰积滑坡无人机效果图

五、西宁市地质灾害早期识别技术应用范围

(一)InSAR技术应用范围

在地质灾害早期识别工作中,针对不同的区域和灾害类型,不同的早期识别技术手段各有所长。

InSAR技术在地表形变识别监测中具有明显优势,主要表现在3个方面:一是InSAR技术可以实现地表"微变形"探测,精度可以至毫米级,在斜坡出现较明显的变形之前,可提前锁定"病灶",相比于光学遥感或者人工地面调查,其识别精度更高;二是具有时间信息,通过PS-InSAR、SBAS-InSAR等时序InSAR技术,可对斜坡地表变形过程进行监测与分析,获取某一监测周期内地表变形数据,结合形变量和形变速率分析历史变化情况和所处的变形阶段,对稳定性进行初步分析和评价;三是InSAR技术广域覆盖,可实现大区域范围内的批量数据处理,短时间内获取广域范围内地表形变信息,相比于人工目视解译,其形变区的识别效率更高。对于崩塌灾害,因其具有突发性,InSAR技术识别效果也不理想,需借助贴近摄影测量技术;光学遥感技术对斜坡的"微变形"探测相对较弱。因此,地质灾害早期识别应该根据地质灾害类型和不同地区地质环境条件,选择合适的技术手段和数据源参数,有针对性地开展此项工作,做到各种技术手段发挥所长、优势互补。

(二)LiDAR技术应用范围

单就机载LiDAR技术本身而言,在地质灾害领域应用广泛,可以在不同灾害类型和不同植被覆盖区域应用,从综合遥感识别角度来说,相比较InSAR和光学遥感,该技术在高密度植被覆盖区优势更加明显。

(1)适合高密度植被区具有明显变形特征的斜坡隐患识别。在高密度植被覆盖区,地物信息遮掩严重,LiDAR技术基于激光点云在构建高精度地表模型的基础上,可以对斜坡"台坎""较大规模裂缝""拉裂槽"等地面变形特征进行识别。

(2)适合高密度植被区历史灾害或早期变形斜坡的探测。此类区域在历史上曾发生过变形破坏或损伤,但现今处于"静止"状态,采用InSAR技术无法探测,高分辨率光学影像受植被影响,也难以发挥观测优势。而激光点云数据可以部分穿透植被,通过点云分类,有效去除表部植被,将地表信息显露出来。去除植被后,高精度数字高程模型上面,滑坡要素特征和边界范围均得以显现,工作区植被去除效果较好,达到了预期目的。

(三)倾斜摄影测量技术应用范围

(1)快速测绘。相比于有人机,无人机的主要优势体现在灵活性强和低空飞行上,测绘周期短。所以,在地质灾害防治过程中,可以借助无人机技术实施灾情动态检测。使用无人机可以快速拍摄,并且其精度高达4cm;这些非常准确的信息为灾情救援提供了可靠的支持。无人机技术的操作非常简单,对操作人员的要求也不高,所以只需要对操作员实施简单培训,就能够熟练使用无人机。可以获得多角度、多方位的呈现,从而便于救援者了解受灾点全貌。

(2)三维建模。所谓三维建模事实上就是依据无人机拍摄所得的影像,运用相关系统将震区的实际情况在三维空间中还原出来,从而让救援者可以对实际环境进行360°全方位的观察,实现三维可视化,这对于灾后救援是非常重要的信息支持。使用所获取的高程数据,然后再使用GIS软件,构建三角网,

进而生成 DEM。这样通过观察这样的三维模型，不但可以直接观察到地震的滚石、裂缝、塌方的形态，而且还能够显示相关的尺寸。这样就能够直接计算出山体崩塌、滚石下滑的方向，从而做好后续防灾治理工作。

(3)地质灾害的排查评估。运用无人机实施灾区测绘，获取相关影像数据以后，可以完成灾区的二维与三维图像提取。这样的信息不仅能够直接帮助实施当前的救援活动，还能够用于地质灾害的排查评估。通过对所得数据的分析，结合 GIS 技术，灾区的地质状况、气候条件、植被破坏程度、地表损害程度等，就能够对灾区地质灾害展开详细的评估，从而找出灾区次生灾害风险较高的区域。这样可以为救援人员科学配置、救援路线的选择，救援人员安全保障，救援重点区域确定等提供有效的参考依据。

降雨型地质灾害是西宁市地质灾害的主要类型，多发生在夏季集中降雨时期，分布范围极广。对于此类型地质灾害隐患的早期识别建议使用多种方法进行联防，如 InSAR 识别技术、机载 LiDAR 技术、倾斜摄影测量技术、光学遥感技术等。坡脚开挖型与切坡建房型两种类型均是由人类工程活动引起的地质灾害，因此对于这些类型的地质灾害可用倾斜摄影测量技术、光学遥感技术等。除需要进行一般的早期识别方法外，建议在工程活动前后做好边坡的防护工作。

总体上，由于西宁市地质灾害数量较大，不同地质灾害的变形破坏机理也不同，而早期识别技术则各有优点及限制条件充分发挥各种技术手段的优势，由粗到细、逐步深入、抓住重点、分层次布置。主要总结如下：

(1)采用 InSAR 和中高分辨率卫星数据进行"扫面"，初步圈定疑似靶区。

(2)采用高分辨率遥感影像和 InSAR 数据针对大江大河、重要交通沿线等重点区域进行"重点布置"。

(3)针对高密度植被覆盖区和重要关注对象，利用机载 LiDAR 进行精细探测。

(4)针对扫描发现的重大地质灾害隐患点，基于无人机航空摄影或多技术手段组合，进行深入"剖析"。

综上，地质灾害隐患调查建议选用不同的早期识别技术来对滑坡进行识别，以此达到经济高效准确的目的。

第五章　地质灾害监测预警

地质灾害监测预警作为地质灾害防治"四大体系"主要建设内容之一,是地质灾害防治工作中一项重要的基础性工作,2019年基本上已经建立了覆盖全市的县、乡、村三级地质灾害群测群防网络,组建了基层群测群防员队伍,将已查明的地质灾害隐患点纳入了群测群防体系,组织体系和监测业务流程不断完善。2019年以后,随着对地质灾害演化机理的深入认识,国内卫星定位技术、物联网技术开始应用于地质灾害专业监测研究,实施地质灾害专业监测预警和普适型监测预警项目。

第一节　地质灾害监测预警工作背景

一、地质灾害监测预警的必要性

监测预警作为地质灾害综合防治体系建设的重要组成部分,是减少地质灾害造成人员伤亡和财产损失的重要手段。"十二五"以来,全国建立了已知地质灾害隐患点全覆盖的地质灾害群测群防体系,监测预警工作历经群测群防、专业监测等发展阶段,防灾减灾成效显著。当前,智能传感、物联网、大数据、云计算和人工智能等新技术快速发展,为构建专群结合的地质灾害监测预警网络提供了技术支撑。在此背景下,充分依托已有群测群防和专业监测工作基础,遵循"以人为本,科技防灾"理念,基于对地质灾害形成机理和发展规律的认识,开展重点针对地表变形与降雨等关键指标的专群结合监测预警体系建设,支撑地方政府科学决策与受威胁群众防灾避灾工作,显得尤为及时和必要。

西宁市作为青海省政治经济文化中心,地质灾害隐患点多面广、危害程度严重、社会影响较大,因此,开展西宁市重大地质灾害自动化监测预警工作、强化地质灾害监测预警科技水平与能力提升,已是当前尤为迫切的任务,也是全面贯彻落实习近平总书记在中央财经委员会第三次会议上关于大力提高自然灾害防治工作重要指示精神,助推党的二十大和青海省"十四五"地质灾害防治规划建设,进一步推动现代化技术在地质灾害防治中的应用的重要举措。

二、地质灾害监测预警指导思想

全面贯彻习近平新时代中国特色社会主义思想和党的十九大精神,牢固树立"四个意识",紧紧围绕"五位一体"总体布局和"四个全面"战略布局,贯彻落实省委、省政府决策部署,深入实施"五四战略",奋力推进"一优两高",坚持以人民为中心的发展思想,坚持以防为主,防抗救相结合,坚持常态救灾和非常态救灾相统一,以保护人民生命财产安全、最大限度地减少人员伤亡和经济损失为根本目的,围绕青海省经济社会发展需求,紧密结合决胜全面小康和脱贫攻坚战略目标,针对地质灾害防治薄弱环节和关键问题,进一步建立健全群测群防、群专结合的地质灾害监测预警体系,扩大综合治理和避险搬迁覆盖范围,查清地质灾害风险隐患底数,提升地质灾害隐患早期识别能力,提高防治科技水平和支撑能力,强化综合减灾,提高地质灾害防治能力,为全面建成小康社会提供有力保障。

第二节 地质灾害监测预警研究现状

地质灾害监测是手段,预警减灾才是目的。地质灾害的预测预报研究是在 20 世纪 60 年代才开始起步,现在已成为一个热门课题。由于地质灾害的复杂性,预报预测目前还一直是世界性的研究难题。

监测预警作为滑坡地质灾害风险减缓的重要措施之一,对于滑坡的治理以及保护居民的生命财产安全具有重要意义。但是滑坡本身的复杂性,以及不同区域自然条件的多变性使得滑坡的监测预警工作遭遇很多困难。在滑坡的监测预警工作基础上提出滑坡的预警阈值,保证监测预警工作的顺利开展。如降雨作为滑坡监测预警的重要工作对象,多年来人们一直试图找到适用于某一地区的临界值以便对不同危险级别的滑坡进行监测和预警。随着近年来监测预警工作已发展为多模型、多判据的综合实时跟踪预警,确定不同监测预警模型阈值对于滑坡的研究具有重大意义。根据青海省内已有的降雨与基于地表变形监测预警模型研究,确定基于过程的监测预警阈值,对青海省滑坡监测预警阈值提出建议。

(一)雨量监测预警阈值研究

区域性滑坡地质灾害降雨临界值研究,目前采用的方法主要是建立在统计学的基础上,利用已发生的地质灾害点的降雨参数,确定研究区域的降雨临界值。此处研究的目的是确定在多少降雨量的情况下,研究区会发生地质灾害。因此,这里的临界值定义为最低的降雨量值,在这个雨量值或大于此值时,研究区将有一个或多个滑坡发生。根据区域地质灾害与降雨过程的关系,即降雨临界值的表达雨量问题。综合青海地区降雨条件,通过对青海省部分滑坡区域降雨监测预警模型研究确定雨量监测预警阈值,以实际案例为依据将降雨阈值推广应用至整个青海省地区。

目前青海省已有降雨模型以西宁市为例,作为全省暴雨强度较大的地区。据西宁气象站资料,1h 降雨量大于 16mm 的暴雨有 11 次;24h 降雨量大于 50mm 的暴雨 4 次;百年一遇 1h 最大降雨量 32mm,24h 最大降雨量为 66mm。暴雨多集中在 6—9 月,降雨量占全年总降雨量 80% 以上。崩滑灾害的发生频次与月平均降雨量呈显著的正相关,滑坡发生时间集中于 6—9 月,在 7 月最高,8 月、9 月次之,10 月较低。

根据国内外气象预警研究成果,结合西宁市历史发灾史降雨量特征值等成果,建议西宁市地质灾害监测预警降雨量值见表 5-1。

表 5-1 西宁市地质灾害监测降雨量预警等级表

预警等级	1h 降雨量(mm)	6h 降雨量(mm)	24h 降雨量(mm)
四级(蓝色预警)	10	15	25
三级(黄色预警)	15	20	40
二级(橙色预警)	20	30	60
一级(红色预警)	25	40	80

注:10min 降雨量≥4.9mm 时启动四级(蓝色预警),连续 2d 降雨量≥50mm 时启动四级(蓝色预警)。

由于降雨阈值作为监测预警关键技术,因各地区自然条件,以及地质灾害形成机制的不同,预警阈值具有地区性规律,不同区域降雨阈值不一,所以阈值预警依旧存在不确定性,需要定期进行人工复核。

(二)基于地表变形的监测预警阈值

早期的地表变形监测预警主要是基于临界累积位移与临界速度,作为重要指标应用在滑坡的监测预警当中。如西宁市地质灾害监测预警变形量及变形速率的初步建议值见表5-2。

表5-2 西宁市滑坡地质灾害监测预警阈值建议表

监测类型	预警项目	蓝色预警	黄色预警	橙色预警	红色预警
裂缝监测	变形速率(mm/d)	>5	>15	>25	>50
	位移增量(mm/h)	>5	>10	>20	>40
	位移矢量角	$\alpha \approx 45°$	$45° < \alpha < 80°$	$80° \leq \alpha < 85°$	$\alpha \geq 85°$
地表位移监测	变形速率(mm/h)	>5	>20	>30	>60
	位移增量(mm/h)	>5	>10	>20	>40
	位移矢量角	$\alpha \approx 45°$	$45° < \alpha < 80°$	$80° \leq \alpha < 85°$	$\alpha \geq 85°$

对于西宁地区采用上述地表变形监测预警阈值,仍然可以有效地对西宁地区滑坡进行监测,但是作为青海省当前监测预警体系中提出的基于地表变形过程的监测预警模型,在此模型中主要依赖滑坡发育过程中地表裂缝与地表位移速率为依据来判别滑坡的变形情况,针对青海省其他滑坡,则需要重新通过模型计算确定阈值,对青海省自动化监测预警建设产生阻碍。

(三)基于地表变形过程的预警阈值研究

根据青海省现有的降雨与地表变形两类监测预警模型,上述根据实例所确定的监测预警阈值仅适用于青海省局部地区。为确定整个青海区域的监测预警阈值,现根据青海地理环境特点,采用基于过程的监测预警模型,确定相应监测预警阈值。

同时为弥补阈值预警方法的不足,结合多种预警指标体系,构建基于演化过程的灾害综合预警模型,基于过程的监测预警模型综合考虑变形速率(v)、速率增量(Δv),以及切线角(α)指标,实现对灾害变形演化过程的全面监测。在灾害初期变形阶段,预警模型只需考虑变形速率是否大于某一临界值(v_0),一旦变形速率$v \geq v_0$,则引入速率增量指标(Δv)参与模型计算,当Δv持续大于零后,引入改进切线角模型,计算切线角α,根据切线角划分变形阶段,进而确定灾害监测预警级别。预警模型如表5-3所示。

表5-3 基于雨量/地表/过程的监测预警模型

预警指标	变形速率 v	$v \approx 0$	$v < v_0$	$v \geq v_0$			
	速率增量 Δv	—	—	$\Delta v < 0$	$\Delta v = 0$	$\Delta v > 0$	
	切线角 α	—	—	—	$\alpha = 45°$	$\alpha > 45°$	$\alpha > 80°$	$\alpha > 85°$
灾害变形演化阶段		初期变形阶段			匀速变形阶段	加速变形阶段		
						初加速	中加速	加加速(临滑阶段)
预警级别		安全		注意级		警示级	警戒级	警报级

在基于过程的监测预警模型中,变形速率的初始阈值 v_0 用于模型对变形数据的初步过滤,在灾害进入加速变形阶段后,则采用改进切线角模型,判断灾害的变形演化阶段。对于初始阈值而言,因此,在设置阈值时应充分考虑仪器的误差和灾害体的结构特征、变形阶段和趋势。通过对数据的多源动态优化以及单一数据源数据变化情况,加强监测预警模型的自主调整能力,并结合对现有监测系统中已有监测数据的分析,如果变形速率持续超过 5mm/d,则可认为灾害进入加速变形阶段,因此监测预警模型中,取初始阈值 $v_0=5$ mm/d,随着监测数据的增加,系统会自动对该阈值进行动态的调整。

第三节 地质灾害监测预警技术方法

一、总体目标

综合运用智能传感、物联网、大数据、卫星通信、云计算和人工智能等新技术,采用智能化监测预警技术手段,构建新形势下地质灾害"人机结合"监测预警体系,不断完善国家、省、市、县四级预警系统,持续优化专群结合监测预警体系管理模式,特别是预警响应闭环运行机制,切实提高地质灾害群测群防专业化水平,降低群测群防员监测预警工作强度和压力,全面提升防灾减灾能力,最大限度地保护人民群众生命财产安全。

二、工作程序

全过程贯穿绿色勘查理念,按照"制订监测预警设计方案→开展设备安装与运行维护→数据库与信息系统建设→实施分级预警与响应",最终进行综合评估与动态调整的工作程序开展地质灾害专群结合监测预警(图5-1)。

(一)制订监测预警设计方案

根据已有地质工作基础,综合遥感识别和风险调查评价结果,经实地踏勘,选择险情较大、成灾风险较高、威胁人数较多的地质灾害隐患为监测对象。基于灾害体的变形特征、诱发因素、威胁对象等确定监测内容、监测设备、布设方案,建立地质灾害风险预警模型,提出预警判据及阈值建议,同时制订仪器设备运行维护计划。

(二)开展设备安装与运行维护

依据监测预警设计方案,结合现场情况,开展仪器设备安装、调试、并网工作。同时,根据仪器设备运行维护制度,按需建立备件库,借助监测预警信息化平台,对仪器设备运行状态进行实时监控,并不定期巡检,及时处理各类故障,确保监测预警仪器设备正常运行,发挥实效。

(三)数据库与信息系统建设

进行数据库建设、物联网平台建设、数据交换平台建设、业务平台建设。统一地质灾害监测设备通

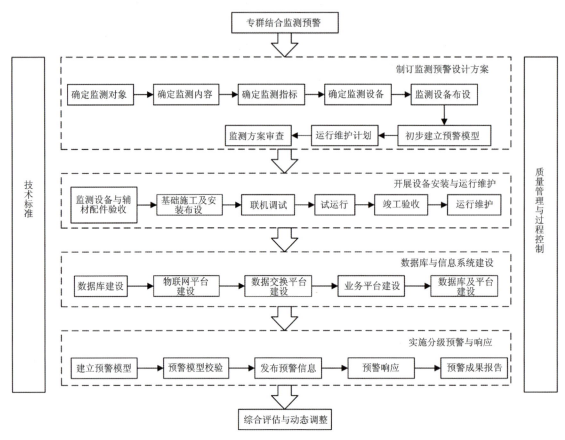

图 5-1　地质灾害专群结合监测预警工作程序图

信及数据库建设标准,依托国家级与省级地质灾害数据库互联互通和动态更新基础,实现"国家级—省级—市(州)级—县(区)级—群测群防员"实时联动,充分利用物联网、大数据与云计算等先进技术,为地质灾害专群结合监测预警工作提供全流程信息服务支撑。

(四)实施分级预警与响应

综合实时监测数据、宏观变形现象与趋势研判实施分级预警与响应,建立监测预警指标体系和预警模型动态优化机制。加强预警响应总结与评估,实事求是、科学合理地减少无效的橙红两级预警,提升预警准确性和工作效率。

三、监测内容

(一)滑坡隐患监测

(1)滑坡以监测变形和降雨为主,具体包括位移、裂缝、倾角、加速度、雨量和含水率等测项,按需布置声光报警仪。

(2)土质滑坡必测项包括位移、裂缝和雨量等,选测项包括倾角、加速度和含水率;岩质滑坡必测项包括位移、裂缝和雨量等,选测项包括倾角、加速度。设备类型、数量和布设位置根据滑坡规模、形态、变形特征及威胁对象等确定。

(3)根据实际监测需求,可补充开展物理场监测(如应力应变等)。

(4)群测群防员应定期开展宏观巡查,包括地表裂缝、建构筑物开裂等宏观变形的监测、地声的监听、动物异常的观察、地表水和地下水(含泉水)异常等观测。

(二)崩塌隐患监测

(1)崩塌以监测变形和降雨为主,具体包括裂缝、倾角、加速度、位移和雨量等测项,按需布置声光报警仪。

(2)土质崩塌必测项包括裂缝和雨量,选测项包括位移、倾角和加速度;岩质崩塌必测项包括裂缝、倾角、加速度和雨量,选测项包括位移。设备类型、数量和布设位置根据危岩体的规模、形态及威胁对象等确定。

(3)根据实际监测需求,可补充开展物理场监测(如应力应变等)。

(4)群测群防员应定期开展宏观巡查,包括崩塌体前缘的掉块崩落或挤压破碎等宏观变形、岩体撕裂或摩擦声音等方面。

(三)泥石流隐患监测

(1)泥石流以监测降雨、物源补给过程、水动力参数为主,具体包括雨量、泥位、含水率、倾角和加速度等测项,按需布置声光报警仪。

(2)沟谷型泥石流必测项包括雨量和泥位,选测项为含水率;坡面型泥石流必测项为雨量,选测项为倾角、加速度、含水率和泥位。设备类型、数量和布设位置根据泥石流规模和流域特征等而定。

(3)根据实际监测需求,可补充开展物理场监测(如应力应变等)。

(4)群测群防员应定期开展宏观巡查,包括沟道的堵塞情况、水流的浑浊变化或断流、对洪流砂石撞击声音进行监听等方面。

四、监测网点布设

(一)监测剖面

(1)监测剖面布设应统筹兼顾、突出重点。监测剖面的布设应根据隐患点类型、发育分布特征及发展演化趋势,结合监测场地条件和监测预警工作需要统一规划、统筹部署。以隐患变化明显因素和主要控制因素为主要监测内容,以明显变形区段和块体为关键监测部位。

(2)监测剖面应能系统监控致灾体自身及周边环境因素的活动特征和发展趋势,并兼顾承灾体的分布情况。

(3)主监测剖面上布设的监测仪器,确保能综合反映地质灾害体及致灾环境因素的变化特征。

(4)集中连片实施时,在保障单点监测需求的前提下,遵循集约共享原则优化总体方案,统筹规划雨量计与GNSS基准站部署。

(二)监测点

西宁市典型地质灾害监测点布设见图5-2。

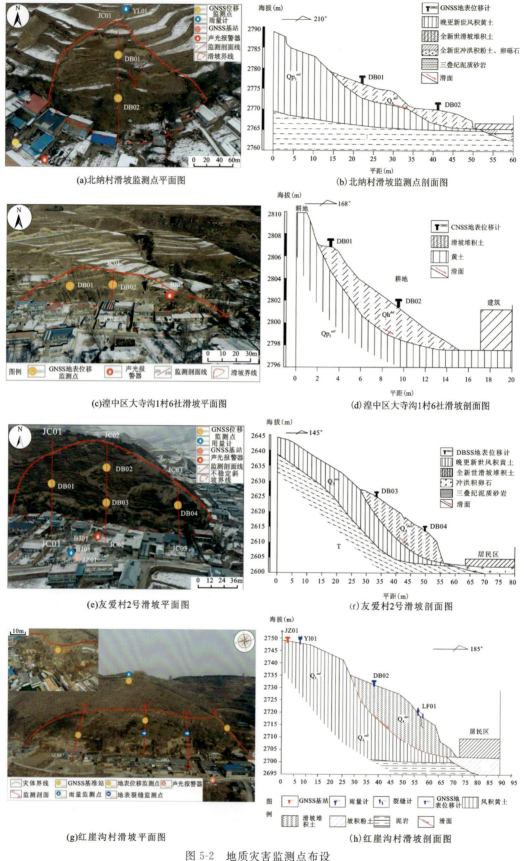

图 5-2 地质灾害监测点布设

(1)监测仪器设备安装点位的选择应遵循监测有效性、环境适宜性、施工可行性、维护安全性和便利性等原则,监测点位应具备较好的人机可达性和一定的基础施工条件。

(2)监测点位应根据剖面设计,布设在剖面线上或剖面线两侧变形敏感区。

(3)各测项监测点位选择应遵循原则如下。①雨量计监测点位应选择相对平坦且空旷的场地,且使承雨器口至山顶的仰角不大于30°,不应设在陡坡上、峡谷内、有遮挡或风口处,易受落叶等杂物堵塞、运维距离较长的地段等工况应使用压电式雨量计。②GNSS监测点位应布设在灾害体变形量较大、稳定性状态差处;基准站应布设在灾害体外围稳定处;应保证搜星条件良好,视野开阔,视场内障碍物的高度角不应超过15°,附近不应有强烈反射卫星信号的物件(如大型建筑物等),以便接收卫星信号。远离大功率无线电发射源(如电视台、电台、微波站等),其距离不小于200m;远离高压输电线路和微波无线电信号传输通道,其距离不应小于50m。GNSS基准站选址结合实际需要,位置距离隐患点的距离应在3~15km范围;距易产生多影响效应的地物(如高大建筑、树木、水体、海滩和易积水地带等)和大功率无线电发射源(如电视台、电台、微波站等发射塔架)的距离应大于200m;应有视野开阔且具备15°以上地平高度角的卫星通视条件,能够接收可靠的卫星信号;应进行连续24h以上的实地环境测试,基准站数据可用率应大于85%,多路径效应小于0.5;选择年平均下沉和位移小于2mm的稳固位置,避开易产生振动的地带;考虑未来规划和建设,选择周围环境变化较小的区域进行建设;首选在地灾监测系统的产权建筑内、乡(镇)居委会建筑等;具有较好的安全保障环境,便于人员维护和站点长期保存。③裂缝计监测点位应布设在主要裂缝两侧或经现场判断未来可能开裂地段两侧,且应布设在裂缝较宽或位错速率较大部位的中点或转折部位。对宽度大于5m或两侧高差大于1m的裂缝,应安装无线裂缝计。④倾角计、加速度计监测点位应布置在灾害体主要倾斜变形块体。⑤含水率计监测点位应布置在主剖面,且应安装在滑坡主滑段、泥石流物源丰富段。⑥泥位计监测点位应选取能客观、准确反映沟道内泥石流泥水位变化特征、监测断面规则、沟床稳定的沟段,建议布置在泥石流沟中部,一般距离威胁区最小距离1.5km。⑦现场声光报警器监测点位应尽量布置安装在受威胁的集中居住区附近或道路、水体两侧,以便及时提醒警示居民或过往车辆船只行人。⑧对于需要接收空天信号或通过公网进行通信才能工作的仪器设备,监测点位布设应优先满足通信要求。

(4)监测点位布设应避开以下位置:①地势低洼,易于积水淹没之处;②埋设有地下管线处;③位置隐蔽,信号不佳处;④人畜易扰动破坏处。

五、设备选型

(1)在满足监测精度的前提下,应选用运行可靠、功能简约、性价比高、安装便捷、易于维护、可实现智能预警的普适型专业监测设备。

(2)监测设备应具备双向通信和远程调试功能,可以根据预警等级动态调整采样与上传频率,适应监测需求。

(3)监测设备应具有良好的稳定性和可靠性,适应监测点的地质环境条件,具备防雷、防水、防尘及耐高低温等基本性能。

(4)监测设备应经过法定第三方检验检测机构校准/检测/标定/测试合格,且检验检测资料齐全,并应在规定的有效期内使用。

(5)普适型设备原则上以内置高性能电池供电为主。采用太阳能供电的仪器设备,配套的蓄电池容量必须保证监测设备在无日照条件下至少连续工作30d,在久雾久雨及日照率小于30%的地区适当增大容量,太阳能电池板功率应与蓄电池容量匹配。采用一次性电池供电的低功耗仪器设备,在1h采集和上报1次的工作频率下,应保证电池至少能供设备正常工作1a(即电池更换周期为1a)。

(6)地面网络信号覆盖不佳、危害等级较高与极端天气事件易发地区,可以采用地面网络与卫星通信相结合的双模通信方式。

（7）应选择多参数普适型设备及组合，针对性地开展专群结合监测预警，对地质灾害体孕育、发生过程及降雨等触发过程等关键性指标和指示性信息进行实时监测。

针对不同地质灾害类型，地质灾害监测预警仪器设备选型如表 5-4 所示。

表 5-4　地质灾害类型与测项选择

灾害类型		监测设备							声光报警	备注
	测项	位移	裂缝	倾角	加速度	含水率	雨量	泥位		
滑坡	岩质	●	●	◎	◎		●		按需布设	具体安装位置及数量，根据灾害体规模及特征综合确定。泥石流等如需增加地声、次声等其他类型监测设备，视具体情况而定
	土质	●	●	◎	◎	◎	●			
崩塌	岩质	◎	●	●	●		●			
	土质	◎	●	◎	◎		●			
泥石流	沟谷型					◎	●	●		
	坡面型			◎	◎	◎		◎		

注：●为必测项，◎为选测项。

六、监测预警

1. 地质灾害风险等级划分

按照地质灾害发生的发展阶段、紧急程度、不稳定发展趋势和可能造成的危害程度，地质灾害预警级别分为一级、二级、三级、四级，分别对应地质灾害风险极高、风险高、风险较高和风险一般等不同程度，依次用红色、橙色、黄色、蓝色标示。其中一级为最高级别（表 5-5）。

表 5-5　地质灾害风险等级划分表

风险等级	风险程度	预警级别	地质灾害发生的可能性	预报级别
四级	风险一般	蓝色预警	地质灾害发生的可能性小，系统监测数据表现有一定变化	注意级
三级	风险较高	黄色预警	地质灾害发生的可能性较大，有明显的变形特征，在数周内或数月内大规模发生的概率较大	警示级
二级	风险高	橙色预警	地质灾害发生的可能性大，有一定的宏观前兆特征，在几天内或数周内大规模发生的概率大	警戒级
一级	风险极高	红色预警	地质灾害发生的可能性很大，各种短临前兆特征显著，在数小时或数天内大规模发生的概率很大	警报级

2. 地质灾害专群结合监测预警

专群结合监测预警应坚持"以人为本，科技防灾"的原则，在群测群防的基础上统筹兼顾技防与人防,通过宏观迹象巡查、监测数据分析和区域地质灾害气象预警综合研判隐患风险等级;群测群防监测在发现可辨识的灾害前兆时,可进行临灾预警,并根据预案及时采取应对措施。

依据地表变形与降雨等关键指标监测数据开展地质灾害专业预警,主要分为单参数预警方式与多参数综合预警方式:单参数预警主要通过单一设备直接获取或计算得到的指标判据来确定灾害发生的可能性,阈值应在机理认识、历史经验的基础上研究设定并动态调整;多参数综合预警主要通过多个指标判据的组合来综合确定灾害发生的可能性,预警模型应基于灾害隐患的地质特征、影响因素及发展变化趋势,在综合分析变形与破坏特征的基础上确定,并根据机理认识与监测数据及时调整。

依据裂缝扩展贯通、异常地声、泉水断流等宏观迹象开展地质灾害群测群防预警:滑坡包括宏观变形的监测、地声的监听、动物异常的观察、地表水和地下水(含泉水)异常等观测;崩塌包括崩塌体前缘的掉块崩落或挤压破碎等宏观变形、岩体撕裂或摩擦声音等方面;泥石流包括沟道的堵塞情况、水流的浑浊变化或断流、对洪流砂石撞击声音进行监听等方面。

专群结合监测预警实施流程如图 5-3 所示。

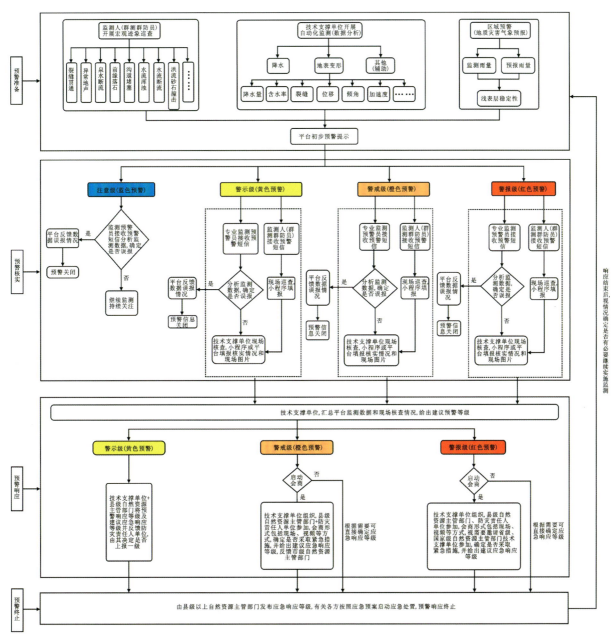

图 5-3　地质灾害专群结合监测预警实施流程图

第四节　地质灾害专群结合监测预警典型案例

一、张家湾滑坡监测预警示范

(一)自然地理条件

张家湾滑坡位于西宁市城西区彭家寨镇张家湾村,滑坡区范围介于东经101°38′59″—101°39′04″、北纬36°38′25″—36°38′51″之间,行政区划隶属于青海省西宁市城西区彭家寨镇,位于湟水河南岸低山丘陵区前缘斜坡地带,总体地势南高北低,向湟水河谷地倾斜,相对高差约300m。区内属高原大陆性半干旱气候,具有寒长暑短、温差大、降水量少但集中的特点。区内水系主要为湟水河和用于西宁市南山、西山绿化灌溉的解放渠。滑坡前有G109和青藏铁路等重要交通设施通过,其中G109距离滑坡区约220m,有硬化道路可直通张家湾滑坡前缘,并有张家湾滑坡应急治理工程修建的临时道路纵穿坡体直通滑坡体后缘。另外,滑坡东侧有巡山道路可从G109直达张家湾滑坡后缘,交通十分便利。

(二)张家湾滑坡基本特征

张家湾滑坡发育于湟水河南侧低山丘陵区斜坡带前缘,为老滑坡多期次滑动形成,根据滑坡体形态、滑带(面)及剪出口特征,将张家湾滑坡形成过程可划分为4期分级滑动。滑坡边界较清楚,滑坡坡顶高程2620m,坡脚高程2295m,坡高325m,平均坡度30°,平面形态呈不规则舌形,剖面呈凹形并发育有三级阶梯状平台,滑坡长400~1100m,宽200~600m,主滑方向20°,其中西侧主滑方向32°,滑体平均厚度约28m,总体积约$1392\times10^4 m^3$,规模属特大型。

历史文献《西宁府续志》([清]邓承伟,张价卿,来维礼等)和近年来西宁市地质灾害调查资料显示,张家湾—阴山堂一带于清光绪元年(1875年)发生过大规模崩滑,堵塞水渠,后于1960年和1962年局部发生复活,造成不同程度的经济损失,后期处于暂时稳定状态,但自2009年起,主要受绿化灌溉和人类工程活动影响,张家湾滑坡多次发生滑动,目前地表裂缝发育、前缘平台建筑物拉裂、挡土墙鼓胀变形。

张家湾滑坡为黄土红层滑坡,复杂的地质条件,松散破碎的易滑地层,不利的软弱结构面是张家湾滑坡形成的主要内因;人工坡脚开挖,前缘形成临空面使坡脚失去支撑,大气降水入渗及地下水软化滑动面,是滑坡形成的主要外因。

(三)张家湾滑坡 InSAR 形变监测

通过对张家湾滑坡周边约300km²范围区自2017年1月7日至2021年5月22日周期内InSAR地表形变探测,获取卫星视线向形变结果,其中远离视线向为负值,贴近视线向为正值,由于雷达卫星为斜视成像,监测区形变均为负值,可视为坡面向与竖直向形变综合结果。结果显示张家湾滑坡区域存在两处变形区:变形区①为滑坡东侧老滑坡(H1)区域,变形区②为第四期滑坡(H4)(图5-4)。

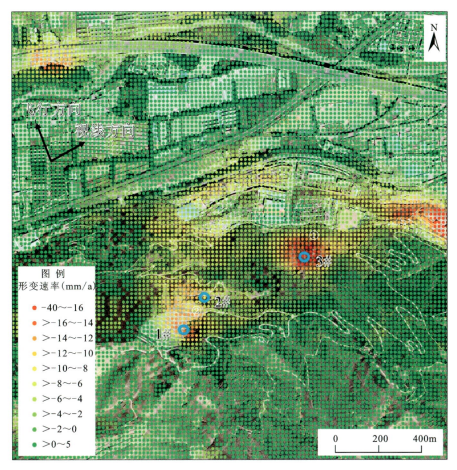

图 5-4　张家湾滑坡周边 InSAR 形变结果

变形区①最大形变速率为 20mm/a,变形区面积约 $3.1×10^4 m^2$,提取变形区中心一处监测点(3#)的时序变形曲线显示该处变形区变形存在一定阶跃特征,即在汛期存在一定加速变形,在非汛期时变形速率与增量变化幅度较小,近 4.5a 监测周期内累计形变量为 88.37mm;变形区②最大形变速率为 15.49mm/a,变形区面积约 $4.355×10^4 m^2$,变形区①量相较于变形区②量值较小,提取变形区②中心一处监测点(1#与2#)的时序变形曲线显示该处变形区变形存在一定阶跃特征,即在汛期存在一定加速变形,在非汛期时变形速率与增量变化幅度较小,近 4.5a 监测周期内最大累计形变量为 88.37mm(图 5-5)。

图 5-5　时序变形曲线

(四)张家湾滑坡监测预警示范

2019年度,青海省水文地质工程地质环境地质调查院在青海省内首次开展了特大型地质灾害监测预警研究与示范,以典型的黄土红层滑坡西宁市城西区张家湾滑坡为研究对象,综合运用智能传感、物联网、大数据、云计算和人工智能等先进技术,采用视频监控及雨量监测、裂缝监测、地表位移监测和深部位移监测等自动化专业监测技术手段,建立了滑坡智能化专业监测网络,实现了对张家湾滑坡的"空—天—地"立体化、自动化远程高精度监测,全面提升了张家湾滑坡群测群防专业化水平。初步建立了基于大数据的"西宁市特大型地质灾害监测预警平台"(含WEB端和手机APP),并在研究监测数据的基础上,融合常态巡查、专业排查、群测群防等手段,建立了西宁市地质灾害气象预警和基于滑坡变形过程跟踪的预警模型,提出了雨量、变形速率、位移增量、位移矢量角四级预警判据及阈值建议值。开展了监测设备适宜性研究,提出了适应高寒地区的监测设备性能指标和安装方法,形成了一套适用于高海拔地区地质灾害自动化专业监测的技术路线和具体工作方法,为后期青海省地质灾害监测预警工程的实施提供了全面的技术支撑。

2020年度,青海省自然资源厅组织实施西宁市城西区张家湾—杨家湾滑坡监测预警示范项目,在利用张家湾滑坡区已有监测站点的基础上,按照监测剖面组网进行整体变形监测和变形地段重点监测的工作方法,采用多要素监测技术手段,建成了张家湾—杨家湾滑坡监测预警示范工程。

1. 监测等级划分

依据国家现行地质灾害监测预警技术规范对监测等级的划分标准(表5-6、表5-7),张家湾滑坡潜在威胁坡体110kV输电铁塔、坡脚海湖钢材市场及前缘G109过往车辆及行人安全,威胁人口达600余人,威胁财产达3亿余元,地质灾害危害等级为Ⅰ级;张家湾滑坡近年来多次发生局部滑动现象,处于欠稳定—不稳定状态,受人类工程活动和长期降雨影响,滑坡失稳的可能性较大。

表5-6 地质灾害危害等级划分标准

危害等级		Ⅰ级	Ⅱ级	Ⅲ级
经济损失		潜在经济损失≥5000万元	潜在经济损失500万～5000万元	潜在经济损失≤500万元
危害对象	威胁人数	威胁人数≥100人	威胁人数10～100人	威胁人数≤10人
	工矿交通设施	重要	较重要	一般

注:满足经济损失或危害对象中的其中之一条,即划定为相应的危害等级。

表5-7 地质灾害监测分级标准

灾害体稳定状态	危害等级		
	Ⅰ级	Ⅱ级	Ⅲ级
不稳定	一级	一级	二级
欠稳定	一级	二级	三级
基本稳定	二级	三级	三级

根据地质灾害稳定性状态和危害等级,综合确定张家湾滑坡监测等级为一级。

2. 监测网络建设

根据滑坡稳定性评价结果,结合滑坡形成机理及影响因素、变形特征与发展趋势,共安装各类监测设备41台(套),其中翻斗式雨量监测仪1台,拉线式裂缝计5台,GNSS基准站1台,GNSS地表位移计25台,深部位移测斜绳6套,视频监控仪3台,形成了"空—天—地"智能化监测网络(图5-6、图5-7)。

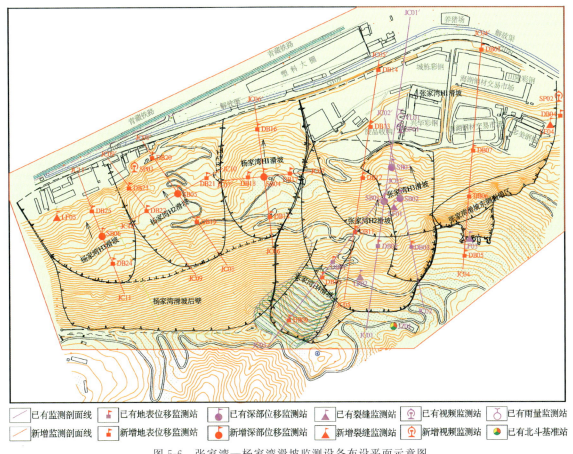

图5-6 张家湾—杨家湾滑坡监测设备布设平面示意图

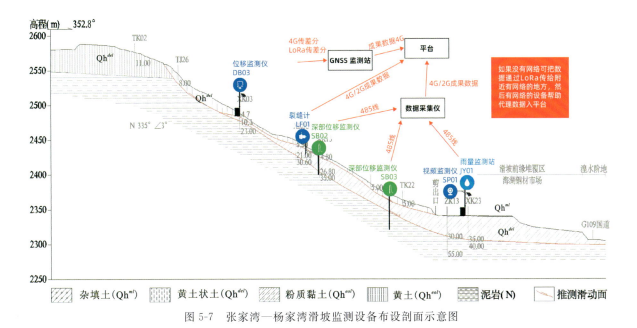

图5-7 张家湾—杨家湾滑坡监测设备布设剖面示意图

3. 监测预警平台建设

在将不同类型监测设备与物联网和通信技术集成的基础上,构建了地质灾害监测、分析、预报、预警和应急服务于一体的信息化、智能化、可视化服务平台(图5-8),可实现灾前、灾中、灾后全周期动态管理,全面提升地质灾害变形分析、风险预警和应急处置能力,为防灾减灾决策和风险处置提供了技术保障。

图 5-8 物联网系统与监测平台展示图

(1)数据采集平台:根据不同类型传感器上传的海量数据,分类进入数据库并分布式存储,同时运用云计算及人工智能等技术,进行异常数据处理。使用者亦可通过手机 App 对传感器采集方式进行反向设置。

(2)数据服务平台:对采集数据进行分析处理后,按照设计的采集频率自动生成监测数据报表和变形成果曲线,可基于 WebGIS 电子地图实现工程图纸上的数据成果展示,并可进行不同监测数据的成果曲线叠加分析。

(3)监测报告服务:根据历史监测数据与自定义报告模板,汇总处理得到周报、月报、年报等监测报表,同时支持监测报告 Word 导出。

(4)预警模型设置:使用者可在手机 App 和网页端,结合工程地质条件、环境条件、水文气象等因素,有针对性地自由设计各类预警模型,可针对一个监测点或同一类型监测点设置预警判据及阈值,也可针对项目情况,设置综合性组合预警条件,合理的预警模型可以积累保存,随时调用。同时,可设置预警信息接收人,所有预警信息可通过平台系统消息、项目群消息、手机短信等方式发送至接收人,以便及时了解滑坡变形现状,及时进行风险预警。

4. 监测数据分析

采用激光夜视视频监测仪,实现了对张家湾滑坡全天候智能图像监测,可实时通过手机 App 应用查看现场情况。

通过区域雨量及滑坡重点部位多要素监测手段对张家湾滑坡监测数据分析得出：

(1)2021年,区内年降水量为294.8mm,降水主要集中在4—10月,累计降水量达277.6mm,占全年降水量的94.2%(图5-9)。其中最大月降水量为67.4mm(2021年9月),最大日降水量为30.4mm(2021年7月25日),最大小时降水量为14.4mm(2021年4月9日13：00—14：00)(表5-8)。

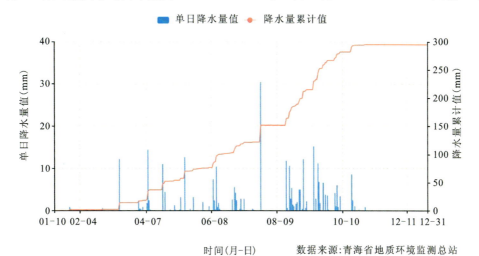

图 5-9　张家湾滑坡区2021年降水量柱状图

表 5-8　2021年月累计降水量一览表

降水情况	1月	2月	3月	4月	5月	6月	7月	8月	9月	10月	11月	12月	小计
降水天数(d)	2	1	2	10	8	10	9	11	13	9	1	0	76
降水量(mm)	1.2	0.6	14.6	36.0	23	32.6	43.8	47.2	67.4	27.6	0.8	0	294.8
单日最大降水量(mm)	0.8	0.6	12.2	14.4	12.6	10.4	30.4	11.8	15.2	8.6	0.8	0	

(2)张家湾滑坡区地表变形位移量后缘＞前缘＞中部,这与张家湾滑坡西侧后壁不断滑塌后移、中部无明显变形迹象、前缘受钢材市场堆料加载而导致G109南侧挡土墙鼓胀变形的实际情况相符合,其中张家湾H2滑坡后部陡坎处,于2019年12月22日17时12分发生局部黄土滑塌,下错高度157mm(图5-10)。

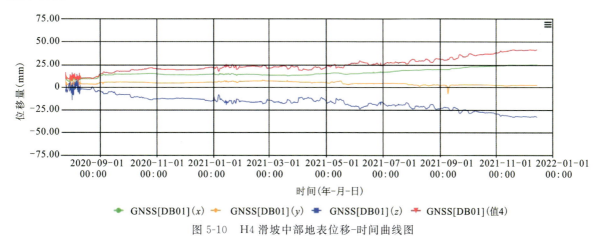

图 5-10　H4滑坡中部地表位移-时间曲线图

(3)张家湾滑坡主要变形区与InSAR监测结果一致,位于H4滑坡前部和H1滑坡中部区(图5-11、图5-12)。

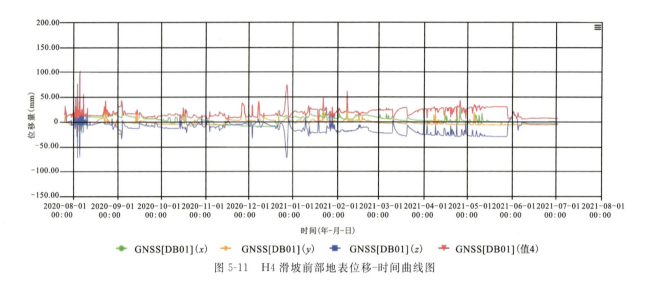

图 5-11　H4 滑坡前部地表位移-时间曲线图

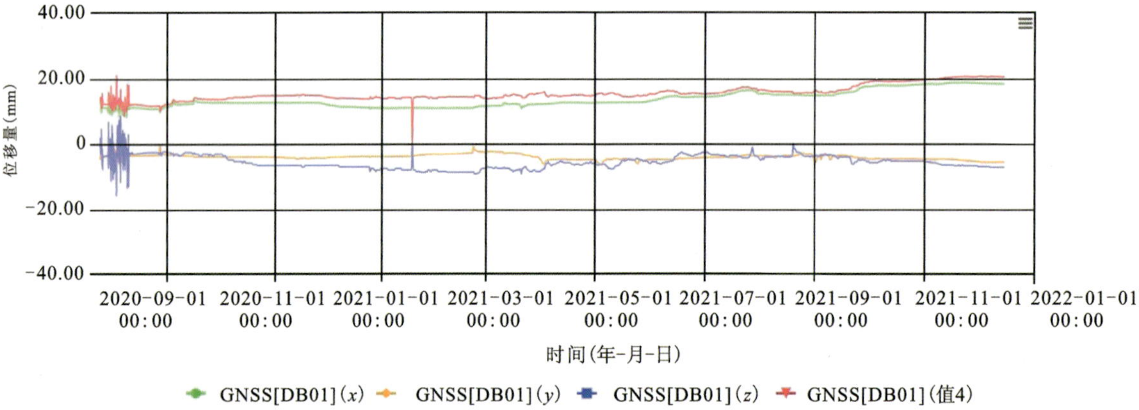

图 5-12　H1 滑坡中部地表位移-时间曲线图

（4）张家湾滑坡地表变形位移在时间段上一般滞后于连续降雨，因为张家湾滑坡体岩性主要为黄土状土和粉质黏土，属于弱透水层，这与地表水入渗土体，增大滑体重度，浸润滑面，致使滑体蠕滑的实际过程相符（图 5-13）。

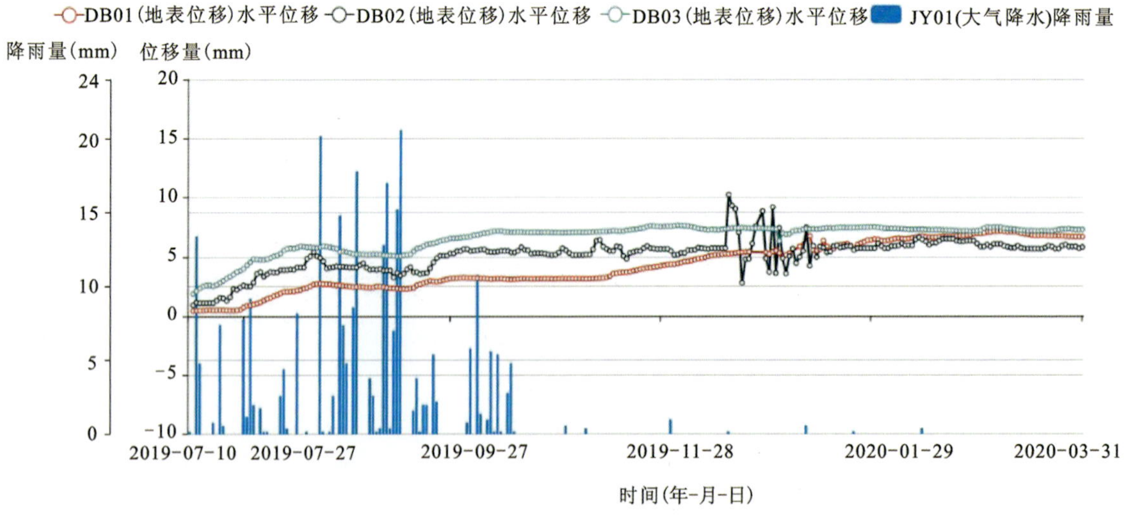

图 5-13　地表位移与区内降雨关系对比曲线图

(5)通过深部位移监测手段：一方面，可协助勘查工程，准确判断深层次多级滑动面及深部位移情况（图5-14）；另一方面，可通过数据及曲线走势预测，判断张家湾滑坡在天然状态下处于缓慢变形阶段，但是随着时间的推移，受长期的人类工程活动影响，遇地震、强降雨或连续降雨等极端天气时，张家湾滑坡发生滑动的可能性较大。

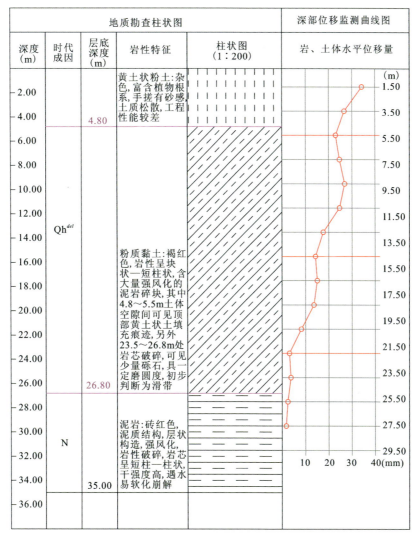

图5-14　滑坡深部位移曲线图

5. 设备适宜性论证

1）黄土地区监测设备基础适宜性

西宁市位于黄土高原与青藏高原过渡地带，区内风积黄土广泛分布，一般以盖帽形式披覆于丘陵区顶部及斜坡地带，具湿陷性和自重湿陷性。本次监测设备以设计监测点为中心，选用C20混凝土浇筑800mm×800mm×800mm的监测墩，竖向埋地600mm，露地200mm，在监测墩测点位置安装法兰盘用以监测设备固定安装。通过监测数据分析，结合实地核查情况，黄土湿陷性对监测装置基础治安有一定的影响：一方面监测墩基础浅埋，底部未对湿陷性黄土进行地基处理；另一方面监测墩附近地表水流未及时排出时，汇水入渗造成黄土湿陷。

为消除黄土湿陷对监测数据的影响，在设备装置时，应充分考虑黄土湿陷性问题，对基底进行夯实处理，并在周边采取截排水措施，做好地表散水处理。

2）供电系统可靠性论证

本项目视频监测采用 UPS 市电供电，其他监测装置采用太阳能供电。经过一年运行期，西宁地区日照大部分时间能满足正常供电需要，但受长时间雨雪天气影响，在阴坡地段或树林茂盛地段，因太阳光照射不足，部分监测设备偶尔出现供电不足的问题。

为保证供电系统稳定，在高寒地区，在光照不足的地段，监测设备宜采用外部备用电源，在无法正常供电的情况下，可外接备用蓄电池供电，保证监测设备正常运行。

3）高寒地区系统稳定性论证

通过对监测数据分析，数据变化多出现于夜间及中午时段，监测曲线与气温曲线基本吻合（图5-15），表明地表监测垂直位移受气温及季节性冻土冻胀融沉作用影响较大。

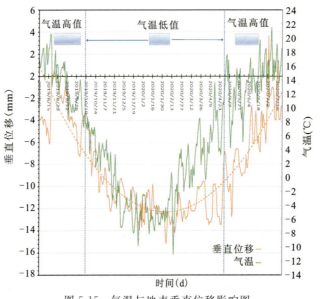

图 5-15　气温与地表垂直位移影响图

为保障监测系统稳定性，在高寒地区开展地质灾害监测预警工作时，设备传感器工作环境指标如工作温度及防水防尘等级必须满足高海拔高寒地区特殊气候环境的要求。同时，应充分考虑高原地区冻土冻融作用，监测墩基础重心宜埋置当地最大冻土深度以下，并做好地表散水处理。

4）深部倾斜传感器安装方法

深部倾斜传感器主要应用于地质结构复杂、存在多级滑动面的大型滑坡的深部变形监测，一般单节长度 1～8m（根据实际需要定制，长度越短，监测精度越高），串联搭接，长期安装于勘探孔中，通过倾斜、相对位移等手段获取深部位移信息，监测数据通过 GPRS、3G、4G、SMS、北斗短报文、LORA 等通信方式传输到监测云平台。

因此，在安装深部倾斜传感器前，应加强工程地质钻孔编录，能够准确判断出滑坡深部滑动面时，可本着依据充分、安全可靠、经济合理、技术可行的原则，在各级滑动带安装倾斜传感器即可。但在编录过程中，对滑面认识不足，难以准确判断出滑动带时，可定制一定长度的测斜绳，全孔安装。一方面，可以协助勘探工程查找滑坡深部多级隐藏的滑动面；另一方面，可借助监测平台直观显示不同深度岩、土体位移变形情况。

6. 预警模型研究

根据国内外气象预警研究成果及青海省自然资源厅和青海省气象局联合发布的地质灾害预警标准，在对西宁市历史发灾史降雨量特征值分析的基础上，结合滑坡变形特征，并经预警信息现场核查，初步建立张家湾滑坡监测预警模型（表5-9）。

表 5-9 张家湾滑坡监测预警模型

监测类型	预警项目	蓝色预警	黄色预警	橙色预警	红色预警
雨量监测	1h 降雨量(mm)	≥10	≥15	≥20	≥25
	6h 降雨量(mm)	≥15	≥20	≥30	≥40
	24h 降雨量(mm)	≥25	≥40	≥60	≥80
裂缝监测	变形速率(mm/d)	>5	>15	>25	>50
	位移增量(mm/h)	>5	>10	>20	>40
	位移矢量角	$\alpha\approx45°$	$45°<\alpha<80°$	$80°\leq\alpha<85°$	$\alpha\geq85°$
地表位移监测	变形速率(mm/h)	>5	>20	>30	>60
	位移增量(mm/h)	>5	>10	>20	>40
	位移矢量角	$\alpha\approx45°$	$45°<\alpha<80°$	$80°\leq\alpha<85°$	$\alpha\geq85°$
深部位移监测	变形速率(mm/d)	>5	>15	>20	>40
	位移增量(mm/h)	>2	>4	>6	>10
	位移矢量角	$\alpha\approx45°$	$45°<\alpha<80°$	$80°\leq\alpha<85°$	$\alpha\geq85°$

二、普适型仪器设备监测预警实验

(一)项目概况

2021年,自然资源部在全国 17 个省(自治区、直辖市)组织实施地质灾害监测预警实验工作。其中,青海省水文地质工程地质环境地质调查院与北京华力创通科技股份有限公司、深圳市北斗云信息技术有限公司以联合体形式承担实施青海省西宁市地质灾害监测预警实验项目,在西宁市主城区、湟中区、大通县、湟源县共 145 处实验点安装各类普适型仪器设备 862 套,项目经费投入 1570 万元。

(二)监测实施

自 2021 年 4 月至 5 月,共完成各类监测预警普适型仪器设备 862 套,其中雨量计 103 套、GNSS 基准站 62 套、GNSS(位移/倾角/加速度三参数)239 套、裂缝计(裂缝/倾角/加速度三参数)313 套、泥位计 1 套、视频监控仪 3 套、声光报警器 141 套(表 5-10)。

表 5-10 西宁市普适型地质灾害监测仪器设备安装统计表

序号	县(区)	乡(镇)	监测点数(个)	布设仪器设备(套)							
				雨量计	GNSS基准站	GNSS监测仪	一体化裂缝计	声光报警器	视频监控	泥位计	小计
1	城中区	总寨镇	4	3	3	8	2	4			20
2	城西区	彭家寨镇	1	1	1	2		1			5

续表 5-10

序号	县(区)	乡(镇)	监测点数(个)	布设仪器设备(套)							
				雨量计	GNSS基准站	GNSS监测仪	一体化裂缝计	声光报警器	视频监控	泥位计	小计
3	湟中区	多巴镇	7	5	5	20	7	7			44
		海子沟乡	8	8	6	22	6	8			50
		拦隆口镇	10	8	4	13	20	10			55
		李家山镇	5	4	3	7	11	5			30
		上五庄镇	12	6	5	25	8	12			56
		鲁沙尔镇	6	4	4	14	8	5			35
		田家寨镇	6	2	2	11	8	5			28
		土门关镇	6	3	2	14	4	5	1		29
		共和镇	8	6	5	18	6	8			43
		汉东乡	4	2	2	11	6	4			25
		上新庄镇	3	3	3	10	4	3			23
		大才乡	7	4	3	15	15	7	1		45
		西堡镇	2	2	2	4	2	2			12
		甘河滩镇	1	1	1	2	2	1			7
4	湟源县	巴燕乡	1	1	1	3		1			6
		城关镇	4	1	1	8		4	1	1	16
		东峡乡	2	2	2	6	1	2			13
		和平乡	1	1	1	5		1			8
5	大通县	桥头镇	6	6	2	11	22	6			47
		朔北乡	3	2			13	3			18
		宝库乡	2	2			11	2			15
		城关镇	4	3	1	3	14	3			24
		青山乡	3	1	1	1	9	3			15
		青林乡	2	2			6	2			10
		多林镇	1	1			7	1			9
		极乐乡	6	5	1	3	20	6			35
		良教乡	4	2			23	4			29
		塔尔镇	2	2			12	2			16
		桦林乡	1	1			6	1			8
		石山乡	2	2			8	2			12
		黄家寨镇	5	3	1	3	23	5			35
		景阳镇	4	2			17	4			23
		新庄镇	1	1			3	1			5
		长宁镇	1	1			9	1			11
	总计		145	103	62	239	313	141	3	1	862

(三)预警实施

1. 预警模型配置

在分析西宁以往降雨量与突发地质灾害关系、研究已有黄土地质灾害监测数据的基础上,结合青海黄土地区地质灾害变形特征,初步依据《西宁市特大型地质灾害监测预警研究与示范科研报告》研究成果,提出了雨量、位移、裂缝、倾角、加速度、泥水位变化的预警阈值,建立了崩塌、滑坡、泥石流3种类型的地质灾害的预警模型(表5-11)。根据后期预警信息,结合对地质结构及成灾机理的分析,动态修正预警阈值。

表5-11 西宁市地质灾害风险预警判据及阈值初步建议值

监测类型	预警等级及判据			
	蓝色预警	黄色预警	橙色预警	红色预警
雨量	前1h雨量值≥10mm,或前6h雨量值≥15mm,或前24h雨量值≥25mm	前1h雨量值≥15mm,或前6h雨量值≥20mm,或前24h雨量值≥40mm	前1h雨量值≥20mm,或前6h雨量值≥30mm,或前24h雨量值≥60mm	前1h雨量值≥25mm,或前6h雨量值≥40mm,或前24h雨量值≥80mm
地表位移	满足其一:①水平位移变形速率≥5mm/h;②垂直位移变形速率≥5mm/h。或前1h满足其一:①水平位移变形量≥5mm;②垂直位移变形量≥5mm	满足其一:①水平位移变形速率≥20mm/h;②垂直位移变形速率≥20mm/h。或前1h满足其一:①水平位移变形量≥10mm;②垂直位移变形量≥10mm	满足其一:①水平位移变形速率≥30mm/h;②垂直位移变形速率≥30mm/h。或前1h满足其一:①水平位移变形量≥20mm;②垂直位移变形量≥20mm	满足其一:①水平位移变形速率≥60mm/h;②垂直位移变形速率≥60mm/h。或前1h满足其一:①水平位移变形量≥40mm;②垂直位移变形量≥40mm
裂缝	前1d裂缝变形速率≥5mm/d,或前1h裂缝变形速率≥5mm/h,或切线角≈45°	前1d裂缝变形速率≥15mm/d,或前1h裂缝变形速率≥10mm/h,或切线角45°<α<80°	前1d裂缝变形速率≥25mm/d,或前1h裂缝变形速率≥20mm/h,或切线角80°≤α<85°	前1d裂缝变形速率≥50mm/d,或前1h裂缝变形速率≥40mm/h,或切线角α≥85°
倾角	倾角X≥2°,或倾角Y≥2°,或倾角Z≥2°	倾角X≥5°,或倾角Y≥5°,或倾角Z≥5°	倾角X≥10°,或倾角Y≥10°,或倾角Z≥10°	倾角X≥15°,或倾角Y≥15°,或倾角Z≥15°
加速度	加速度X≥100mg,或加速度Y≥100mg,或加速度Z≥100mg	加速度X≥250mg,或加速度Y≥250mg,或加速度Z≥250mg	加速度X≥500mg,或加速度Y≥500mg,或加速度Z≥500mg	加速度X≥800mg,或加速度Y≥800mg,或加速度Z≥800mg
泥水位	最新数据泥水位值≥5.0m	最新数据泥水位值≥6.2m	最新数据泥水位值≥6.5m	最新数据泥水位值≥7.0m

预警模型配置说明如下。

(1)滑坡和崩塌模型,雨量+裂缝+倾角+加速度+地表位移+声光报警;泥石流模型,雨量+泥水位+声光报警。

(2)预警条件：单参数预警模型触发。

(3)预警频率：24h/次(24h之内如果无更高等级的预警则不发送预警消息)。

2. 预警信息发布

按照《地质灾害防治条例》和《国家突发地质灾害应急预案》，结合西宁市地质灾害防灾预案，遵循"政府主导，统一发布；属地管理，分级负责；纵向到底，全部覆盖"的原则。地质灾害风险预警信息由青海省地质环境监测总站发布，发布渠道主要包括短信和本地喇叭预警两种方式，具体发布渠道及预警信息接收人设定见表5-12。

表 5-12   预警发布渠道及预警信息接收人

预警等级及发布渠道	短信预警						
	短信预警						
	短信预警						
	本地喇叭预警＋短信预警						
预警信息接收人	群测群防员	设备供货商	技术支撑单位监测预警组汛期排查组	乡(镇)人民政府	县(区)自然资源局	西宁市自然资源和规划局	青海省自然资源厅

3. 预警响应措施

按照《国家突发地质灾害应急预案》，结合青海省地质灾害防治管理体系，对不同等级预警信息制定如下应对措施(表5-13)。

表 5-13   西宁市地质灾害预警响应措施

预警等级	预警响应措施
蓝色预警	技术支撑单位、设备厂商持续关注系统监测数据。现场无须采取响应措施。
黄色预警	监测责任人、群测群防员去现场对宏观迹象进行巡查；技术支撑单位、设备厂商加强监测数据分析，开展中期预警，预测发展趋势，并到现场进一步核查，将有关情况反馈至县(区)自然资源局
橙色预警	监测责任人、群测群防员去现场对宏观迹象进行巡查，加强对宏观变形迹象监测；技术支撑单位、设备厂商加强监测数据分析，开展短期预警，预测发展趋势；乡(镇、街道办事处)防灾责任人会同技术支撑单位前往现场进一步核查，将有关情况反馈至县(区)自然资源局
红色预警	监测责任人、群测群防员去现场对宏观迹象进行巡排查，加强宏观变形监测及短临前兆监测，开展短临预警，由其根据现场宏观变形等实际情况判定是否提前组织地质灾害危险区群众进行转移。 县(区)自然资源局会同乡(镇、街道办事处)防灾责任人和技术支撑单位前往现场进一步调查处置，若确属灾险情，则立即按照应急预案和灾害险情速报机制采取相应行动。 确实灾害险情并上报后，青海省自然资源厅会同西宁市自然资源和规划局立即前往现场指导应急避险和抢险救灾工作

4. 预警技术培训

自 2021 年项目实施至今,先后在西宁市城中区、湟中区、城西区共组织和参与完成防灾减灾 3 次技术培训,主要培训对象为县(区)自然资源局、应急管理局、乡(镇)地质灾害主管领导和业务骨干、主要村(社)负责人及群测群防员等,主要培训内容有地质灾害防治政策法规解读、地质灾害防治基本知识宣讲、地质灾害隐患调排查工作方法与要求、地质灾害专群结合监测预警等。累计培训达 600 余人次,发放宣传资料 200 余份,有效指导了西宁市综合防灾减灾救灾体系的健康运行(图 5-16)。

(a)湟中区地质灾害监测预警技术培训　　(b)城中区监测预警仪器功能现场讲解

图 5-16　地质灾害监测预警技术培训

(四)普适型仪器设备运行测试

本项目安装完成 862 套仪器设备,目前 862 套仪器设备平均在线率能够长期保持在 95% 以上(图 5-17),可满足地质灾害监测预警实验工作需要。

图 5-17　仪器设备在线状态展示图

1. 雨量计监测效果测试

2021 年 5 月 14 日,西宁市气象台发布雨情公告:"13 日 08 时至 14 日 08 时,共计 82 个监测站出现降水,其中大雨 8 个、中雨 54 个、小雨 20 个,降水中心为湟中上五庄镇水峡,降水量 32.8mm。各城镇降水量及降水中心:西宁市降水量 9.4mm,最大降水出现在城西区火西村,降水量 14.8mm;大通县降水量 16.6mm,最大降水出现在逊让乡,降水量 29.9mm;湟源县降水量 22.7mm,最大降水出现在申中乡韭菜沟村,降水量 31.0mm;湟中区降水量 14.7mm,最大降水出现在上五庄镇水峡,降水量 32.8mm。"

本次主要选取与西宁市气象台发布的各区(县)最大降水出现地区内安装的降雨量监测数据比对的方式测试雨量计监测效果。

1)城西区降雨量比对测试

选择与火西村邻近的张家湾安装的雨量计(深圳北斗云)监测数据比对测试(图5-18)。

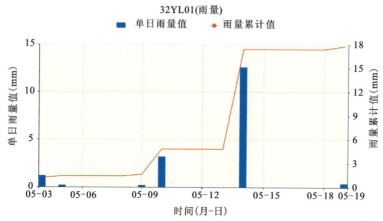

图5-18　城西区张家湾村2021年日降雨量柱状图

西宁市城西区火西村和张家湾村均地处西宁市西山地区,其中火西村位于火烧沟上游地带、张家湾村位于火烧沟沟口附近地带,张家湾村降水量12.6mm相比火西山村降水量14.8mm,少了2.2mm,符合山区降雨特点,说明本次采用的北斗云雨量计监测数据基本符合实际。

2)湟中区上五庄镇降雨量比对测试

选择与上五庄镇大寺沟村安装的雨量计(北京华力创通)监测数据比对测试(图5-19)。

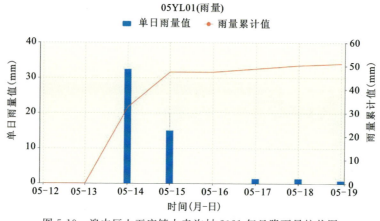

图5-19　湟中区上五庄镇大寺沟村2021年日降雨量柱状图

西宁市湟中区上五庄镇地处中高山地带(俗称脑山),大寺沟村和水峡均属西纳川河水系,且大寺沟村位于水峡下游,两地相距约5km,大寺沟村降水量32.4mm相比水峡降水量32.8mm,少了0.4mm,符合山区降雨特点,说明本次采用的北京华力创通雨量计监测数据基本符合实际。

通过上述2处降雨量监测数据比对,本次采用的翻斗式雨量计监测数据基本符合实际,满足本次监测预警工作需要。

2. 裂缝计监测效果测试

2021年5月6日,青海省自然资源厅地质勘查管理处领导对西宁市湟中区田家寨镇上柴村3社斜坡进行了现场检查指导,并通过现场拉拔试验(12时15分至12时17分),测试了仪器设备的可靠性(图5-20)。

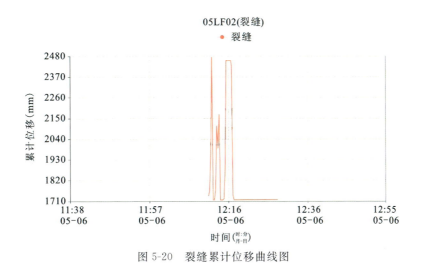

图 5-20　裂缝累计位移曲线图

通过现场拉拔测试，裂缝监测数据可同步传输至省级平台，可及时查看实时监测数据变形及变形位移曲线，增量位移约0.8m符合实际拉拔长度，说明了本次采用的裂缝计运行效果较好，满足监测预警工作需要。

3. 声光报警器预警效果测试

项目实施期间，自然资源部、青海省自然资源厅、青海省地质环境监测总站高度重视，多次组织专家进行项目进度及质量检查指导，并通过手机短信下发指令和裂缝计拉拔试验的方式现场测试了声光报警器预警效果，报警器可及时播报预警信息，预警效果良好，可满足地质灾害风险预警需要。

（五）风险预警与信息处置

自2021年6月1日00:00:00至9月30日23:59:59，本项目145处监测预警点862套仪器设备通过青海省地质灾害监测预警平台共发布113处监测预警点风险预警信息599起。按照监测项目类型，雨量预警274起、地表位移预警222起、地表裂缝预警55起、倾角预警48起、加速度和泥水位无预警信息；按照险情预警等级，蓝色预警416起、黄色预警127起、橙色预警20起、红色预警36起（表5-14）。

表 5-14　预警信息统计表　　　　　　　　　　　　　　　　　　　　单位：起

项目	雨量预警	地表位移预警	地表裂缝预警	倾角预警	加速度预警	泥水位预警	小计
蓝色预警	202	152	35	27	0	0	416
黄色预警	62	55	6	4	0	0	127
橙色预警	7	12	1	0	0	0	20
红色预警	3	3	13	17	0	0	36
总计	274	222	55	48	0	0	599

项目组严格按照制定的西宁市地质灾害预警响应措施，收到预警信息后及时进行了后台数据分析与现场复核。经预警信息核查，灾害体无明显变形迹象，无人员伤亡，不同等级正常预警共555起（其中雨量正常预警264起、地表位移正常预警220起、地表裂缝正常预警41起、倾角正常预警30起），正常预警率约93%，因设备维护及数据异常造成的预警误报共44余起，误报率约7%。

（六）预警模型优化

地质灾害监测预警试运行过程中，通过对红色预警、橙色预警、黄色预警预警信息和预警数据统计分析，结合西宁市本年度突发地质灾害情况，对西宁市地质灾害预警阈值初步优化说明如下。

1. 雨量预警阈值优化

雨量预警阈值是在分析西宁市以往降雨量与突发地质灾害的基础上提出的，根据试运行期264起降雨正常预警信息统计分析，雨量预警判据及预警阈值设置较合理，险情预警与2021年7月25日至26日、8月18日至19日、8月28日至31日、9月13日至18日西宁市大面积连续降雨情况相符，本次不做修正。

2. 地表位移预警阈值优化

试运行期，因地表位移触发正常报警220起，其中水平变形速率触发报警63起、垂直变形速率触发报警157起。综合判断垂直位移是因为仪器设备（含混凝土底座）重力作用造成地基沉降而产生的非灾害体正常破坏变形预警。通过对正常预警数据的统计分析，结合实地核查，发现本次设定的预警阈值过于保守。因此对地表位移以"前1h水平或垂直位移变形量"为判据，预警阈值初步修正如下：

（1）前1h水平位移变形量蓝色预警值5mm修正为10mm，黄色预警值10mm修正为20mm，橙色预警值20mm修正为30mm，红色预警值40mm修正为50mm。

（2）前1h垂直位移变形量蓝色预警值5mm修正为15mm，黄色预警值10mm修正为25mm，橙色预警值20mm修正为40mm，红色预警值40mm修正为60mm。

3. 裂缝预警阈值优化

试运行期，因裂缝变化触发正常报警41起，其中日变形速率触发报警23起、1h变形速率触发报警18起。通过对正常预警数据的统计分析，结合实地核查，发现本次设定的预警阈值过于保守。因此，对裂缝以"前1d或前1h变形速率"为判据，预警阈值初步修正如下：

（1）日变形速率蓝色预警值5mm/d修正为25mm/d，黄色预警值15mm/d修正为50mm/d，橙色预警值25mm/d修正为100mm/d，红色预警值50mm/d修正为150mm/d。

（2）时变形速率蓝色预警值5mm/h修正为10mm/h，黄色预警值10mm/h修正为20mm/h，橙色预警值20mm/h修正为40mm/h，红色预警值40mm/h修正为60mm/h。

4. 倾角预警阈值优化

倾角为X、Y、Z轴分别与水平面的夹角，上传绝对角度值，范围为$-90°\sim90°$。

试运行期，因倾角变化触发报警47起，其中蓝色预警27起、黄色预警3起、橙色预警0起、红色预警17起。通过实地核查，结合对倾角预警理论和预警数据统计分析，本次对倾角传感器初始值90°修正为0°。

5. 加速度预警阈值优化

加速度是一个采样周期内在X、Y、Z轴方向加速度的最大变化量。

试运行期，因加速度变化触发报警0起。根据GNSS（位移、倾角、加速度三参数）和裂缝（裂缝、倾角、加速度）预警实地核查情况，加速度预警判据及预警阈值设置较合理，本次不做修正。

6. 泥位预警判据及预警阈值

泥石流监测预警试验点为湟源县城关镇鹿石干沟泥石流,泥水位预警模型采用了青海省泥水位预警阈值。试运行期,因泥水位变化触发报警0起,与该泥石流流域内降雨量相符合,根据该泥石流基本特征及区内降雨特点,认为泥位预警阈值偏大,对其初步修正如下:

最新数据泥水位蓝色预警值5m修正为0.4m,黄色预警值6.2m修正为0.6m,橙色预警值6.5m修正为1.0m,红色预警值7.0m修正为1.5m。

综上所述,通过对试运行期红色预警、橙色预警、黄色预警的预警信息和预警数据统计分析,结合西宁市2020—2021年突发地质灾害情况,对西宁地区地质灾害监测预警模型初步优化如下(表5-15)。

表 5-15　预警阈值优化一览表

监测类型	预警等级及判据			
	蓝色预警	黄色预警	橙色预警	红色预警
雨量	前1h雨量值≥10mm,或前6h雨量值≥15mm,或前24h雨量值≥25mm	前1h雨量值≥15mm,或前6h雨量值≥20mm,或前24h雨量值≥40mm	前1h雨量值≥20mm,或前6h雨量值≥30mm,或前24h雨量值≥60mm	前1h雨量值≥25mm,或前6h雨量值≥40mm,或前24h雨量值≥80mm
地表位移	前1h满足其一:①水平位移变形量≥10mm;②垂直位移变形量≥15mm	前1h满足其一:①水平位移变形量≥20mm;②垂直位移变形量≥25mm	前1h满足其一:①水平位移变形量≥30mm;②垂直位移变形量≥40mm	前1h满足其一:①水平位移变形量≥50mm;②垂直位移变形量≥60mm
裂缝	前1h裂缝变形速率≥10mm/h,或前1d裂缝变形速率≥25mm/d	前1h裂缝变形速率≥20mm/h,或前1d裂缝变形速率≥50mm/d	前1h裂缝变形速率≥40mm/h,或前1d裂缝变形速率≥100mm/d	前1h裂缝变形速率≥60mm/h,或前1d裂缝变形速率≥150mm/d
倾角	倾角X≥2°,或倾角Y≥2°,或倾角Z≥2°	倾角X≥5°,或倾角Y≥5°,或倾角Z≥5°	倾角X≥10°,或倾角Y≥10°,或倾角Z≥10°	倾角X≥15°,或倾角Y≥15°,或倾角Z≥15°
加速度	加速度X≥100mg,或加速度Y≥100mg,或加速度Z≥100mg	加速度X≥250mg,或加速度Y≥250mg,或加速度Z≥250mg	加速度X≥500mg,或加速度Y≥500mg,或加速度Z≥500mg	加速度X≥800mg,或加速度Y≥800mg,或加速度Z≥800mg
泥水位	最新数据泥水位值≥0.4m	最新数据泥水位值≥0.6m	最新数据泥水位值≥1.0m	最新数据泥水位值≥1.5m

第五节　地质灾害监测预警工作成效

一、群测群防体系初步形成

地质灾害群测群防是具有中国特色的地质灾害防治体系的重要组成部分,为减轻地质灾害,避免人员伤亡和经济损失发挥了重要作用。自1998年开始,按国务院《地质灾害防治条例》相关要求和县以上人民政府事权、责权的划分要求,根据地质灾害危险性,将地质灾害危害性特大型的点纳入省级地质灾害预案和省级地质灾害监测网络;大型、中型地质灾害点纳入市级地质灾害监测网络;小型地质灾害点纳入县级地质灾害监测网络。

按照《青海省地质灾害防治"十三五"规划》进度与要求,建立了西宁市覆盖县(区)、乡(镇)、村三级地质灾害群测群防网络,将已查明的地质灾害隐患点纳入了群测群防体系,组织管理和业务流程不断完善,全面完成了地质灾害易发区群测群防"十有县"(即有组织、有经费、有规划、有预案、有制度、有宣传、有预报、有监测、有手段、有警示)的初级建设任务。

各县(区)每年编制并发布本年度地质灾害防治预案,向受地质灾害威胁的单位、群众发放了防灾避险明白卡,在重点地质灾害隐患处设立了警示牌。省级地质灾害气象风险预警水平不断提高,县(区)气象风险预警工作全面展开。

群测群防监测内容及方法如下:

(1)以定期巡测和汛期加密监测相结合的方式进行。定期巡测一般每月进行一次,汛期加密监测,可根据降雨强度,每1d或每5d监测,必要时采取24h值班监测。

(2)以钢卷尺、皮尺为主要工具,重点监测地面裂缝和地表排水等。

(3)当滑坡出现险情,在预警的同时,采取迅速有效的措施减缓破裂变形过程,如采取回填地面裂缝、修建临时排水沟、组织人员撤离等措施。

(4)防治对象以农村和城镇居民点为主体。

(5)进行群测群防体系科普宣传和教育,编制科普教材、挂图和音像制品。

(6)编制地质灾害防灾预案并组织实施。根据调查和监测结果,由县自然资源局组织专业技术人员编制地质灾害预警和防灾预案,并由乡(镇)、村负责组织以填写"防灾避险明白卡和防灾工作明白卡"的形式告知辖区内民众。

群测群防工作取得的工作成效如下:

(1)开展了以县为单位的地质灾害专项调查,基本查清了地质灾害隐患点、危险点分布,划定地质灾害易发区,确定群测群防点,落实监测责任制,建立了地质灾害群测群防体系。

(2)落实了群测群防的各项防灾制度和措施。各地建立了地质灾害监测员队伍,在汛期期间,有效预防了地质灾害的发生。

(3)同建设、水利、交通、铁道、旅游、教育等相关部门密切配合,促进了重大建设工程区、公路铁路沿线、旅游区、中小学校舍的地质灾害群测群防工作的有效开展。

(4)与气象部门联合开展地质灾害气象预报预警工作,在时间上将地质灾害群测群防的防线提前,为防灾赢得了宝贵时间。

(5)普及地质灾害防治基本知识的宣传,提高了地质灾害易发区、多发区干部群众的防灾意识和自救、互救能力。

(6)逐步建立完善了防治预案、防灾明白卡、隐患巡查、汛期值班、监测预报、灾情速报、应急处置等地质灾害群测群防制度,使群测群防工作有章可循。

二、监测预警示范初见成效

根据《青海省地质灾害避险搬迁和防治专项规划(2020—2024年)》和《青海省地质灾害防治体系建设实施方案(2020—2021年)》监测预警项目统计,西宁市地质灾害专业监测预警项目自2020年实施起,至2021年,共投入456.60万元,建成重大地质灾害隐患专业监测预警示范工程共5项,安装各类监测预警仪器设备146套(表5-16),有效保护了危险区内6万余人生命安全。

表 5-16　西宁市地质灾害专业监测预警点一览表

实施年度	地质灾害隐患名称	仪器设备布设（套）								
		雨量计	GNSS基准站	GNSS监测仪	深部测斜仪	裂缝监测仪	含水率仪	视频监控仪	声光报警器	小计
2020年	城西区张家湾—杨家湾滑坡	1	1	25	6	5		3		41
	城东区王家庄—褚家营滑坡	1		16		9	2	1		29
	城中区南川东路滑坡	1	1	20		1		1		24
2021年	城北区马坊—西杏园斜坡	1	1	19		3		6		30
	大通县桥头镇大庄滑坡	1	1	10		6		3	1	22
总计		5	4	90	6	24	2	14	1	146

监测预警示范项目采用的监测预警技术已成功推广应用至多处省级重大地质灾害隐患应急监测；依托本项目研究成果，2020年新增地质灾害监测预警项目12项共1400万元，2021年新增专业监测5项共500万元，普适型监测预警项目6项共4 446.74万元，其中青海省水文地质工程地质环境地质调查院已承担了约2000万元的青海省地质灾害监测预警项目。随着项目的不断推进实施，持续每年可以节省因基层人工巡查费用及时间成本。

监测预警示范项目在全省首次开展了特大型滑坡地质灾害监测预警，通过研究张家湾滑坡监测预警新方法，成果转化有力，形成了一套适用于高寒高海拔地区地质灾害自动化专业监测的技术路线和技术方法。项目的实施推动了青海省地质灾害监测预警由传统方式向自动化、数字化、网络化和智能化转变，健全了基层临灾预报和快速处置体系，最大限度保护了区内人民群众生命财产安全，全面提升了地质灾害监测预警管理和风险防控能力。

三、普适型仪器设备得到推广

为贯彻落实中央财经委员会第三次会议精神和陆昊部长关于地质灾害监测预警仪器设备研发试用工作的指示批示，加快推进"人防和技防并重"的专群结合工作模式，切实提高我国地质灾害监测预警水平和防灾减灾成效，2019年后，自然资源部启动了地质灾害专业监测预警示范项目，自然资源部在全国17个省（自治区、直辖市）组织实施2021年地质灾害监测预警实验工作。其中在青海省西宁市城中区、城西区、湟中区、大通县、湟源县共设145处实验点，投入项目经费1570万元，安装各类普适型仪器设备862套，其中雨量监测站103处、GNSS基准站62处、GNSS（位移/倾角/加速度三参数）监测站239处、裂缝（裂缝/倾角/加速度三参数）监测站313处、泥水位监测站1处、视频监控站3处、声光预警站141处，地质灾害监测进入全时段自动化新时期。2021年，西宁市自然资源和规划局组织实施西宁市地质灾害普适型仪器设备监测预警工作，在西宁市城东区、城北区、城中区、湟中区、大通县、湟源县共40处重点地质灾害隐患点安装各类普适型仪器设备92套，投入项目经费192万元（表5-17）。

表 5-17 2021—2022 年西宁市普适型仪器设备安装统计表

区（县）	监测预警点数（处）	仪器设备布设（套）							
		雨量计	GNSS基准站	GNSS监测仪	裂缝监测仪	泥位计	视频监控仪	声光报警器	小计
城东区	2	2					2	2	6
城西区	1	1	1	2				1	5
城北区	3	3	1	2		2	3		11
城中区	5	3	3	8	3			4	21
湟中区	96	58	48	192	117		2	82	499
大通县	67	40	10	38	220	4	5	48	365
湟源县	11	6	5	22	3	2	1	8	47
总计	185	113	68	264	343	10	13	143	954

仪器设备安装完成后，对可操作的雨量计、裂缝计和声光报警器进行了现场运行测试，检验了仪器设备监测数据质量和现场声光预警效果。并在试运行期完成仪器设备运行维护，设备在线率能够长期保持在95%以上，2021年6月1日至9月30日汛期试运期，145处监测预警点862套仪器设备通过青海省地质灾害监测预警平台共发布113处监测预警点风险预警信息599起。经现场核查，不同等级正常预警共555起，正常预警率约93%，因设备维护及数据异常造成的预警误报共44余起，误报率约7%，基本满足监测预警工作需要。

通过对试运行期预警信息和预警数据统计分析，结合西宁市本年度突发地质灾害情况，对西宁地区地质灾害监测预警模型进行了初步优化，进一步提升了地质灾害风险预警准确度，全面推动了西宁市地质灾害监测预警由传统的群测群防向"人机结合、科技防灾"方向的转变，为人民群众生活、生产提供了安全保障。

四、监测预警平台初步建成

2021年，青海省建立了地质灾害监测预警管理系统平台，实现了从数据汇聚、数据管理、动态监测、预警预报、指挥调度、综合防治等全过程信息化、智能化和标准化管理，基本满足了地质灾害监测预警的自动化、智能化管理，实现了地质灾害监测的基础资料查询、监测数据实时查看、预警模型判据设定以及监测预警信息自动发布（图5-21）。

监测预警平台应用在电脑网页端和手机App端均可实时获取监测数据，可随时查看降雨量及滑坡体地表及深部变形情况，并可远程控制视频监测系统实时查看现场情况，提升了地质灾害监测预警和处置的可视化、自动化水平，为实时掌握地质灾害变形规律、险情预报、灾害防治及政府防灾减灾决策提供了平台支撑。项目的实施加快了青海省构建新形势下地质灾害"人机结合"监测预警步伐，健全了基层地质灾害临灾预报和快速处置体系，持续优化了专群结合监测预警体系管理模式，特别是预警响应闭环运行机制，切实提高了地质灾害群测群防专业化水平，降低了群测群防员监测预警工作强度和压力，全面提升了地质灾害监测预警管理和风险防控能力，可最大限度地保护人民群众的生命财产安全。

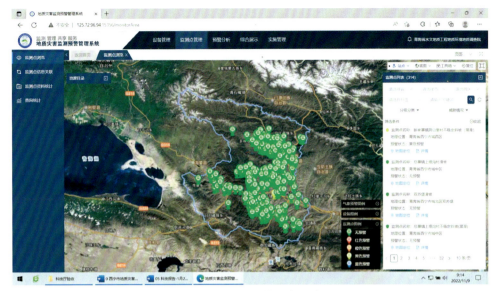

图 5-21 监测预警平台系统

第六节 地质灾害监测预警工作经验

一、监测预警存在的问题

(1) 目前监测系统已经获取大量的监测数据,但是相当数量的监测数据并没有真正的被充分利用,主要原因是数据的可用性不足。主要体现在:一是雨量监测数据的真实性得不到保障。采用新型红外和压电雨量传感器后,雨量传感器的有效性需要进一步检验才能保证数据有效。二是裂缝位移传感器在安装好位置以后没有及时对位移传感器数值进行归零处理,导致在计算位移变化情况时出错,以后要在安装后的第一时间对位移传感器归零。三是倾角/加速度传感器同样存在没有归零问题,需要在第一时间内对三轴各个角度进行归零。四是 GNSS 地表位移监测站的监测数据存在波动现象。受到野外环境和监测设备所处环境影响,部分 GNSS 设备的监测数据存在有数据跳变或数据波动,要及时分析是设备本身问题还是所处野外环境问题,要减少硬件和软件干扰,提高监测数据的稳定性。

(2) 地质灾害监测预警信息管理系统运行以来,系统功能不断优化升级,基本满足对滑坡灾害点所属监测设备的管理控制功能。自 2022 年 1 月 1 日 00:00:00 至 10 月 31 日 23:59:59,重点选取 20 处黄土滑坡监测设备通过青海省地质灾害监测预警平台共发布风险预警 280 起。经调查核实,有效预警共 175 起,按照预警类别,雨量预警 116 起、地表位移预警 11 起、裂缝预警 28 起、倾角预警 19 起、加速度预警 1 起;按照预警等级,蓝色预警 91 起、黄色预警 43 起、橙色预警 20 起、红色预警 21 起。预警误报共 105 起,按照预警类别,地表位移误报 26 起、裂缝误报 28 起、倾角误报 46 起、加速度误报 5 起;按照预警等级,蓝色预警误报 40 起、黄色预警误报 17 起、橙色预警误报 10 起、红色预警误报 38 起。通过预警信息核查,2022 年度 280 起地质灾害风险预警中有效预警 175 起,有效预警率 62.50%,其中雨量有效预警率 100%、地表位移有效预警率 29.73%、裂缝有效预警率 50.00%、倾角有效预警率 29.23%、加速度有效预警率 16.67%;预警误报 105 起,误报率 37.50%,其中地表位移误报率 70.27%、裂缝误报率 50.00%、倾角误报率 70.77%、加速度误报率 83.33%。

(3)亟须加大适应于黄土地质灾害监测仪器研发力度。针对西宁地区典型的黄土类地质灾害,多为切坡建房形成的高陡边坡,也是对人民群众正常生产生活最具威胁性的地质灾害;坡面裸露,裂隙发育,受雨水冲刷及风化作用影响强烈,边坡的破坏往往存在不确定性,且多为小规模、突发性、坐落式滑塌,为近年来造成人员伤亡最主要的地质灾害。目前,国内主要研发的GNSS和多参数裂缝计主要应用于大规模滑坡类地质灾害,对黄土边坡监测效果一般,亟须研发出适应于黄土边坡监测预警的仪器设备,为黄土地区人民群众生命财产安全提供有力保障。

(4)预警模型需持续优化设计。预警模型作为地质灾害风险预警关键技术难题,需在长期的实验过程中不断优化预警判据及预警阈值。不同类型地质灾害体、同类型地质灾害不同地质结构,其成因机制及影响因素,以及变形破坏模式不尽相同。目前,应用的区域性预警模型难以适应地质灾害风险需要,应通过监测数据分析及预警信息核查,建立不同类型地质灾害、同一类型不同地质结构及变形破坏的地质灾害的预警模型,并分类保存,随时调用。

(5)预警响应方面。①预警阈值设置方面。普适型地质灾害监测预警设备运行以来,对各个监测设备的预警阈值设置一直是难点问题,因此在设备运行过程中,要及时根据灾害体的实际情况更改相应的设备阈值,尽可能避免阈值设置不合理导致的预警问题。②预警响应机制方面。目前,地质灾害监测预警设备在运行过程中仍存在问题和不足,导致出现报警现象较多,基层地质灾害监测技术人员对出现报警情况都比较谨慎,因此要加强设备运行方、各市(州)政府管理人员与地质灾害专业技术人员、地质灾害监测预警支撑单位之间的沟通协调力度,进一步加强对预警消息的管控与分级管理,有效发送报警消息。

二、监测预警阈值优化

(一)雨量判据优化

目前雨量判据仅设定了前1h、前6h、前24h预警阈值,且预警效果较好。根据西宁地区突发地质灾害调、排查情况,黄土滑坡主要受区域持续叠加降雨过程影响强烈,但在时间上具有一定滞后性,为此,在保持原有预警判据的基础上,根据西宁地区降雨特点,结合青海省地质灾害监测预警系统平台预警判据内容,新增连续N日降雨量预警判据见表5-18。

表5-18 雨量预警等级及预警阈值优化一览表

判据类型	预警等级及预警阈值			
	蓝色预警	黄色预警	橙色预警	红色预警
降雨量	前1h雨量值≥10mm,或前6h雨量值≥15mm,或前24h雨量值≥25mm	前1h雨量值≥15mm,或前6h雨量值≥20mm,或前24h雨量值≥40mm	前1h雨量值≥20mm,或前6h雨量值≥30mm,或前24h雨量值≥60mm	前1h雨量值≥25mm,或前6h雨量值≥40mm,或前24h雨量值≥80mm
连续降雨量	前3d,第1日降雨量×0.6+第2日降雨量×0.3+第3日降雨量×0.1≥20mm	前3d,第1日降雨量×0.6+第2日降雨量×0.3+第3日降雨量×0.1≥30mm	前3d,第1日降雨量×0.6+第2日降雨量×0.3+第3日降雨量×0.1≥50mm	前3d,第1日降雨量×0.6+第2日降雨量×0.3+第3日降雨量×0.1≥70mm

注:①0.6、0.3、0.1均为系数,系数之和必须为1;②第1日指当前时刻向历史回溯0~24h时段,第2日指当前时刻向历史回溯24~48h时段,以此类推。

(二)地表位移判据优化

鉴于GNSS地表位移数据解算特点,一方面需要采集足够数量的原始数据,并对一定时间段内的原始监测数据进行算法解算,才能实现高精度数据,且数据精度与解算时间呈反比关系,即解算时间越长数据精度越高,根据预警工作需要,目前解算时间间隔为30min,即每30min产生一条监测数据。另一方面,目前青海省无大数据解算平台,需要利用厂家平台解算后回传青海省地质灾害监测预警平台,因此,建立青海省大数据解算平台,减少厂家平台或其他第三方平台的数据中转环节,保证数据时效性、完整性和真实性显得尤为重要。

目前地表位移判据仅设定了前1h变形量预警阈值,预警效果较好,为了进一步提升预警准确性,根据黄土滑坡变形特点,结合青海省地质灾害监测预警系统平台预警判据内容,优化变形速率,并新增一定时长内变形量、连续变形、切线角预警判据见表5-19。

表 5-19 地表位移预警等级及预警阈值优化一览表

判据类型	预警等级及预警阈值			
	蓝色预警	黄色预警	橙色预警	红色预警
变形速率	每小时变形速率满足以下条件之一:①水平位移变形速率≥10mm/h;②垂直位移变形速率≥15mm/h;③综合位移变形速率≥15mm/h	每小时变形速率满足以下条件之一:①水平位移变形速率≥20mm/h;②垂直位移变形速率≥30mm/h;③综合位移变形速率≥30mm/h	每小时变形速率满足以下条件之一:①水平位移变形速率≥30mm/h;②垂直位移变形速率≥40mm/h;③综合位移变形速率≥40mm/h	每小时变形速率满足以下条件之一:①水平位移变形速率≥50mm/h;②垂直位移变形速率≥60mm/h;③综合位移变形速率≥60mm/h
变形量	前3d,满足其一:①水平位移变形量≥30mm;②垂直位移变形量≥30mm;③综合位移变形量≥30mm	前3d,满足其一:①水平位移变形量≥50mm;②垂直位移变形量≥50mm;③综合位移变形量≥50mm	前3d,满足其一:①水平位移变形量≥60mm;②垂直位移变形量≥60mm;③综合位移变形量≥60mm	前3d,满足其一:①水平位移变形量≥80mm;②垂直位移变形量≥80mm;③综合位移变形量≥80mm
连续变形	前3d,每日变形速率满足其一:①水平位移变形速率≥15mm/d;②垂直位移变形速率≥15mm/d;③综合位移变形速率≥15mm/d	前3d,每日变形速率满足其一:①水平位移变形速率≥30mm/d;②垂直位移变形速率≥30mm/d;③综合位移变形速率≥30mm/d	前3d,每日变形速率满足其一:①水平位移变形速率≥40mm/d;②垂直位移变形速率≥40mm/d;③综合位移变形速率≥40mm/d	前3d,每日变形速率满足其一:①水平位移变形速率≥60mm/d;②垂直位移变形速率≥60mm/d;③综合位移变形速率≥60mm/d
切线角	前1d,综合切线角≥45°	前1d,综合切线角≥80°	前1d,综合切线角≥85°	前1d,综合切线角≥88°

(三)裂缝判据优化

目前裂缝判据仅设定了前1h、前1d变形速率预警阈值,裂缝监测数据可直连省监测预警平台,及时查看实时数据,做到及时预警,预警效果最为理想。为了进一步提升预警准确性,根据黄土滑坡变形特点,结合青海省地质灾害监测预警系统平台预警判据内容,优化变形速率,并新增变形量、连续变形、切线角预警判据见表5-20。

表5-20 裂缝预警等级及预警阈值优化一览表

判据类型	预警等级及预警阈值			
	蓝色预警	黄色预警	橙色预警	红色预警
变形速率	裂缝变形速率≥10mm/h,或裂缝变形速率≥25mm/d	裂缝变形速率≥20mm/h,或裂缝变形速率≥50mm/d	裂缝变形速率≥40mm/h,或裂缝变形速率≥100mm/d	裂缝变形速率≥60mm/h,或裂缝变形速率≥150mm/d
变形量	前3d变形量≥50mm	前3d变形量≥100mm	前3d变形量≥250mm	前3d变形量≥300mm
连续变形	前3d,每日变形速率≥20mm/d	前3d,每日变形速率≥40mm/d	前3d,每日变形速率≥60mm/d	前3d,每日变形速率≥80mm/d
切线角	前1d,综合切线角≥45°	前1d,综合切线角≥80°	前1d,综合切线角≥85°	前1d,综合切线角≥88°

(四)倾角、加速度判据优化

倾角和加速度作为地质灾害风险预警辅助判据,单参数预警效果不太理想,尤其倾角传感器主要受数据波动影响,导致无效预警信息过多。根据西宁地区黄土滑坡突发性特点,为减少过多"波动数据",对倾角变化量和瞬时加速度预警判据优化如下(表5-21)。

表5-21 倾角和加速度预警等级及预警阈值优化一览表

判据类型		预警等级及预警阈值			
		蓝色预警	黄色预警	橙色预警	红色预警
倾角	已有判据	倾角$X\geq2°$,或倾角$Y\geq2°$,或倾角$Z\geq2°$	倾角$X\geq5°$,或倾角$Y\geq5°$,或倾角$Z\geq5°$	倾角$X\geq10°$,或倾角$Y\geq10°$,或倾角$Z\geq10°$	倾角$X\geq15°$,或倾角$Y\geq15°$,或倾角$Z\geq15°$
	优化判据	前1h三轴倾角变化最大值≥5°	前1h三轴倾角变化最大值≥10°	前1h三轴倾角变化最大值≥15°	前1h三轴倾角变化最大值≥20°
加速度	已有判据	加速度$X\geq100$mg,或加速度$Y\geq100$mg,或加速度$Z\geq100$mg	加速度$X\geq250$mg,或加速度$Y\geq250$mg,或加速度$Z\geq250$mg	加速度$X\geq500$mg,或加速度$Y\geq500$mg,或加速度$Z\geq500$mg	加速度$X\geq800$mg,或加速度$Y\geq800$mg,或加速度$Z\geq800$mg
	优化判据	瞬时加速度三轴最大值≥200mg	瞬时加速度三轴最大值≥300mg	瞬时加速度三轴最大值≥500mg	瞬时加速度三轴最大值≥800mg

三、监测预警工作经验

(1) 滑坡监测预警方案设计的重要性。监测预警方案设计需要综合考虑滑坡灾害类型、形成机理、稳定状态和发展趋势等,并且要结合现场条件进行监测方案设计,确保设备安装位置的准确性和监测数据的可靠性。加强地质灾害普适型监测预警实验选点设计、设备部署、设备选型、安装施工、系统对接等方面的实验技术指导、培训,有效保障监测预警设备在野外恶劣环境下正常运行,按时开展预警设备维护,有效保证数据的准确率和时效性。

(2) 滑坡监测预警设备选型的重要性。滑坡监测预警设备的选型要根据滑坡灾害类型进行针对性选择,设备选型要分清主要监测设备、次要监测设备及辅助监测设备,要根据滑坡实际情况及工作经费设计符合监测需求的普适型监测预警设备。另外,监测预警设备在选型上要注意精度、量程、可靠性等条件,保证滑坡监测预警的有效性。

(3) 滑坡监测预警判据和预警模型的重要性。合理的监测预警判据和预警模型对分析、研判滑坡发展趋势非常重要,因此,在设置滑坡预警判据和模型时,前期可以设置相对保守的预警判据和模型,随着监测工作的不断深入,要结合滑坡灾害的形成机理、具体监测数据不断更新预警判据、阈值。

(4) 普适型监测预警设备运行维护的重要性。要及时开展监测预警设备的运行维护,保证监测设备传感、传输、报警正常工作。主要有以下改进建议:①加强地质灾害普适型监测预警实验选点设计、设备部署、设备选型、安装施工、系统对接等方面的实验技术指导、培训;②提高市、县级对地质灾害监测预警管理平台的应用与熟练操作水平,及时对监测数据开展分析处理;③及时通过平台,定期提醒地质灾害监测预警系统管理人员设备在线率情况,有效保障监测预警设备在野外恶劣环境下正常运行,按时开展预警设备维护,有效保证数据的准确率和时效性;④优化预警模型管理,针对不同地区不同灾害类型提供相对准确的参考预警模型,重点考虑从不同设备类型角度出发,提供可供参考的监测预警阈值、判据、模型(单参数、多参数),尽最大可能避免漏报、减少误报。

(5) 预警叫应的重要性。滑坡具有一定的隐蔽性、突发性,尤其是进入汛期以后,降雨过程的相对频繁,会对滑坡不稳定区域造成一定的影响。进入汛期雨季以后,自然资源主管部门应实时跟踪雨情动态,技术支撑队伍要针对重点滑坡隐患点开展巡查、排查,及时开展数据分析,有效判别滑坡变形趋势,打通群测群防、调查排查、观测预测、预警研判、避险响应等关键环节,有效保证滑坡灾害监测预警全链条管控。

(6) 加强基层监测预警能力提升。提高地方政府市、县级对地质灾害监测预警管理平台的应用与熟练操作水平,设计不同滑坡灾害点有效准确的预警模型,重点考虑监测预警阈值、判据、模型(单参数、多参数),避免漏报、减少误报。

(7) 加强地质灾害专群结合监测预警宣传力度。目前,地质灾害智能化监测预警在国内尚处于实验阶段,因系统不稳定或阈值不合理等原因造成的预警误报较多,尤其在西宁市尚无成功预警案例的情况下,"狼来了"为群测群防员带来了更大的工作压力。因此,在做好实验阶段完善管理机制、提升设备性能、优化预警模型等重点工作的同时,加强宣传力度,取得人民群众理解并配合做好实验工作,显得尤为重要。

(8) 异常数据清洗技术研究。监测数据的实时性、完整性、准确性是研判地质灾害形变的重要依据,目前青海省地质灾害监测系统无法对仪器设备运行测试等原因造成的"假数据"进行删除或标注,对数据分析带来了很大的困扰。因此,加大异常数据清洗技术研究,保证数据真实性,对研判地灾风险和阈值优化工作具有重要意义。

(9)加大项目经费投入,做好仪器设备运行维护。仪器设备的正常运行,是做好地质灾害风险智能化预警的关键。按照以往工作经验,后期年运行维护费不宜低于工程建设投资的 15%～20%,可根据灾害点数量、分布及维护难度等情况适当调整。建设期完成后,按此比例由省级财政每年列支运行维护专项经费,全力保障地质灾害智能化监测预警有效运转和可持续发展。

第六章 地质灾害综合治理

地质灾害综合治理,是指对崩塌、滑坡、泥石流、地面塌陷、地裂缝等地质灾害或地质灾害隐患,通过地质灾害勘查和工程治理设计,采取专项地质工程措施,控制或者减轻地质灾害的活动。近年来,各级地方政府部门相对南川东路滑坡群、张家湾滑坡、一颗印滑坡、林家崖滑坡、苦水沟泥石流等地质灾害进行综合治理,消除了部分灾害隐患,取得了良好社会效益、经济效益和环境效益。对地质灾害治理工程后期跟踪调查、总结、研究,对后期地质灾害治理工程选择经济、可行、时效、最佳的治理方法都能起到良好的作用,将为今后地质灾害的防治奠定成熟可靠的防治方法基础。

第一节 地质灾害勘查技术

一、滑坡勘查主要的技术方法

(一)资料收集

(1)区域地质及气象、水文资料等,包括气象、水文、地形地貌、地层岩性、地质构造、地震及岩、土体工程地质和水文地质、环境地质、人类工程经济活动等。

(2)地质灾害灾情和防治现状,包括历史上所发生的各类地质灾害的时间、类型、规模、灾情和地质灾害调查、勘查、监测、治理及抢险、救灾等工作的资料。

(3)与地质灾害有关的社会、经济资料,包括人口与经济的现状、发展等基本数据,水利水电、交通、矿山等工农业建设工程分布状况和建设规划,各类自然、人文资源及其开发状况与规划等。

(4)地方政府有关部门对地质灾害防治的具体要求。

(二)工程测量

1. 作业技术依据

现在施行的有《工程测量规范》《1∶500地形图图式》《测绘技术总结编写规定》《测绘产品检查验收规定》《测绘产品质量评定标准》等。

2. 测区采用的坐标系统

(1)平面坐标:采用2000年国家大地坐标系,按统一的高斯正形投影3°分带。

(2)高程系统:采用1956年黄海高程系。

3. 平面和高程控制测量

(1)平面控制测量。四等全球定位系统测量最弱相邻点对点位中误差就不大于25cm。

(2)标石埋设要求。所有四等控制点要预制后运到现场埋设或现场浇筑,每个滑体邻近现场浇筑2个以上的控制点;对不宜埋设标石的建筑物采用在建筑物上刻十字的方法(刻画深度3mm,旁边写出点号,字头朝北),所有埋石点均应填绘点之记,要实地绘出点位略图,并作简要点位说明。

(3)高程控制测量。采用四等水准测量,每千米高差中数偶然中误差不大于5mm(特别注意核实搜集到的起始点的高程系统)。

4. 地形测量

地形图的精度,要求图上地物点相对于邻近图根点的点位误差不大于图上0.5mm,邻近地物点中误差不大于图上0.4mm,隐蔽或施测困难地区,可放宽1/2。高程注记点一般选在明显地形或地物上,图上注记至0.1m,其密度不少于每方格网10~15个。等高线插求点高程中误差为0.5m,困难地形可放宽50%,特别强调要将水沟、泉点、裂缝等与滑坡有关的水文点与微地貌表现在地形图上。

5. 剖面测量

(1)剖面测量比例尺1∶500。

(2)每条剖面的两端点、剖控点一般应埋石,且每条剖面至少应有两个埋石点。

(3)实测剖面应采用全站仪或光电测距仪施测,剖控点(含两端)间距应小于1000m,剖面点至测站点最大距离应小于800m。

(4)测站点间距离应一次照准两次读数,水平角、天顶距各观测一测回。

(5)测站点至剖面点距离一次照准一次读数测定,天顶距采用盘左一次读数,用全站仪可直接读平距、高程(或高差)。

(6)剖面测量的计算取位,平距取0.1m,高程取0.01m。

(7)作剖面图时,剖面方向一般按左西右东原则,为南北向时按左北右南。

(8)剖面图应注明名称、编号、比例尺、实测方位等。

6. 勘探点测量

(1)所有点位均用全站仪或光电测距仪极坐标法测定。

(2)水平角、垂直角、距离均测一测回。

(3)勘探点平面位置以封孔后标石中心为准,高程以标石顶面为准,并量取标石面至地面的高差。

(三)工程地质测绘

在实施勘探工作之前,应先进行工程地质测绘工作。

1. 测绘范围

测绘范围包括滑坡及其邻区,后部应包括滑坡后壁以上一定范围的稳定斜坡或汇水洼地,前部应包括剪出口以下的稳定地段,两侧应到达滑体以外一定距离或邻近沟谷,一般控制在滑坡边界以外50~100m处。同时,测绘范围就包含可能造成危害及派生灾害成灾的范围。在某些情况下,纵向拓宽至坡顶、谷肩、谷底岩性或坡度等重要变化处,横向应包括地下水露头及重要的地质构造等。

2. 地质测绘采用比例尺与精度

（1）地质测绘比例尺：平面采用1：1000，剖面采用1：500。

（2）图上宽度大于2mm的地质现象必须描绘到地质图上，对于评价滑坡形成过程及稳定性有重要意义的地质现象，如裂缝、鼓丘、滑坡平台、滑坡边界、剪出口等；当图上宽度不足2mm时，应扩大比例尺表示，并标注实际数据。地质界线图上误差不应超过2mm。

3. 观测点的布置与测量

（1）观测点布置目的要明确，密度要合理，以达到最佳调查测绘效果为准。对于重要的地质现象，应有足够的调查点控制，如滑坡边界点、地质构造点、滑坡裂缝、泉水等。

观测点的间距一般为2～5cm（图上间距），可根据具体情况确定疏密。

（2）观测点应分类编号，在实地用红漆标志，在野外手图上标出点号，在现场用卡片详细记录。

（3）滑坡野外观测点种类划分。

滑坡野外观测点一般分为以下几种：地层岩性点、地貌点、地质构造点、裂缝点、滑坡后壁调查点等。

（4）重要观测点的定位应采用仪器测量，一般观测点可采用半仪器法定位。

4. 野外记录的要求

（1）必须采用专门的卡片记录观测点，分类系统编号，卡片编号与实地红油漆点号一致。

（2）记录必须与野外草图相符，凡图上表示的地质现象，均必须有记录。

（3）描述应全面，不漏项，突出重点。

（4）重视点与点之间的观察，进行路线描述和记录。

5. 地质界线的勾绘

根据观测点，在野外实地勾绘地质草图，如实反映客观情况，接图部分的地质界线应吻合。

（四）物探工作技术方法

1. 高密度电阻率法

电阻率法是以地下岩石（或矿石）的导电性差异为物理基础，通过观测和研究人工建立的地中稳定电流场的分布规律达到找矿或解决某些地质问题的一种电法勘探方法。电阻率是描述物质导电性优劣的电性参数，某种物质的电阻率实际上是电流通由该物质所组成的边长为1m的立方体时所表现出的电阻值，其单位采用欧姆米表示（或$\Omega \cdot m$）。

高密度电阻率法的原理与常规电阻率法相同，是基于多种排列的常规电阻率法与资料反演处理相结合的综合方法。测线电极布置一次性完成，同一条多芯电缆上布置的多个电极由高密度电阻率法测量系统进行控制，使其能够自动完成多个垂向测深或多个水平不同深度的探测断面，可以同时反映地下介质横向和纵向的电阻率变化规律，具备电测深与电剖面的综合勘探能力。

高密度电阻率法仍然是以地下介质电异为基础，观测在施加电场的作用下地下传导电流的分布规律，在求解简单的地电条件的电场分析时，通常采用解析法。

由于坐标的限制，解析法能够计算的地电模型非常有限。在研究复杂地电结构的异常反应时还要使用各种数值模拟方法，如有限差分法、有限单元法、积分方程法、边界元法等。

由高密度电阻率法理论基础可知，充水的滑动面与基底稳固岩在电性上普遍存在差异，为其在探测滑动面提供了地球物前提。

高密度电阻率法工作流程包括野外数据信息采集和室内资料处理两部分。野外数据信息采集时,需同时布设数十根甚至上百根电极,用一个多路电极转换器相连接;进行测量时,通过高密度电阻率法测量主机预先设置的由多路电极转换开关,按照主机指令控制各个电极的连通与断开,实现了测量装置、极距的自动转换;所测数据信息经过多路电极转换开关输送到高密度电阻率法测量主析进行存储;测量结束后将所测数据传输入计算机,再利用软件对数据进行处理,生成反演断面图;解释人员根据反演断面图结合地质资料进行定性或半定量解释,即可达到解决地质问题的目的。

2. 等值反磁通瞬变电磁法

等值反磁通瞬变电磁法(opposing coils transient electromagnetics,OCTEM)与传统的瞬变电磁法原理相同,即通过不接地的回线向地下发送一次脉冲磁场,在脉冲磁场的激发下,地下地质体将会激励起感应涡流,感应涡流将产生随时间变化的感应电磁场,利用磁感应接收传感器来观测二次场,达到探测地下地质体的目的。与传统瞬变电磁装置不同的是,OCTEM 以向 2 个相同线圈通以反向电流时产生等值反向磁通的规律为理论依据,采用上、下 2 个大小相同、平行共轴的线圈,分别向其通以大小相等、方向相反的电流作为发射源(双线圈源),在双线圈源合成的一次场零磁通的平面上接收地下二次场,测量对地中心耦合的纯二次场。OCTEM 是一种新型的瞬变电磁法,由于接收线圈处于双发射线圈的等值反磁通平面,其一次场磁通量始终为零,当发射电流关断时,上、下两线圈产生的磁通相互抵消,接收线圈的一次场磁通量为零,地下空间的一次场依然存在,接收的信号是地下纯二次场的响应,可根据接收到的二次磁场随时间的衰减规律获得地下介质地电信息。OCTEM 采用的大小相同、平行共轴的双线圈在地面发射脉冲信号,断电后,近地表的发射线圈感应的一次磁场最大。因此,在相同变化时间内,感应涡流的极大值面集聚在近地表,而感应涡流在地表产生的磁场最强。随着关断间歇的延时,近地表感应的涡流逐渐衰减,产生了新的涡流极大值面,并且逐渐向远离发射线圈的垂直方向扩散。

(五)钻探工程

1. 工程地质钻探

工程地质钻探主要用于查明滑坡体地层结构、岩土物理力学性质、工程地质条件。

(1)钻孔的编制。孔位确定后,地质人员应编制钻孔设计书,作为钻孔的预测,指导钻探施工并阐明预期的目的。

钻孔设计内容包括钻孔目的、钻孔类型、钻孔深度、钻孔结构、钻孔工艺、钻进方法、固壁办法、冲洗液、孔斜及测斜、岩芯采取率、取样及试验要求、水文地质观测、钻孔止水办法、封孔要求、终孔后钻孔处理意见(长观、监测或封孔)。

(2)孔深误差及分层精度的要求:①下列情况均需校正孔深,如裂缝、软夹、滑带、断层、漏浆及换径处,下管前和终孔时也需要校正;②终孔后按班报表测量孔深,孔深最大误差不得大于 1%,在允许误差范围内可不修正,超过误差范围时要重新丈量孔深并及时修正报表;③钻进深度和岩土分层深度的量测精度不应低于±2cm;④应严格控制非连续取芯钻进的回次进尺,使分层精度符合要求。

(3)取芯要求:①不得超管钻进,重点取芯地段(如破碎带、滑带、软夹层、断层等)应限制回次进尺,每次进尺不允许超过 0.3m,并提出专门的取芯和取样要求,看钻地质员跟班取芯、取样;②长度超过35cm 的残留岩芯,应及时打捞,残留岩芯取出后,可并入上一回次进尺的岩芯中进行计算;③岩芯采取率要求大于 85%,同时应满足钻孔设计书指定部位取样的要求。

(4)钻孔简易水文地质观测。应观测初见水位、稳定水位、漏水和涌水及其他异常情况:①无冲洗液钻进时,孔中一旦发现水位,应停钻并立即进行初见水位和稳定水位的测定;②准确记录漏水位置并测量漏水量;③接近滑带并没打穿滑带时,必须停钻并测一次滑坡体的稳定水位。

(5)终孔深度要求。勘探孔的深度应穿过最下一层可能滑面,并进入滑床3~5m,拟布设治理工程部位的控制性钻孔进入滑床的深度宜大于滑体厚度的1/2,并不小于5m。

(6)封孔要求。钻孔验收后,对不需保留的钻孔必须进行封孔处理。土体中的钻孔一般用黏土封孔,岩体中的钻孔宜用水泥砂浆封孔。

2. 水文地质钻探

水文地质钻探目的是基本查明地下水含水层岩性及结构,求取水文地质参数,为地下水动态监测提供依据。

(1)钻孔位置:钻孔施工孔位按工作部署图确定,一般误差不大于5m。其中关键钻孔待野外调查、现场踏勘后确定。

(2)钻孔结构:口径200mm。

(3)岩芯采取:钻孔岩芯采取率要求,基岩不小于40%,砾、卵石层不小于30%。

(4)孔斜:深度小于50m的钻孔要求垂直,孔深每100m孔斜不得超过1°,保证试验管材的正常下入。

(5)孔深校正:钻孔深度按单孔设计书要求进行,终孔时孔深校正误差不大于±0.2m。

(6)成井管材:选择内径168mm的钢管及缠丝滤水管,管材配比根据实际情况做适当的调整。

(7)洗孔及洗孔质量检查:洗孔质量决定抽水试验成果的准确性。所有抽水孔均采用水泵、活塞、压风机等多种方法联合洗孔,在水清砂净情况下,还应达到在抽水设备同一安装结构情况下,两次抽水流量增大值不超过5%,水位降差值不超过1%。

(8)封孔要求:水文地质钻孔在抽水试验结束后,加盖打眼,作为动态长观孔保留。

(9)钻探工作的其他施工技术要求按有关规范、规定执行,终孔后及时进行检查验收。

3. 钻孔地质编录

(1)钻孔地质编录是最基本的第一手勘查成果资料,由看钻地质员承担。必须在现场真实、及时和按钻进回次逐次记录,不得将若干回次合并记录,更不允许事后追记。

(2)编录时要注意回次进尺和残留岩芯的分配,以免人为划错层位。

(3)在完整或较完整地段,可分层计算岩芯采取率;对于破碎带、裂缝、软夹层等,应单独计算。

(4)钻孔地质编录应按统一的表格记录,其内容一般包括日期、班次、回次孔深(回次编号、起始孔深、回次进尺)、岩芯(长度、残留、采取率)、岩芯编号、分层孔深及分层采取率、地质描述、标志面与轴心线夹角、标本取样号码位置和长度、备注等。

(5)岩芯的地质描述应客观、详细,使别人能据描述做出自己的判断。对于只有结论而无描述的编录,视为不合格。重视强风化层及软夹层的描述和地质编录。重视水文地质观测记录和钻进异常记录和取样记录。

4. 钻孔施工记录

(1)要求每班必须如实记录各工序及生产情况,不得追记、伪造。原始记录均用钢笔填写。要求字迹清晰、整洁。记录员、班长、机长必须签名备查。

(2)每孔施工结束后1天内原始报表必须整理成册,存档备查。

5. 钻孔验收

钻孔完工后应及时组织验收。按孔径、孔深、孔斜、取芯、取样、简易水文地质观测和地质编录、封孔8项技术指标分级,分为优良、合格、不合格。对于不合格钻孔,应补做未达到要求的部分或者予以报废重新施工。

6. 钻探成果

钻孔终孔后,应及时进行钻孔资料整理并提交该孔钻探成果,包括钻孔设计书、钻孔柱状图、岩芯素描图、岩芯照片、简易水文地质观测记录、取样送样单、钻孔地质小结(或报告书)等。

(六)浅井工程

1. 浅井的地质工作要求及地质编录的内容

(1)详细描述揭露的岩、土体的名称、颜色、岩性、结构、层面特征、层厚、接触关系、层序、地质时代、成因类型、产状等。放大比例尺对软弱夹层进行扫描,并注意其延伸性及稳定性。

(2)岩石风化特征及风化带的划分,注意风化与裂隙裂缝的关系。

(3)逐条描绘裂缝及贯穿性较好的节理,记录其性质、壁面特征、成因、裂缝张开与闭合情况、充填情况、连通情况、相互切割关系、错动变形情况、渗漏水情况。

(4)水文地质现象:注意滴水点、渗水点、涌水点、临时出水点,注意其产出位置、水量,与裂缝、裂隙的关系,水量与降水的关系。

(5)滑带作为描述的重点放大表示,描述其厚度、岩性、物质组成、构造、产状及展布特征、含水情况、近期变形特征及挤压碎裂和擦痕,其底部不动体的岩性特征、构造面、风化特征。

(6)记录各种试验点、物探点、取样点、拍照点、监测点的位置、作用、层位、岩性及有关的地质情况。

2. 浅井工程地质素描图要求

(1)比例尺一般采用1∶100～1∶20。

(2)浅井的素描,其展示图至少作三壁一底,并注明壁的方位。

3. 取样及现场原位试验

浅井应按勘查试验所做的试验项目的有关规定和设计要求进行取样、原位测试。

4. 浅井的保护与封闭

对于竣工的浅井宜综合使用,可用于现场原位试验、取样等,需妥善保护,对于不使用或使用结束的则予以切实封闭填埋,以免造成隐患。

(七)原位试验

滑坡勘查中的岩土原位试验工作主要是滑体大体积重度试验和重型圆锥动力触探($N_{63.5}$)及标准贯入试验。原位测试仪器必须按要求定期检验和维护,要求标定的仪器使用前必须按规定标定,成果资料应附标定表。

1. 滑体大体积重度试验

该试验应该在滑体的主要组成岩土层中进行,采用容积法、试坑体积根据土石粒径或尺寸确定,一般不宜小于$0.5m \times 0.5m \times 0.5m$,体积可通过注水测量,试坑内岩、土体试样通过称重法确定,并测定试样的含水量。

2. 标准贯入试验

标准贯入试验孔底沉渣厚度不应超过10cm，若采用套管护壁，套管底部应高出试验深度75cm。贯入试验时，将贯入器竖直打入土层中15cm后，应以小于每分钟30击的锤击频率开始记录每打入10cm的击数，累计打入30cm的击数，定为实测击数N。密实土层中贯入不足30cm而击数超过50击时，应终止试验，并记录实际贯入度ΔS和累计击数n，按下式换算成贯入30cm的击数N，$N=30n/\Delta S$。拔出贯入器后，取出贯入器的土样进行鉴别，描述记录。

3. 抽水试验

(1) 抽水试验前必须测量抽水孔的自然水位，对自然水位的要求是没有上升或下降趋势，观测延续时间超过4h，水位差不超过0.02m，如果自然水位的日动态变化很大时，应掌握其变化规律。

(2) 水文地质钻孔做1个落程抽水试验。

(3) 动水位及出水量观测时间，在抽水开始后第0min、0.5min、1.5min、2min、2.5min、3min、4min、5min、6min、8min、10min、15min、20min、25min、30min、50min、70min、90min、120min各测一次，以后每隔30min观测一次。要求稳定时间大于8h，水温、气温每2h观测一次。

(4) 每次抽水结束后或试验过程中因故停泵，都要进行恢复水位观测，观测时间序列与上述规定一致，直至恢复到抽水前的静止水位或所测水位数据在6h内相差不超过2cm，且没有持续上升或下降趋势时结束观测。

(5) 观测允许误差：动水位观测要求误差不超过±1cm，流量观测采用堰箱法，堰上水头观测精确到毫米级，水温、气温观测精确到0.5℃。对水头高出地表的承压自流水可采用高精度的压力表或水银压力计观测。

(6) 现场绘制Q-s、q-s等曲线，及时检验抽水试验的准确性，对不符合规律的分析其原因，并立即采取补充措施。

(7) 抽水试验前、后应校正孔深，检查孔内沉淀情况，井深校正误差小于2‰，必要时进行处理。

(8) 为防止抽水时水的回渗，在抽水影响范围内必须采取防渗措施。

(9) 钻孔抽水试验结束前取水质简分析样一组。

（八）室内试验与水质分析

1. 土（岩）样分析

为了解防治工程区工程地质力学性质特征和建筑材料力学性质，室内试验项目包括岩土的物理学性质和力学性质、岩土的颗粒成分、易溶盐分析、地下水样全分析等。

室内试样应尽可能在浅井中采集原状试样，岩石试样可在钻孔中采集，土试样和滑带试样可通过钻孔用薄壁取土器静力压入法采集原状试样，不宜采用扰动土样做重塑土样试验，但在天然原状试样无法采集时，可采用保持天然含水量的扰动土样做重塑土样试验，但对试验结果应加强分析。

滑带土样抗剪度值室内试验应根据滑坡现场含水情况和排水条件及实际受力状态，采用天然快剪和饱和快剪方法进行，以获得相应的峰值和残余值的抗剪强度。

直剪试验时，滑带（面）或剪切面上的最大法向应力应根据滑带（面）或剪切面上覆实际载荷（岩、土体自重等）的1.2倍的法向分应力确定。

岩土取样要求：原状土样尺寸不得小于20cm×20cm×20cm，土样不应少于6件，当采用钻探等无法采集原状土样时，可采用天然含水量的扰动土样做重塑土样试验，钻孔中采集土样应使用薄壁取土器，采用静力压入法，土样样品直径不应小于8.5cm，高度不小于15cm，所采样品应及时蜡封。

2. 水样分析

为了解地下水的侵蚀性及对未来滑坡防治工程影响,需要采集水样进行全分析,分析项目:K^+、Na^+、Ca^{2+}、Mg^{2+}、NH^+、HCO_3^-、Cl^-、SO_4^{2-}、NO^{2-}、NO^{3-}、CO_3^{2-}、游离 CO_2、总硬度、暂时硬度、永久硬度、负硬度、矿化度、pH 值、侵蚀性 CO_2,共计 19 项。

二、泥石流勘查主要的技术方法

泥石流勘查的主要技术方法中,资料搜集、工程测量主要技术要求与滑坡勘查的主要技术方法一致。部分原位试验工作相同部分可以参照滑坡勘查中的主要技术方法,相同之处这里不再赘述。

(一)泥石流调查

1. 自然地理调查

(1)地形:量测流域形态、流域面积、主沟长度、沟床比降、流域高差、谷坡坡度、沟谷纵横断面形态、水系结构和沟谷密度等地形要素。

(2)气象:主要收集降水、气温资料。降水资料包括多年平均降水量、降水年际变化率、年内降水量分配、年降水日数、降水地区变异系数和最大降水强度,尤其是与暴发泥石流密切相关的暴雨天数及出现频率、典型时段(24h、60min、10min)的最大降水量及多年平均小时降水量。

(3)水文:收集或推算各种流量、径流特征、来路沟及下游群加河水文特征等数据。

(4)植被与土壤:调查流域植被类型与覆盖程度、植被破坏情况、土地利用类型和侵蚀程度。

2. 地质条件调查

(1)地层岩性:现场调查流域内分布的地层及岩性,尤其是易形成松散固体物质的第四系。

(2)地质构造:现场调查流域内断层的展布与性质、断层破碎带的性质与宽度、统计各种结构面的方位与频度。

(3)不良地质体与松散固体物质:现场调查流域内不良地质体与松散固体物源的位置、储量和补给形式。

3. 泥石流特征调查

1)泥石流形成区调查

调查地形特征及冲沟切割深度、宽度、形状和发育密度;沟域内植被分布及水土流失现状;沟域内固体物质的补给源、贮存量,特别是对基岩表部的强风化破碎层的类型、分布、规模、厚度、可冲刷程度做重点调查;沟域内不良地质现象的类型、分布、规模、形成机理、发展趋势及对泥石流活动的影响;沟域内汇水条件及降水,特别是暴雨对泥石流活动的影响等;沟域内各地貌单元斜坡的岩性结构、斜坡形态、变形特征及影响因素等。

2)泥石流流通区调查

调查泥石流流通沟道特征及分布(流通区沟道长度、宽度、坡度及沟床切割情况、平面与剖面变化);谷坡稳定性、沟槽冲淤阻塞程度及跌水、急弯等;泥石流发生时间、频率、规模及泥痕高度;地下水位、水质水量、含水层特征。

3）泥石流堆积区调查

详细调查泥石流沟口堆积数量、堆积体的形态、厚度和堆积扇表层堆积物受冲刷、侵蚀的程度对居民、单位、公共设施的危害；泥石流危害区内居民、企事业单位、公共设施、重要建筑物、工业和牧业总产值、人口等方面资料；历次泥石流危害区的面积及财产损失情况；泥石流危害形式（淤埋和漫流、冲刷和磨蚀等）及淤积物厚度等。

4）泥石流活动性、险情、灾情调查

（1）泥石流特征：调查暴发泥石流的时间、次数、持续过程、堵溃情况、流体组成、石块大小、泥痕位置、响声大小等特征。

（2）引发因素：发生泥石流前的降雨时间、雨量大小等。

（3）堆积扇：由于泥石流堆积区内无威胁对象，主要威胁对象在流通区，本次工作以调查、访问为主，圈定历史泥石流淹没、覆盖的范围，作为泥石流堆积区圈定的依据。

5）泥石流危害性调查

（1）危害作用方式。调查泥石流侵蚀的部位、方式、范围和强度，泥石流淤埋部位、规模、范围。

（2）危险区的划定。

（3）灾害损失。调查每次泥石流的危害对象，造成人员伤亡、财产损失，估算间接经济损失、评估对当地社会经济的影响，预测今后可能造成的危害，估计受潜在泥石流威胁的对象、范围和程度，按预测的危险区评估其危害性。

6）泥石流活动强度

泥石流活动强度按表 6-1 判别。

表 6-1　泥石流活动强度判别表

活动强度	堆积扇规模	主河河型变化	主流偏移程度	泥沙补给长度比（%）	松散物储量（$10^4 \text{m}^3/\text{km}^2$）	松散体变形量	暴雨强度指标 R
很强	很大	被逼弯	弯曲	>60	>10	很大	>10
强	较大	微弯	偏移	60～30	10～5	较大	4.2～10
较强	较小	无变化	大水偏	30～10	5～1	较小	3.1～4.2
弱	小或无	无变化	不偏	<10	<1	小或无	<3.1

7）泥痕调查

选择代表性沟段，量测沟谷弯曲处泥石流爬高泥痕、狭窄处最高泥痕及较稳定沟道处泥痕，据泥痕高度及沟道断面，计算过流断面的面积，据上、下断面痕点计算泥位纵坡，作为计算泥石流流速、流量的基础数据。

（二）泥石流原位测试

1. 泥石流现场搅拌试验

现场请当地曾目睹泥石流暴发的居民 3～5 人，在泥石流沟出山口附近选取代表性的堆积物搅拌成暴发泥石流时的流体状态，模拟泥石流流体状态，分别测出 3 件样品的总质量和总体积。

2. 重型圆锥动力触探试验

重型圆锥动力触探（$N_{63.5}$）在浅井中进行，采用人工落锤方式在目标土层中进行试验。对土层连续进行触探,使穿心锤自由落下将触探头竖直打入土层中,记录每打入土层 10cm 的锤击数。试验时应保持触探杆直立,探头、探杆及穿心锤等部件连接紧密。试验结束后应整理出试验成果图表。

(三)室内试验的主要技术方法

室内试验应符合《工程岩体试验方法标准》和《土工试验方法标准》及有关规程标准。它包括岩土的物理性质和力学性质,土体的颗粒成分、易溶盐分析及地下水简分析等。

1. 测试内容

(1)室内土体的物理力学性质测试指标一般包括密度、天然重度、干重度、天然含水量、孔隙比、饱和度、颗粒成分、压缩系数、凝聚力、内摩擦角。黏性土应增测塑性指标(塑限、液限、计算塑性指数、液性指数和含水比)、无侧限抗压强度等。碎石土应增测颗粒不均匀系数、曲率系数等。

(2)简分析水样分析项目包括 Ca^{2+}、Mg^{2+}、Na^+、K^+、Cl^-、SO_4^{2-}、HCO_3^- 等离子,硬度、溶解性总固体、游离 CO_2、侵蚀性 CO_2 等。

2. 采样标准

(1)室内试样应尽可能在坑探中采集不扰动试样(原状试样),岩石试样可在钻孔中采集,土试样和岩试样可通过钻孔用薄壁取土器静力压入法采集不扰动试样(原状试样),不宜采用扰动土样做重塑土样试验,但在天然原状试样无法采集时,可采用保持天然含水量的扰动土样做重塑土样试验,但对试验结果应加强分析。

(2)岩土样采集方法要求:采用坑探揭露的应取原状土样进行试验,原状土样尺寸不得小于 200mm×200mm×200mm,土样不应少于 6 件。

三、崩塌(危岩)勘查主要的技术方法

(一)崩塌地质测绘与调查

应搜集已有地形图、遥感图像、地震、气象、水文、植被、人类工程活动资料及崩塌史料,了解前人工作程度,并访问调查和踏勘。

崩塌区坐标系统宜采用 2000 国家大地坐标系,高程系统宜采用 1985 国家高程基准。困难的山区也可采用独立坐标系和假设高程。

崩塌地质测绘与调查采用的比例尺及精度应符合下列要求:

(1)崩塌勘查野外工作的测绘精度在初勘阶段不宜小于 1:1000,详勘阶段不宜小于 1:500;其中复杂场地勘查宜取较大值。危岩崩塌地质测绘与调查采用的比例尺及精度宜能够清楚表达危岩的形态特征、结构面特征等。危岩的剖面测绘比例尺不宜小于 1:2000。

(2)图上观测点在初步勘查阶段,每 10cm×10cm 范围不少于 1 个;在详细勘查阶段,每 10cm×10cm 范围不少于 3 个。每个危岩及主控裂隙的观测点不少于 2 个。观测点经分类编号后,标注在工作图上,并详细记录。对重要观测点用油漆或木桩在实地标识。

(3)重要观测点的定位采用仪器测量,一般观测点采用半仪器定位。

崩塌地质测绘与调查的内容应符合下列要求:

(1)调查崩塌所在区域的地形地貌、地质构造、地层岩性、水文地质条件、不良地质现象,了解与崩塌

有关的地质环境。

（2）在分析已有资料的基础上，调查崩塌所处陡崖（带）岩性、结构面产状、力学属性、延展和贯穿情况、闭合程度、深度、宽度、间距、充填物、充水情况、结构面或软弱层及其与斜坡临空面的空间组合关系，陡崖卸荷带范围及特征，基座地层岩性、风化剥蚀情况、岩腔与洞穴状况、变形及人类工程活动情况等。同一区域，陡崖地质环境条件变化大时，应进行分段调查评价。

（3）对危岩，应调查下列内容，并进行拍照，勾绘侧立面、正立面素描图。①危岩位置、形态、规模、分布高程；②危岩、基座，周边的地质构造，地层岩性、岩、土体结构类型及其对危岩稳定性的影响；③危岩及周边裂隙充水条件、高度及特征，泉水出露、湿地分布、落水洞情况等；④危岩变形发育史及崩塌影响范围。

（4）卸荷裂隙进行专门的调查，并编号，标注在图上。调查裂隙的性质、几何特征、充填物特性、充水条件及高度；对裂隙进行分带统计，划出卸荷带范围。

（5）土质崩塌地区调查土体组成和结构、垂直节理、古土壤层、落水洞的分布及稳定坡角，并进行裂隙分带统计，划出可能崩塌的范围。

（6）对崩塌堆积体，调查下列内容：①崩塌源的位置、高程、规模、地层岩性及岩、土体工程地质特征和崩塌产生的时间；②崩塌体运移斜坡的形态、地形坡度、粗糙度、岩性、起伏差、运动方式，崩塌块体的运动路线和运动距离；③崩塌堆积体的分布范围、高程、形态、规模、物质组成、分选情况，植被生长情况，崩塌堆积体块度（必要时需进行块度统计和分区）、结构、架空情况和密实度；④崩塌堆积床形态、坡度、岩性和物质组成、地层产状；⑤崩塌堆积体内地下水的分布和运移条件。

（7）崩塌堆积体中大块孤石的大小、岩性，所处位置的坡度及下伏岩、土体的类型，水文地质条件，变形情况。

（8）调查崩塌影响范围内的人口数量及实物指标。

工程地质调查与测绘成果包括野外测绘实际材料图、野外地质草图、实测地质剖面图，以及各类观测点的记录卡片、立面图、地质照片集等。

（二）崩塌勘探

（1）崩塌勘探应满足确定危岩形态，评价危岩、陡崖及崩塌堆积体稳定性，布设治理工程的要求。崩塌堆积体的勘探参照《滑坡防治工程勘查规范》（GB/T 32864—2016）执行。

（2）崩塌勘探可采用槽探、钻探或物探等勘探方法。物探方法宜采用孔内弹性波、井下电视、孔间TC物探、高密度电法或地质雷达测试等手段；对土质崩塌，必要时可采用坑探或井探；对地质环境特别复杂、危害大的崩塌，必要时可布置响探工程。勘查方法应根据勘查阶段及地质环境复杂程度等确定。当选用钻探和物探时，除孔内物探工作外，宜先地面物探后钻探。

（3）卸荷带特征、控制性裂隙分布及充填情况勘探宜采用槽探或物探；软弱基座分布范围勘探宜采用槽探和井探；当可能采取支撑方式时，在危岩软弱基座处布置钻孔或浅井；控制性结构面深部的特征勘探应采用水平或倾斜钻孔。

（4）崩塌勘探线的布设应满足下列要求：①初步勘查阶段主要布置控制性勘探线，详细勘查阶段要将控制性勘探线与一般勘探线相结合布置；取样及现场测试应布置在控制性勘探线上。②对陡崖初勘阶段勘探线间距不应大于 200m，且每个陡崖至少有 1 条勘探线；详勘阶段勘探线间距不应该大于 100m，且每个陡崖至少有 2 条勘探线。③危岩均应布设勘探线，对大型以上的危岩和有重要保护对象的中小型危岩，布置控制性勘探线；对其他危岩，布置一般勘探线。④控制性勘探线沿危岩可能崩塌方向布置，从危岩后缘稳定区域一定范围到崩塌可能影响范围，且尽量通过危岩的重心。⑤一般勘探线布设在危岩的代表性部位，尽量通过其重心，勘探线长度以能准确反映危岩形态、母岩及基座特征为原则。⑥变形强烈带应有剖面控制。⑦土质崩塌勘探线不少于 2 条。

(5)崩塌勘探点的布设应满足下列要求：①危岩后缘、临空面及软弱基座等部位均有勘探点。②危岩厚度较大时，在被裂缝切割形成的规模较大的岩体上布置1个垂直钻孔控制危岩、软弱夹层及基座。③当危岩形态在竖向接近板状时，在危岩的临空面布置水平或倾斜钻孔勘探控制危岩的结构面；水平或倾斜钻孔位置从危岩底面起算的高度不宜低于危岩高度的1/2。④对土质崩塌布置一定数量的控制性钻孔或探井穿透可能崩滑控制面。⑤对密集的形态近似的危岩陡崖带，勘探点可适当减少，每个陡崖的勘探点不宜少于1个。

(6)崩塌勘探工作布置时，每条控制性勘探线的勘探点不应少于1个；物探、槽探、井探工作量应根据地面测绘遗留问题和地表采样需要确定。特定条件下，勘探孔可采用斜孔、水平孔。

(7)崩塌勘探深度应满足下列要求：①初步勘查阶段控制性钻孔深度的确定以探明危岩深部崩滑面或潜在崩滑面为原则。②详细勘查阶段控制性钻孔深度的确定以探明危岩基座和周边岩、土体作为工程持力岩体地质情况为原则，其中，水平(倾斜)钻孔以探明锚固段地质情况为原则，垂直钻孔以探明桩、键、支撑墙(柱)持力层地质情况为原则，且进入相应地层不应小于5m。危岩底部有空洞或采空区时，控制性勘探孔穿过空洞或采空区进入稳定基岩的深度不少于3m。③一般勘探孔穿过最底层危岩崩滑面(带)，进入稳定岩、土体(危岩基座)的深度不少于3m，水平(倾斜)钻孔穿过危岩后缘裂缝(或卸荷带)进入稳定岩体的深度不少于3m。④平响穿过最底层崩滑带进入稳定岩土层。

第二节　典型地质灾害勘查实例

地质灾害勘查工作是地质灾害综合治理的基础，2000年以来，西宁市先后完成了郭家沟、大寺沟、小西沟、瓦窑沟、火烧沟等泥石流灾害，北山寺、林家崖、一颗印、大寺沟东、南川东路、北山、张家湾等滑坡灾害的勘查工作(表6-2)，查明了地质灾害发育特征、规模、形成机制、影响因素以及范围，为地质灾害防治工程提供了地质依据。

表6-2　西宁市已实施地质灾害勘查点统计表

地区	项目名称	实施时间
西宁市区	西宁市北山地质灾害勘查	2007年
	西宁市南川东路滑坡详细勘查(一至四期以及H7)	2010年、2019年
	西宁市城东区苦水沟地质灾害勘查	2012年
	西宁市城东区红叶谷泥石流防治工程勘查	2014年
	西宁市张家湾－杨家湾滑坡勘查	2014年、2018年
	西宁市城北区小酉山片区泥石流防治工程勘查	2014年
	西宁市城北区盐庄—西杏园不稳定斜坡勘查	2014年
	西宁市城北区深沟泥石流防治工程勘查	2016年
	西宁市城东区王家庄滑坡详细勘查	2018年
湟源县	湟源县日月乡前滩—药水村泥石流防治工程勘查	2014年
	湟源县和平乡大高陵拉干沟泥石流防治工程勘查	2015年
	湟源县东峡镇下脖项崩塌勘查	2019年
大通县	大通煤矿地质环境治理示范工程(地质灾害部分)勘查	2012年
	大通县青山乡等6所学校地质灾害勘查	2018年

续表 6-2

地区	项目名称	实施时间
大通县	大通县桥头镇元树尔滑坡勘查	2017 年
大通县	大通县青林乡中庄村不稳定斜坡勘查	2020 年
湟中区	青海省塔尔寺地质灾害防治工程勘查	2014 年
湟中区	湟中区群加乡来路村泥石流灾害防治工程勘查	2019 年
湟中区	青海省湟中区汉东乡冰沟村滑坡防治工程勘查	2020 年
湟中区	青海省西宁市湟中区共和镇花勒城村不稳定斜坡防治工程勘查	2020 年

一、张家湾滑坡

(一)滑坡基本特征

张家湾滑坡发育于张家湾村海湖钢材市场以南的斜坡地带,坡顶高程 2620m,坡脚高程 2295m,坡高 325m,平均坡度 30°。地层岩性主体为泥岩,表层披覆黄土,属平缓层状岩质＋土质复合斜坡。滑坡平面形态呈不规则舌形,剖面形态呈凹形,并发育有三级阶梯状平台,为老滑坡多期次滑动形成。滑坡南北向纵长 400～1100m,东西向横宽 200～600m,平面面积 $46.4 \times 10^4 m^2$,主滑方向 20°,其中西侧滑坡滑动方向 32°,滑体平均厚度约 30m,总体积约 $1392 \times 10^4 m^3$,规模属特大型。

张家湾滑坡边界较为清楚,总体平面形态呈不规则舌形,后缘位于西山丘陵区顶部,高程 2585～2621m,东侧剪切边界至多美彩钢厂,西侧边界与杨家湾滑坡边界重合,至 110kV 输电线塔,前缘直抵 G109,高程 2298～2300m。根据滑坡空间形态及变形特征,可将张家湾滑坡划分为东侧滑坡区和西侧滑坡区,其中以西侧滑坡区为主体滑动,经多期次滑动变形,形成 H1～H4 次级滑坡,并在坡面形成三级平台(图 6-1)。

(二)滑坡形成条件及影响因素

张家湾 H2、H3 滑坡形成条件及影响因素主要分为内因和外因两方面,其中内因主要为地形地貌、地层岩性和地质构造,外因主要为气象水文和人类工程活动。

1. 内因

1)地形地貌

区内整体地势南高北低,最高点位于南侧丘陵区山顶,最低点位于滑坡坡脚处,区内地貌类型可分为低山丘陵区和湟水河谷平原区,低山丘陵区相对高差 100～500m,山坡坡度 25°～35°,为滑坡灾害提供了有利的地形条件。湟水河谷平原区发育有多级阶地,阶面开阔、平坦,阶面现多为居民点、公路、铁路、耕地等。湟水河谷区与低山丘陵区过渡的陡缓交界区为滑坡、崩塌等地质灾害易发区,不良地质灾害形成的堆积物沿丘陵区前缘山坡呈带状展布。

2)地层岩性

组成滑坡堆积层的岩性主要为黄土状土、含泥岩块粉质黏土和黏土。黄土状土性质类似于黄土,具

图 6-1 张家湾滑坡平面形态特征

有大孔隙、垂直节理发育和透水性强的特性，披覆于斜坡表层，在雨水及山区林地绿化灌溉的作用下易形成黄土滑坡、黄土湿陷等自然灾害。尤其是近年的两山绿化工程使得陡立的老滑坡后缘在屡次灌溉浇水中不断发生黄土滑塌及湿陷。滑塌后的黄土堆积于滑坡后缘，直接将荷载传递给老滑坡的下滑段，加剧了滑坡的发生和发展。黄土坍滑后披覆于老滑坡体上，张裂缝发育，形成一道道天然的小型截水沟，地表径流无法沿坡面顺利流走，只能沿裂隙下渗进入坡体，进一步加剧了老滑坡潜在滑动的可能性；含泥岩块的粉质黏土和黏土因泥岩块的支架作用，使得土体空隙率较大、结构疏松，发育有较好的水流入渗通道，透水性较好，对于粉质黏土和黏土的正常固结进程有很大的影响，从而影响整个滑坡的自稳性；下伏滑床岩性为层理结构面向外缓倾的新近系泥岩，该层具有阻水、隔水的作用，且遇水易软化、泥化，水透过滑体于接触面附近遇上阻水、隔水的泥岩层，该层迅速崩解软化、泥化，形成软弱滑动面。

3) 地质构造

区内新构造活动强烈，湟水河谷两侧山体的上升幅度不同，总体规律是南侧上升幅度大于北侧，南侧山体大幅抬升隆起，基底升高，形成抬升隆起的山体和高陡斜坡，为崩塌滑坡的形成提供了有利条件。由于新构造运动间歇性抬升，湟水强烈下切，流水侧蚀高陡斜坡底部孕育滑坡，滑坡发生后堆积体掠夺河道形成如今湟水河转折。

2. 外因

1) 气象水文

大气降雨：区内暴雨多集中在6—9月，尤其以7月、8月最多，是全省暴雨强度最大的地区之一，百年一遇1h最大降水量为32mm，24h最大降水量为82mm，具有引发滑坡的降水条件，降水入渗增大了表层岩、土体重度，浸润了潜在滑动面，减小了抗滑阻力，从而诱发滑坡形成。

冻融作用：滑坡土体受冬季结冻、春天融化反复冻融的影响，土体强度降低，每年春天局部有滑塌现象，可见冻融作用也对滑坡的稳定性产生不利的影响。

绿化灌溉：近年来，随着西宁市西山绿化工程的实施，斜坡体上种植了大量的树木，需定期灌溉，而不合理的灌溉导致大量灌溉水渗入坡体，增加了滑体的饱水比，从而增大了滑坡滑动风险。且灌溉时间也多集中在6—9月，大量地表水持续沿裂缝入渗后，对土体产生润滑和浮托，使得原有老滑坡结构变化而发生滑动。滑坡后缘坡体持续变形与坡面蓄水池漏水及绿化灌溉有直接的关系，分析认为，目前滑坡体上的局部塌滑均是由灌溉水引发的，这是滑坡复活、新滑动的最直接且最主要的影响因素之一。

地下水：滑坡常年处于阴坡，降水后蒸发相对阳坡较小，新近系泥岩及砂岩成岩程度低，降水后易渗于坡体，泥岩耐水性质差，遇水后力学性质降低，易形成软弱滑动面。据本次勘查，虽然滑坡中后部未见统一地下水位，仅在个别探井中发现渗水现象，水量微弱，但部分滑体及滑带呈稍湿—湿状，含水量较大与地下水活动有一定关联。

2) 人类工程活动

西宁市位于河谷区，城市建设用地十分紧张，张家湾老滑坡形成后，滑坡前缘堆积区相对平缓，成为许多商家开发利用的好地方，大量的人类工程改造活动由此开始。先后在此建成了砖厂、钢材市场和彩瓦钢厂等建筑物。随后，为满足开发者的使用需求，不同时期、不同程度地对老滑坡体前缘阻滑段进行开挖整平，打破了老滑坡体的自然稳定状态。目前，老滑坡后缘由于西山绿化等人类工程活动的不断加载，前缘抗滑段由于人们对建设用地的需求不断地被削方整平，减小抗滑力，在 H2、H3 滑坡前缘形成高 3~10m 的临空面，形成了后推前拉的不利局面，如此发展下去，滑坡的整体复活期已为时不远。总体上来说，区内人类工程活动强烈，加剧了滑坡的进一步发生和发展。

（三）滑坡变形特征分析

因张家湾滑坡形成机制复杂，为全面分析滑坡滑动特征，根据滑坡体形态、滑带（面）及剪出口特征，将张家湾滑坡形成过程划分为 4 期分级滑动（图 6-2）。

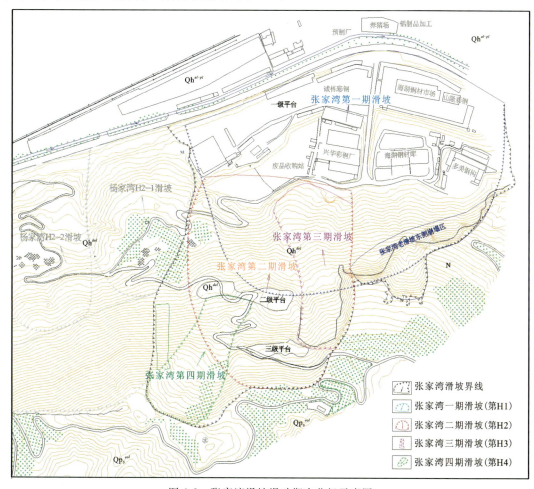

图 6-2　张家湾滑坡滑动期次分级示意图

1. 第一期滑坡(H1)

第一期为老滑坡(H1)形成期,从地表形态上看,目前东侧滑坡区后缘到西侧滑坡区二级平台前缘为老滑坡第一次形成区,平面上呈簸箕形,后壁陡直,后缘高程2496m,前缘高程2304m,相对高差192m,滑坡长580m,宽652m,后缘东侧后壁周界清楚,西侧后壁及边界受多期次滑动影响,目前地貌上已难以辨识。滑体物质主要为含泥岩块的粉质黏土,滑面位于新近系泥岩全风化层界面处,滑坡呈上陡下缓,前缘滑体堆积厚度达30.5m,中后部厚度约20m,目前第一期滑坡滑动后处于基本稳定状态。

受新构造运动影响,南侧坡地抬升隆起,间歇期湟水河侵蚀下切,形成高陡的临空面,在重力作用下,高陡的阴山斜坡体发生崩滑,堆积于湟水河阶地上,形成堆覆区,挤压湟水河形成弧形湾。目前,受后缘人类工程活动改造,原滑坡堆积形成的鼓形地貌抗滑段整平成了平台,原始地貌破坏殆尽。勘探资料显示,在一级平台ZK12、ZK10、XK24工程地质钻孔中揭露滑体堆积厚度24～32.4m,滑动并堆覆于湟水河谷卵石层之上,揭露卵石层厚度4.6～9m,卵石为阶地堆积并连续分布。

第一期滑坡平台高程2305～2340m,为老滑坡抗滑段,相对高差约35m。从历史卫星图像对比分析,一级平台上人类工程活动频繁,从早期的张家湾村民耕地、张家湾砖厂取土,到现今的海湖钢材交易市场,曾遭到大面积开挖、整平,原有的滑坡隆起地貌已破坏殆尽,呈现出两个相对平整的人工场地(图6-3)。

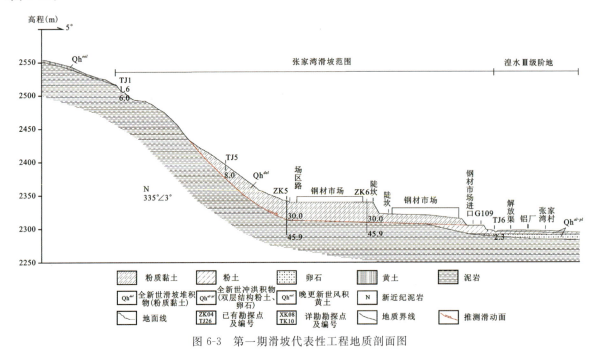

图6-3 第一期滑坡代表性工程地质剖面图

第一期滑坡剪出口位于老滑坡体前缘G109附近,国道路堑挡土墙局部鼓胀开裂,多处可见鼓胀裂缝,呈东西走向,缝宽1～2cm,证明该剪出口的存在,同时也说明了该剪出口处于蠕变期。

2. 第二期滑坡(H2)

第二期滑坡(H2)形成于第一期老滑坡(H1)之后,老滑坡后缘陡立,表层为直立黄土,下部为风化破碎且具有外倾结构面的软质泥岩,在人类工程活动、降雨及地震等自然引力作用下发生滑动,形成第二期滑坡,并在滑坡体上形成两次大的错动平台,即二、三级平台,其中二级滑坡平台位于老滑坡后缘附近,局部为封闭洼地,土体湿润,杂草、青苔生长茂盛,平台高程2450～2468m。三级滑坡平台位于第二期滑坡后缘,平台后壁东侧目前基本稳定,西侧为黄土滑塌强烈变形区,平台高程2523～2536m。

第二期滑坡体岩性以黄土状土和含砾及泥岩块的粉质黏土为主,平面呈马蹄形,东侧后缘清晰可见,西侧边界因多次发生滑动,地貌上已难以辨识,前缘至坡脚钢材市场,后缘靠近山顶巡山公路,目前后缘基本稳定。滑坡后缘高程 2580~2585m,前缘高程 2337~2342m,坡度约 40°,中部宽约 376m,滑动及堆积长度约 478m,面积约 $16\times10^4 m^2$,根据初勘成果及本次工程地质钻孔揭露,前缘堆积厚度 3~8m,于二级平台西侧 XK04 钻孔中揭露到滑坡堆积最大厚度 36.7m,总体积约 $240\times10^4 m^3$。滑体前缘发现有黄土分布,也说明了第二期滑坡在发生时间上晚于第一期老滑坡,滑动并覆盖其上,第二期滑坡剖面形态呈阶梯形(图 6-4),坡面上灌木生长茂盛,小型流水冲沟发育。

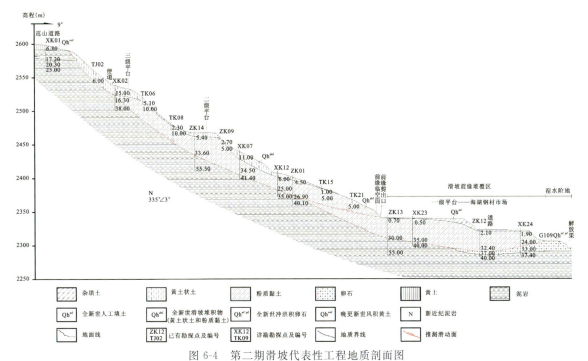

图 6-4　第二期滑坡代表性工程地质剖面图

第二期滑坡剪出口位于一级平台后缘,因前缘(一级平台后缘)人工边坡开挖削坡造地,使得剪出口形态在不同时期变化较大(图 6-5)。

(a)第二期滑动剪出口

(b)第二期滑动剪出口

图 6-5　第二期滑坡剪出口

3. 第三期滑坡(H3)

第三期滑坡(H3)形成于第二期滑坡(H2)之后,因人类建设工程在第二期滑坡体前缘削坡平地,形成近 10m 高的临空面,从而诱发了牵引式浅层滑坡。第三期滑坡位于兴华彩钢厂后至三级平台之间,平面呈舌形,边界清晰可见。滑坡后缘高程2548~2550m,前缘高程2350~2356m,中部宽约118m,滑动及堆积长度约400m,面积约$4.3×10^4m^2$,在滑坡中后部ZK04工程地质钻孔中揭露到浅层滑体最大厚度8.2m,中前部ZK16工程地质钻孔中揭露到深层滑体最大厚度28.1m,计算体积约$26×10^4m^3$。

第三期滑坡剪出口位于一级平台兴华彩钢厂后人工开挖临空面底部。目前,第三期滑坡剪出口和第二期滑坡剪出口基本位于同一高程,且第三期滑坡剪出口受人类工程活动干扰较大(图6-6)。

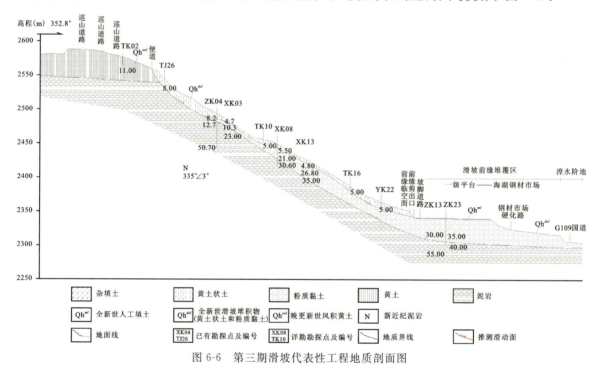

图6-6 第三期滑坡代表性工程地质剖面图

4. 第四期滑坡(H4)

第四期滑坡(H4)发育于第二期滑坡(H2)的后缘,为第二期滑坡后缘两山头垭口间新近形成的黄土滑坡,平面呈倒梨形。

根据张家湾滑坡汛期调查报告及初步勘查成果资料,2009—2018年间,第四期滑坡处于活跃期,曾多次发生滑塌,后壁不断向垭口方向发展,后缘黄土张裂缝极为发育,最大缝宽约1.2m,深约1.8m。滑塌平面呈弧形,剖面呈凹形,平均宽度约121m,滑体岩性主要为黄土,后缘高程2620~2622m,后壁高9~12m,近垂直,滑面光滑[图6-7(a)],错动台坎有4级[图6-7(b)],错坎高2~6m,其上裂缝普遍发育,走向300°~320°,近似平行于后缘坡面,缝宽0.10~1.2m,其上树木歪斜,土体凌乱,平均坡度约35°,黄土滑塌体直接堆积于第二期滑坡体上,滑塌前缘至二级平台处。第四期滑坡剪出口位于第二级平台后部临空面,为黄土滑塌体推移二期滑坡体剪出所致(图6-8)。

第四期滑坡为张家湾最主要的变形区域,曾多次发生滑坡灾害,造成不同程度的经济损失。2016年11月,完成对张家湾H4滑坡的施工图设计。2017年12月11日,开始施工。2017年12月17日,现场施工完成顶级两级边坡的清方及滑坡中部抗滑桩施工的场地平整工作,同时基本完成滑坡体上施工便道的修建工作,因施工扰动,滑坡变形加剧,整体变形下错累计约4.3m,形成新的不稳定体。随即,当地政府会同勘查、设计、施工单位及地质灾害专家对现场进行险情排查后认为:"滑坡现场变形较大,稳定性较差,地形变化较大,不宜按照原设计继续施工作业;为防止四号滑坡变形进一步恶化,危害下部人民群众生产、生活安全,委托原设计单位对张家湾四号滑坡进行应急治理设计。"2018年7月,在完成对张家湾H4滑坡补充勘查的基础上,完成了《西宁市城西区张家湾四号滑坡应急治理工程施工图设计(2018年度)》。

(a)第四期滑坡后壁　　　　　　　　　(b)第四期滑坡后缘滑动台坎及裂缝

图 6-7　第四期滑坡后壁变形特征图

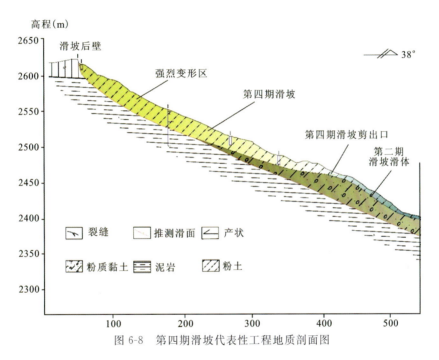

图 6-8　第四期滑坡代表性工程地质剖面图

勘查期间,当地政府正在组织实施张家湾第四期滑坡的应急治理工程,主要内容有削方工程、支挡工程、截排水工程及坡面防护工程(图 6-9)。

(四)滑坡稳定性分析

根据勘查结果,张家湾 H2、H3 滑坡滑动面(带)近于折线型,采用《滑坡防治工程勘查规范》(GB/T 32864—2016)推荐的传递系数法进行滑坡稳定性计算评价。

1. 计算工况选取

根据滑坡规模、潜在危害对象、经济损失确定滑坡防治工程等级为Ⅰ级,其荷载组合应包括基本荷载和特殊荷载,具体可按以下 3 种工况进行计算:

Ⅰ工况——自重,安全系数取 1.30。

Ⅲ工况——自重+暴雨,安全系数取 1.10。

Ⅳ工况——自重+地震,地震动峰值加速度取 0.10g,安全系数取 1.10。

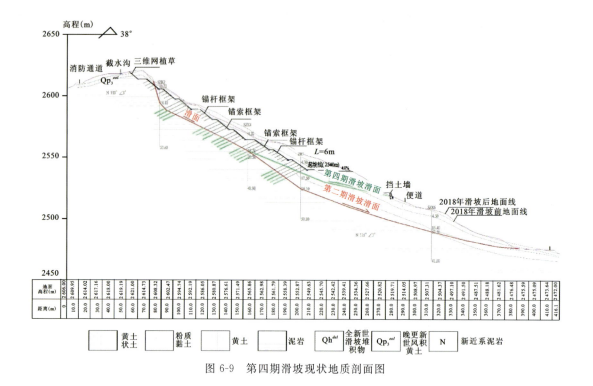

图 6-9 第四期滑坡现状地质剖面图

2. 稳定性评价标准

《滑坡防治工程勘查规范》(GB/T 32864—2016)中关于滑坡稳定性状态按稳定系数分级见表 6-3。

表 6-3 滑坡稳定状态划分

滑坡稳定系数 FS	FS<1.00	1.00≤FS<1.05	1.05≤FS<1.15	FS≥1.15
滑坡稳定状态	不稳定	欠稳定	基本稳定	稳定

3. 计算参数的选取

计算中所采用的岩土物理力学参数的选取合理与否,是计算评价滑坡稳定性的关键所在,其中潜在滑动面的抗剪强度参数 c、φ 取值更是关系重大。具体参数根据钻孔采取的岩土样室内试验、经验类比以及参数反演法综合确定。

1) 滑体重度及抗剪强度

滑体的天然重度、饱和重度采用现场大重度、室内实验和经验类比等方法综合确定,滑体抗剪强度指标根据室内试验测试数据计算统计(统计计算时剔除异常数据),计算具体取值见表 6-4。

表 6-4 滑体重度统计值

计算断面	岩土名称	重度(kN/m³)	饱和重度(kN/m³)
Ⅰ—Ⅰ′	粉质黏土	20.3	20.7
Ⅱ—Ⅱ′	粉质黏土	20.3	20.7
Ⅲ—Ⅲ′	粉质黏土	20.3	20.7
Ⅳ—Ⅳ′(上级)	黄土状土	17.3	18.1
Ⅳ—Ⅳ′(下级)	粉质黏土	20.3	20.7

2)滑带土抗剪强度

滑带土抗剪强度指标采用室内试验测试数据数理统计(统计计算时剔除异常数据)与反演值对比综合取值。

根据室内试验和指标反算结果对比分析,反算指标与试验结果基本处于相同区间。反算法通过对滑坡机理分析,针对黄土状土和粉质黏土滑带性状不同和同一剖面不同部位参数的差异,分别进行分析反算,其结果既符合滑坡目前的实际情况,也与试验数据较为吻合。综合分析比较后推荐反算指标值为滑坡防治设计的力学设计参数。试验结果与反算结果对比如表 6-5 所示。

表 6-5 滑带土物理力学指标对比表

滑带部位	岩土名称	反算指标		室内试验结果	
		C(kPa)	ϕ(°)	C(kPa)	ϕ(°)
Ⅰ—Ⅰ′	粉质黏土	19.5(16.0)	25.6(24.7)	18.3	24.5
Ⅱ—Ⅱ′	粉质黏土	19.5(18.0)	25.6(25.3)	18.3	24.5
Ⅲ—Ⅲ′	粉质黏土	19.5(16.0)	25.6(24.7)	18.3	24.5
Ⅳ—Ⅳ′(上级)	粉质黏土	19.5(16.0)	25.6(24.7)	18.3	24.5
Ⅳ—Ⅳ′(下级)	粉质黏土	19.5(18.0)	25.6(25.3)	18.3	24.5

注:括号中为饱和状态指标。

4. 水的考虑

由于组成滑坡的主要物是黄土状土、粉质黏土和泥岩,岩性透水性较差,勘查中未见统一地下水位,因而在计算中不考虑动水压力的作用。

5. 其他荷载

坡面超载:由于坡面和坡顶对坡体施加的人群荷载较小,可忽略不计。

参照《滑坡防治工程勘查规范》(GB/T 32864—2016)中关于滑坡稳定性状态按稳定系数分级标准。根据滑坡稳定性计算结果,张家湾 H2、H3 滑坡稳定性及稳定状态评价如表 6-6 所示。

表 6-6 滑坡稳定性计算结果一览表

计算剖面	工况	稳定系数	稳定状态
Ⅰ—Ⅰ′	Ⅰ工况	1.078	基本稳定
	Ⅳ工况	1.017	欠稳定
	Ⅲ工况	1.007	欠稳定
Ⅱ—Ⅱ′	Ⅰ工况	1.016	欠稳定
	Ⅳ工况	0.960	不稳定
	Ⅲ工况	0.990	不稳定
Ⅲ—Ⅲ′	Ⅰ工况	1.248	稳定
	Ⅳ工况	1.081	基本稳定
	Ⅲ工况	1.086	基本稳定

续表 6-6

计算剖面	工况	稳定系数	稳定状态
Ⅳ—Ⅳ′（上级）	Ⅰ工况	1.116	基本稳定
	Ⅳ工况	1.056	欠稳定
	Ⅲ工况	1.024	欠稳定
Ⅳ—Ⅳ′（下级）	Ⅰ工况	1.018	欠稳定
	Ⅳ工况	0.963	不稳定
	Ⅲ工况	0.987	不稳定

二、南川东路滑坡

（一）滑坡基本特征

南川东路滑坡位于西宁市南川河东侧南山丘陵区斜坡上，20 世纪 70 年代至 2008 年 4 月，曾发生中型、小型滑坡 4 次，规模 $4.4×10^4$～$40.0×10^4 m^3$，崩塌 5 次，共造成 5 人死亡，部分公路、电力、供水管线被毁，交通中断。特别是 2007 年 9 月 5 日 7 时 20 分，老滑坡复活滑动，滑坡体长 110m、宽 80m，平均厚 5m，规模为 $4.4×10^4 m^3$，滑坡体向前滑动 20m，将南川东路宽 15m 的路面覆盖，造成交通中断。近年来由于降雨、工程活动和绿化灌溉渗水等，东西长约 140m、南北宽约 1700m 的坡体不断蠕滑变形演化为 11 个中小型滑坡。《西宁市地质灾害调查与区划报告》《西宁市地质灾害红线图》均将该地区划分为地质灾害高易发区。

（二）滑坡形成条件及影响因素

据本次勘查，并结合已有的前人资料成果分析，影响南川东路滑坡的主要因素有地形、地层岩性、降雨、人类工程活动。

1. 地形

南川东路滑坡分布于西宁南山坡积裙松散堆积层中，地形坡度平均为 34.5°，高差 65～135m，由于地形坡度较陡、高差较大，地震等瞬间荷载作用对坡面产生的水平加速度随着高度增加、坡形变陡而被非线性放大，从而增加了在偶然工况下滑坡局部崩塌、滑动或整体滑动的风险；由于开挖植树，坡体上形成很多约 1.0m 宽、高约 0.5 的平台，此举虽减少了坡面径流冲刷的强度，但是延长了入渗时间，增加了入渗量，增加了滑坡的失稳风险；后缘滑坡壁为出露的层理结构面近乎水平的第三系（古近系和新近系）泥岩，高差为 15～42m，坡形近乎直立，坡度平均为 82°，滑坡壁脚下不断堆积大量的崩塌体及碎屑，增加了滑坡的加载效应；前缘为南川河河谷平原区，地形平坦、开阔，为滑坡剧滑提供了广阔的空间。

2. 地层岩性

组成松散堆积层的岩性主要为含石膏块、泥岩块的粉质黏土和黏土，由于石膏块、泥岩块的支架作用，土体空隙率较大，结构疏松，发育有较好的水流入渗通道、透水性好。石膏块在潮湿环境中易吸水膨胀解体($CaSO_4+2H_2O=CaSO_4 \cdot 2H_2O$),不断增大坡体的松散程度,对于粉质黏土和黏土的正常固结进程有很大的影响,从而影响整个滑坡的自稳性。其下伏岩性为层理结构面近乎水平的第三系泥岩,为相对隔水层,接触面遇水易软化、泥化,易形成软弱滑动面。另外,滑坡后缘危岩体的蠕滑变形对滑坡的加载效应也是一个重要因素。

3. 降水、灌溉水

滑坡区降水集中、强度大,暴雨多集中在6—9月,尤以7—8月最多,年平均降水量369.1mm,是全省暴雨强度最大的地区,该区作为西宁市近年来重点绿化的地段需大量的灌溉水,且灌溉时间也多集中在6—9月,故大量的水持续入渗后,第三系泥岩的相对隔水性无法及时得到排泄,致使坡体内含石膏块、泥岩块的黏土层局部处于饱水状态,来自上部松散层的入渗水、地下水积聚在基岩面上(滑动面或滑动带上),使得滑带泥化、软化,大大降低了抗剪强度。滑体的变形及解体总是沿该面活动,H4滑坡滑动后,出露在滑体中上部的Q1泉点就是有力的证据,该泉点在2010年7月26日的实测流量比较小为0.05L/s,其流量在降雨后陡增达0.17L/s(2010年9月2日10时实测,2010年9月1日17时突降大雨)。因此,大量水的瞬时入渗对于松散堆积层滑坡初始位移的激发、间歇性蠕滑变形以及失稳剧滑的各个阶段都有很大的影响。

4. 人类工程活动

滑坡区坡脚处原为商铺和住户(现已拆迁),人为开挖坡脚拓宽建筑用地的现象较为严重,南川东路滑坡作为推移式滑坡,开挖坡脚造成阻滑段抗滑力降低,使得滑坡稳定性系数降低,不利于坡体的整体稳定。近年来,随着西宁市南北山绿化工程的实施和南山公园的发展需要,斜坡上种植了大量的树木,需定期灌溉树木,而那种无视树木的需水量而大量灌溉的行为,导致大部分灌溉用水渗入坡体内,从而增大了滑坡滑动风险。

(三)滑坡变形特征分析

据调查、勘查资料分析,南川河河谷平原区向南山丘陵区过渡的斜坡带上分布有11处中小型滑坡(图6-10),滑体平均厚度约8.05m,总体积155.3×10⁴m³,为一大型土质滑坡群,斜坡坡度343.5°,主滑方向276.2°,后缘高程2375m,前缘高程2270m,平均高差约105m,滑坡后壁处多为直立的陡崖,高18~34m,坡体上因绿化植树开挖形成了多级高约0.5m、宽约1m的台坎,坡体前缘局部为高2~8m的陡坎。南禅寺—南山公园观景台坡段(H1~H4滑坡)坡度较陡,平均坡度达38°;中南汽车修理厂东侧坡段(H5滑坡)坡度相对较缓,平均坡度28.5°;加油站东北侧坡段(H6-1、H6-2)坡度较陡,平均坡度达34°;加油站—南苑小区坡段(H7-1~H7-3)平均坡度为33°。在H1滑坡前缘高程约2273m处修建有一高6.8m、顶宽0.8m、底宽1.7m、长20m的浆砌石挡土墙;在H4滑坡前缘高程2 272.8处修建一高2m、长约40m的挡土墙;在H5-1、H5-2滑坡前缘高程约2277m处修建有一高2.0~7.4m、底宽1.0m、顶宽0.5m、长178m的浆砌石挡土墙。组成滑坡群的各滑坡几何特征见表6-7。

受降水、绿化灌溉水以及人类工程活动等影响,滑坡复活迹象十分明显,形成多处局部复活滑动。目前,未发现滑坡整体复活滑动迹象,但滑坡体中部和前缘局部的复活滑动较明显,根据滑坡空间形态及近期变形特征分为以下11个滑坡。

自20世纪70年代至2009年3月,南川东路一带共发生中型、小型滑坡4次,规模4.4×10⁴~40×10⁴m³。下面对各坡段滑坡的变形特征叙述如下:

1)南禅寺—观景台坡段

该段是由H1、H2、H3、H4共4个滑坡中小型组成的滑坡群。1998年9月,青海省地质环境监测总站对该滑坡群开展了长期动态变形监测工作,2005年5月南川东路滑坡下方居民搬迁完成后,监测工

图 6-10 西宁市南川东路滑坡全景图

作停止。通过 7 年的监测显示,该滑坡群始终处于向下蠕滑状态,滑坡位移量具有由前部向后部增大、水平位移量大于垂直位移量的规律(表 6-7)。

表 6-7 滑坡位移量统计表　　　　单位:cm

位移量		H1		H2		H3		H4	
		水平	垂直	水平	垂直	水平	垂直	水平	垂直
后部	累计	238	174	185	19	303	273	91	87
	月均	4.58	3.35	3.56	0.37	5.83	5.25	1.75	1.67
	日均	0.15	0.11	0.12	0.01	0.19	0.17	0.06	0.06
前部	累计	63	30	103	5	261	163	63	42
	月均	1.21	0.58	1.98	0.10	5.02	3.13	1.21	0.81
	日均	0.04	0.02	0.07	0.003	0.17	0.10	0.04	0.03

注:据青海省地质环境监测总站《西宁市地质灾害监测报告(2001—2005)》。

2007 年 9 月 5 日 7 时 20 分,H4 滑坡中部滑动,滑坡体长 110m、宽 80m、平均厚 5m,规模为 $4.4 \times 10^4 m^3$,滑坡体向前滑动 20m,将南川东路宽 18m 的路面堆积,造成交通中断,并推倒电线杆,幸未造成人员伤亡。2009 年 3 月 19 日,因滑体开春融化,该滑坡再次发生滑动,滑体长 66m,宽度 5~13m,厚度约 3m,规模约 $1458m^3$。2009 年 6 月 18 日,对该滑坡进行了应急排险处理,采用了上部削坡、下部回填压脚的处理措施,但目前该滑坡的变形还在继续,后缘拉张裂缝十分发育。根据现场调查,目前 H1、H2、H3、H4 滑坡仍然处于蠕滑变形阶段,前缘不甚明显,但滑坡后缘普遍发育有宽度达 5~20cm 的拉张裂缝,并形成高度 0.5~1.0m 不等的滑移台坎,总体滑坡稳定性差。本次滑坡变形监测在该坡段埋设 6 个监测点 JC1、JC2、JC3、JC4、JC5、JC6,其中 H1 上为 JC1;H2 上为 JC2、JC3;H3 上为 JC4;H4 上为 JC5、JC6。

2)中南汽修厂东侧坡段(H5-1、H5-2)

该段滑坡于 1972 年产生滑动,为老滑坡体。据调查,该滑坡发生滑动后滑体掩埋了整个南川东路,滑坡舌达到南川河,造成 6 人死亡,南川东路中断半月余。目前滑体坡面呈凹形,滑坡后缘存在宽 20～30m 的滑移平台,呈缓坡状,现场调查在滑体后缘和滑体中部都没有发现明显的变形迹象。滑坡前缘设有浆砌石挡土墙,挡土墙在滑坡中部最高,可达 8m,向两边随滑体厚度变小而逐渐变低,现场调查没有发现挡土墙整体开裂破坏的迹象,仅在挡土墙中部(滑体最厚的部位)发现有挡土墙鼓起破坏和挡土墙前缘排水沟变形、人行道地面隆起等现象。

3)加油站北侧段

该段发育两处滑坡体(编号 H6-1、H6-2)。其中 H6-1 滑坡坡面形态呈凸形,滑坡前缘呈陡坎状,变形迹象不明显,滑坡后缘形成一条宽 10～30cm 的贯通拉张裂缝。H6-2 滑坡坡面形态呈凹形,滑坡前缘有砌石挡土墙,新近变形迹象不明显。本次滑坡变形监测在该坡段 H6-1 埋设 1 个监测点 JC7。

4)加油站—南苑小区坡段

该段是由 H7-1、H7-2、H7-3 共 3 个滑坡组成滑坡群,滑坡群前缘为加油站和南苑小区修筑有浆砌石挡土墙,挡土墙没有变形迹象,滑坡前缘总体变形迹象不明显。但滑坡后缘变形剧烈,后缘形成贯通的拉张裂缝,其中 H7-1、H7-2 滑坡新近下错变形明显,形成高约 1m 的滑移台坎。H7-3 滑坡后缘也发生明显的滑移变形,滑坡错断后缘的一处墓穴。本次滑坡变形监测在该坡段埋设 2 个监测点 JC8、JC9,其中 H7-2 上为 JC8;H7-3 上为 JC9。

9 个监测点(2010 年 7 月,用深 30cm 水泥现浇墩设置在各滑体上的监测点)的位移-时间(单位:m-d)变化曲线显示,滑坡位移变化规律性较差且变化量小,目前滑坡仍然处于间歇性蠕滑变形阶段,但由于累计变形滑坡后缘普遍发育有宽度达 5～20cm 的拉张裂缝共 14 条,形成高度 0.5～1m 不等的滑移台坎,总体稳定性差。

据已有的防护工程变形调查,H1 滑坡前缘挡土墙体上有 3 条竖向平行的裂缝,宽度 8～20cm。H5 滑坡前缘挡土墙体局部鼓起以及浆砌石块坠落等变形迹象,鼓起高度在 1cm 左右。

(四)滑坡稳定性分析

1. 滑坡物理力学参数的选择

滑带、滑体、滑床的物理力学参数选取直接关系到滑坡稳定性计算结果的科学合理性,对滑坡治理工程的科学性、经济性有着决定作用。根据南川东路 11 处滑坡的物质组成、岩土性质、破坏特征等具有高度的区域相似性,故同一坡段的滑坡采用相同的物理力学指标。

南川东路滑坡勘查共采集试验样品 540 件。滑体天然重度根据野外大面积重度试验结合室内试验原位试验值和室内试验值所占的权重分别为(20%、80%)综合确定其天然重度取 $18.97kN/m^3$,饱和重度取 $19.19kN/m^3$。

由于南川东路滑坡滑带土塑性区处于贯通的初始阶段,滑带土抗剪强度参数 C、φ 值应取饱和快剪残、峰值之间的值。滑坡岩、土体特殊的岩土性质(多为风化后的块体)加之试样采集过程中岩土样本身极易被扰动,造成土工试验结果易失准,尤其是力学指标偏大,所以根据试验结果以及结合抗剪强度参数反演值综合确定其力学指标(试验值和反演值所占的权重分别为 5% 和 95%)。

根据上述的反演及敏感性分析结果,结合南川东路滑坡现状条件及监测资料,综合确定南禅寺—观景台坡段(H1～H4 滑坡)、中南汽车修理厂东侧坡段(H5-1、H5-2 滑坡)、加油站东北侧坡段(H6-1、H6-2 滑坡)、加油站—南苑小区坡段(H7-1～H7-3 滑坡)各滑坡稳定性计算所需强度指标及次一级滑坡

H2-1、H3-1~H3-3 级滑坡稳定性计算所需指标推荐值(表6-8)。

表6-8 各坡段滑坡稳定系数计算所需滑带土体抗剪强度指标推荐值

抗剪强度		H1	H2	H3	H4	H5-1	H5-2	H6-1	H6-2	H7-1	H7-2	H7-3
黏聚力 (kPa)	天然	32.8	30.86	30.86	32.03	35.85	35.85	32.75	32.75	29.58	29.58	31.36
	饱和	29.8	27.86	27.86	29.03	32.85	32.85	29.75	29.75	26.58	26.58	28.36
内摩擦角 (°)	天然	24.85	22.73	22.73	22.52	21.41	21.41	18.65	18.65	16.27	16.27	21
	饱和	24.77	22.65	22.65	22.44	21.33	21.33	18.56	18.56	16.19	16.19	20.8

2. 计算工况的选取

南川东路滑坡防治工程等级为Ⅰ级,后缘紧邻西宁市南山公园,前缘与南川东路相接,鉴于滑坡所处的特殊地理位置,安全系数取1.3,其荷载组合应包括基本荷载和特殊荷载,具体可按以下3种工况进行计算:

Ⅰ工况——自重天然状态,安全系数取1.3。

Ⅱ工况——自重+持续降雨,安全系数取1.15。

Ⅲ工况——自重+持续降雨+地震,地震按0.1g考虑,安全系数取1.1。

3. 滑坡稳定性计算方法及结论

本次南川东路滑坡稳定性分析方法采用《滑坡防治工程勘查规范》(DZ/T 0218—2006)推荐的不平衡推力传递法。

在Ⅰ工况(天然)条件下:H7-3、H5-2 滑坡为稳定状态;H1、H5-1、H6-1、H6-2 滑坡为基本稳定状态;H2、H3、H4、H7-1、H7-2 滑坡为欠稳定状态。

在Ⅱ工况(天然+降雨)条件下:H7-3、H5-2 滑坡为稳定状态;H1 滑坡为基本稳定状态;H5-1、H6-1 滑坡为欠稳定状态;H2、H3、H4、H6-2、H7-1、H7-2 滑坡为不稳定状态。

在Ⅲ工况(天然+降雨+地震)条件下:H7-3 滑坡为基本稳定状态;H5-2 滑坡为欠稳定状态;H1、H2、H3、H4、H5-1、H6-1、H6-2、H7-1、H7-2 滑坡为不稳定状态。

具体稳定性系数和稳定性状态见表6-9。

表6-9 南川东路滑坡稳定性系数及稳定状态评价表

滑坡	稳定性	Ⅰ工况(天然)	Ⅱ工况(天然+降雨)	Ⅲ工况(天然+降雨+地震)
H1 滑坡	稳定系数	1.120	1.068	0.883
	稳定状态	基本稳定	基本稳定	不稳定
H2 滑坡	稳定系数	1.048	0.996	0.819
	稳定状态	欠稳定	不稳定	不稳定
H3 滑坡	稳定系数	1.005	0.957	0.813
	稳定状态	欠稳定	不稳定	不稳定
H4 滑坡	稳定系数	1.017	0.970	0.821
	稳定状态	欠稳定	不稳定	不稳定

续表 6-9

滑坡	稳定性	Ⅰ工况（天然）	Ⅱ工况（天然＋降雨）	Ⅲ工况（天然＋降雨＋地震）
H5-1 滑坡	稳定系数	1.069	1.029	0.846
	稳定状态	基本稳定	欠稳定	不稳定
H5-2 滑坡	稳定系数	1.372	1.322	1.048
	稳定状态	稳定	稳定	欠稳定
H6-1 滑坡	稳定系数	1.090	1.029	0.863
	稳定状态	基本稳定	欠稳定	不稳定
H6-2 滑坡	稳定系数	1.051	0.991	0.836
	稳定状态	基本稳定	不稳定	不稳定
H7-1 滑坡	稳定系数	1.011	0.947	0.854
	稳定状态	欠稳定	不稳定	不稳定
H7-2 滑坡	稳定系数	1.049	0.983	0.819
	稳定状态	欠稳定	不稳定	不稳定
H7-3 滑坡	稳定系数	1.233	1.270	1.065
	稳定状态	稳定	稳定	基本稳定

三、北山寺滑坡

(一)滑坡基本特征

北山寺滑坡发育的主要地质灾害有老滑坡及其上的林场场部Ⅰ号新滑坡、三清殿Ⅱ号新滑坡和深层潜在滑坡。

1)林场场部Ⅰ号新滑坡

Ⅰ号新滑坡位于西部林场旧场部以北的斜坡上,其形态呈不规则舌形(图6-11)。滑坡后缘呈圈椅状,壁高4.5m,壁面倾向南且陡立,东侧为冲沟,西侧为滑动后形成的陡坎,地貌特征明显。该滑坡体积约9218m³。目前,滑坡后缘发育2条拉张裂缝,裂缝延伸长度18m,宽度0.03～0.05m,走向260°,倾角近直立。

据钻孔揭露,滑体下部挤压、扰动明显,在与下伏基岩接触面处,可见光滑的滑动面,且有针状擦痕及滑动阶步。滑面剖面形态呈前缘平缓、后缘较陡的特征。滑动带物质为黏性土夹泥岩、石膏碎块。

2)三清殿Ⅱ号新滑坡

Ⅱ号新滑坡位于坡体中部三清殿南侧,于2001年3月30日凌晨发生滑动。滑坡平面形态似葫芦形。南北长65m,东西宽32m,厚度8.6～12.5m,面积485m²,体积约5820m³。滑坡后壁呈圈椅状,壁面高7.0m。滑坡前缘形成鼓丘。后壁于2002年5月4日再次产生轻微滑动变形,且坡体后缘发育了3条拉裂缝,缝宽0.03～0.3m,走向110°,延伸长度为20～25m,三清殿殿堂墙体变形明显。前缘人工

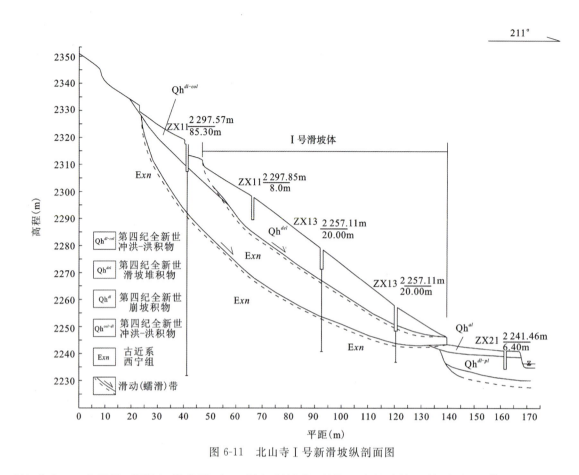

图 6-11 北山寺Ⅰ号新滑坡纵剖面图

开挖形成 6m 高陡坎,据勘探钻孔揭露,Ⅱ号新滑坡靠近滑面处滑动挤压较破碎,滑体下部层状的泥岩和石膏岩挤压、扰动明显,界面清晰。该滑动面总体倾向南,基本与坡面一致,滑面光滑、潮湿,具针状擦痕及滑动阶步,滑面呈圆弧形(图 6-12)。滑动带物质为黏性土夹泥岩、石膏碎块。

(二)滑坡变形特征分析

1. 基本特征

北山寺斜坡除老滑坡及其上发育的林场场部Ⅰ号新滑坡、三清殿Ⅱ号新滑坡及大量的拉裂变形外,在深层岩体内还发育一潜在蠕滑面,孕育着一大型深层潜在滑坡。勘探成果表明,深层潜在滑坡内呈层状结构的岩层与同一高程完整基岩的岩性特征并不相同,表明深层潜在滑坡范围内岩体发生了一定的变位。

2. 深层潜在滑坡的形成机制

区内由于湟水河的快速下切及河流的侧蚀作用,形成了泥岩、粉砂岩与石膏岩的互层状高陡斜坡。湟水河Ⅱ级阶地形成以后,北山寺斜坡所在岸坡相对高差达 200m(斜坡坡脚一带高程为 2240m,北塔山一带高程达 2433m),斜坡坡度较陡,坡度总体在 40°以上,且临空条件好,伴随该斜坡形成过程中环境条件的极大改变,坡体应力场发生重分布,坡脚一带局部形成应力集中区,坡体后缘是拉应力集中的部位,必然使坡体向临空方向膨胀回弹、滑移,产生与坡面近于平行的卸荷裂隙。这些裂隙主要沿平行于坡面的一组结构面发生松动与张开,致使岩体的完整性变差,结构松弛,在遇水条件下,它不仅为水的渗入提供了通道,而且泥岩遇水后软化,强度降低,使坡体变形呈持续性发展,造成斜坡局部崩塌。浅表部坡体

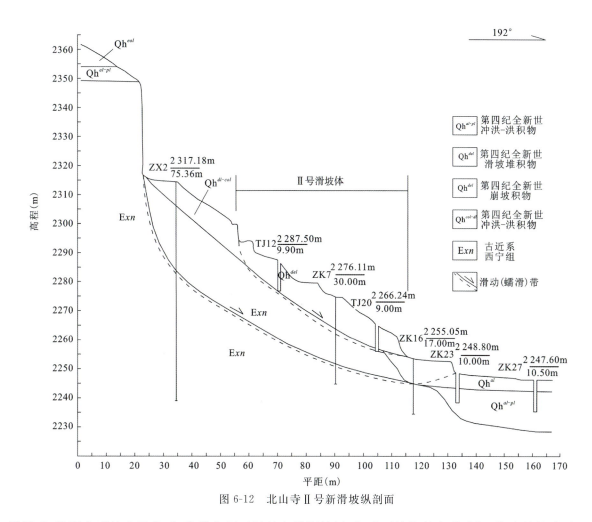

图 6-12 北山寺Ⅱ号新滑坡纵剖面

崩塌后，拉裂变形缝在风化、卸荷等作用下继续向纵深扩展，加速了坡体的变形破坏，使大量的崩坡积物堆积于下部坡体上，而在坡体后缘形成陡崖地貌。

在上述地形地貌条件下，陡崖上下坡体的应力场也发生变化。陡崖下坡体后缘是拉应力分布区；坡脚一带形成局部剪应力集中区，且最大剪应力作用方向与层面近于平行，一旦坡体中发育有该方向的软弱层面，就成为坡体的潜在滑移面。泥岩遇水后软化，强度大大降低，尤其是泥岩与石膏岩或泥岩与细砂岩层之间的界面，有利于地下水的富集，这些面常成为坡体中的潜在软弱面，直接控制斜坡的稳定性。结合北山寺斜坡所处环境条件及坡体结构特征，北山寺深层潜在滑坡的形成演化可分为如下阶段：

（1）卸荷回弹、坡体卸荷回弹、前缘沿潜在弱面滑移阶段斜坡形成过程中，坡体沿强度较低的泥岩与石膏岩或泥岩与细砂岩层面间向临空面蠕滑。

（2）后缘拉裂变形阶段。由于斜坡坡缘存在拉应力分布区，当斜坡坡脚前缘向临空方向滑移时，在拉应力作用下坡缘形成陡倾拉裂缝。对北山寺斜坡，岩体中发育了一组倾向坡外（倾向南—南西向），倾角近直立的一组较平直的裂隙，为坡体后缘拉裂缝的形成提供了天然条件。拉裂缝又为大气降水、融雪水的渗入和风化营力的作用提供了条件，因而拉裂缝逐渐自坡面向坡内、自地表向深部扩展。

（3）压致拉裂自下而上扩展阶段。斜坡前缘沿弱面向临空方向滑移、后缘坡顶出现拉裂变形的同时，前缘的剪切滑移也逐渐向坡内扩展，在滑移锁固点因拉应力集中，形成与滑移面近于垂直的拉张裂缝，这种拉张裂缝最先出现在与泥岩面接触的石膏岩或细砂岩面附近。随变形发展，裂缝向上扩展且其方向并逐渐转成与坡内最大主应力方向趋于一致的压致拉裂面。

(4)深层潜在滑移面的形成、贯通阶段。随着压致拉裂面逐渐向上扩展的同时,后缘拉裂也逐渐向坡体深部扩展,在坡体中部形成潜在的剪应力集中带,使其间的锁固段将逐渐压碎、扩容、剪断,直至形成贯通性滑移面。目前坡体还处于深层蠕滑面贯通阶段,为一大型的潜在滑坡。

从上述过程可知,北山寺深层潜在滑坡是滑移—拉裂—剪断复合机制作用下形成的,按上述机制,北山寺深层潜在滑坡目前还处于蠕滑面潜在贯通阶段,坡体位移不大,岩体仍呈泥岩与石膏互层状结构。

此外,在该位置之上高 3.5～4.0m,高程 2283m 附近,又一阶梯面向前面位移 10～15cm。同时在该阶梯上高程 2260～2300m 之间还发育一条不连续纵向拉裂缝。

除上述建筑物与人工阶梯的拉裂变形外,坡体表部的拉裂变形特征也很明显。在坡体后缘土楼观一带,有 3 条贯通性好、发育平距 5～10m、延伸长度均在 100m 以上的长大拉裂缝。如后缘小路上延伸长度 350m 左右,走向 255°～292°,倾角 65°～90°,呈波状展布,缝宽 0.02～0.10m 的拉裂缝以及斜坡陡崖脚下延伸长度 450m 以上,走向与陡崖走向一致,锯齿状展布,缝宽 0.05～0.16m 的拉裂缝等,这些拉裂缝走向近东西向,倾角 65°～90°,长度达 400～500m,拉裂缝深一般达 4.5～7.3m,基本深切至泥岩(TJ4 探槽揭露的拉裂缝深 7.3m)。国内外大量研究成果表明,坡体上发育这种延伸长、连续性好的长大拉裂缝一般与斜坡岩体的拉裂或滑坡体中发育较深、连续性好、分布稳定的软弱带(面)的蠕滑有关。如在青海省李家峡水电站蓄水过程中,伴随库水位的上升,在库区的Ⅰ号、Ⅱ号滑坡相继在滑体中后部形成数条长 100～200m 的长大拉裂缝,对这些拉裂缝发育特征研究表明,滑坡体的拉裂主要沿滑体中的主、次滑动面或大的层间挤压带发育。因此,坡体后部、中后部的长大拉裂缝,主要是潜在滑坡沿深层蠕滑面滑移形成的深层拉裂缝。

此外,Ⅱ号新滑坡后缘至三清殿(高程为 2290～2310m)范围内也发育了 4 条长 10～50m、平距 5～10m 的拉裂缝,同时对Ⅱ号新滑坡变形观测结果表明,Ⅱ号新滑坡目前仍有少量的变形,坡体后缘位移量为 2mm,中部位移量为 1mm 左右。

该亚区因坡体西侧临空条件好,多数拉裂缝在西侧都向该沟内延伸,坡体的变形与破坏特征严重,这充分反映了本亚区坡体的稳定性最差,同时,它又是大量建筑物集中分布的区域,是治理的重点地段。

(三)北山寺地质灾害斜坡的稳定性分析

利用数值分析手段可以获得斜坡的应力状态、变形特征、破坏发生的主要部位和斜坡的稳定性。按照北山寺斜坡变形、破坏的分区特征,选取各区段有代表性的剖面进行有限元分析。

1. 斜坡变形、破坏特征的有限元分析

该区段位于北山寺的西段,主要代表性剖面为Ⅵ剖面,概化的剖面地质结构见图 6-13。虽然西宁北山寺山体的高度较高,但曾经有过湟水河较长时期的侵蚀—堆积过程,北山寺上部有Ⅵ级阶地堆积,因此岩体的应力状态可以按自重场考虑。在这种条件下后部斜坡的高度可以适当取小一些。

剖面网格剖分以四边形单元为主,左、右侧及底边为光滑约束,共划分 926 单元,1032 个节点。

材料取值根据勘察获得的资料,结合第三系红层的地区性岩体力学参数进行取值,各地层基本力学参数见表 6-10,表中各岩、土体给出的范围值主要是为了研究斜坡的稳定状况使用。

2. 计算成果分析

1)斜坡应力方位和位移状况

斜坡上部、中上部最大主应力偏转明显,有的与坡线近于平行;斜坡中下部主应力偏转减小,在地形较平处尤为明显。在最大主应力与水平成层的地层交角变小的情况下,易于在一些水平弱面或层面处分异出较高的剪应力,从而导致压致拉裂缝的出现。

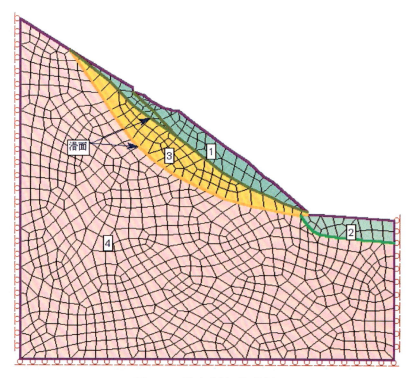

图 6-13　Ⅵ地质剖面概化图

表 6-10　岩、土体物理力学参数

名称	密度 (kN/m³)	变形模量 (MPa)	泊松比	抗拉强度 (MPa)	内摩擦角 (°)	残余摩擦角 (°)	内聚力 (MPa)	残余内聚力 (MPa)
坡积层	20～22	30～36	0.32	0	21～23	17～20	0.04～0.07	0.02～0.035
黄土	20～22	35	0.32	0	22～24	17～21	0.03～0.06	0.02～0.03
斜坡浅表部泥岩	24	350	0.27	0.005	32～34	29～31	0.1～0.2	0.06～0.08
斜坡较深处泥岩	24.5	800	0.024 5	0.08～0.2	33～38	30～33	0.3～0.5	0.08～0.1

斜坡表部的位移矢量不仅与坡线交角较小,而且量值较高,在斜坡中上部差异更为明显,位移的差距导致斜坡中上部出现拉裂变形,这与现场斜坡的变形状况是一致的。

2) 斜坡应力状态及破坏区范围

研究斜坡的应力状态,可以了解斜坡地段主应力量值的变化情况,斜坡应力有无明显集中的部位,同时也可以为分析斜坡的稳定性提供基本资料。

用计算成果绘制的最大主应力 $S1$、最小主应力 $S3$ 和最大剪应力等值线图。斜坡表部应力量值 $S1=0.096\sim0.192\mathrm{MPa}$,较按土层厚度计算的自重应力高,至深部应力等值线仍受斜坡地形的影响,呈现与斜坡线大致相近的延伸趋势。

斜坡最小主应力在斜坡浅表部量值为 $S3=0.025\sim0.05\mathrm{MPa}$,较等值线在基岩与坡积层界面有明显的偏转。最小主应力在后部陡崖下部较深部位量值为 $0.025\mathrm{MPa}$,这是该处出现拉裂缝的一个重要原因。

斜坡最大剪应力等值线在陡崖段较为平缓,在斜坡中上部与斜坡线的走势基本一致,在坡脚处无明显的剪应力集中区。

破坏区集中在两个部位:一处是斜坡中部坡积物堆积地段,另一处是陡崖上部卵石黄土地段。斜坡地段破坏形式,高处以拉破坏为主,在下部第三系基岩也有拉破坏单元出现,这与在此处出现拉裂缝是一致的。

根据阻滑力、下滑力计算的该剖面较深部位潜在滑面的稳定性系数、剩余下滑力见表6-11。

表6-11 Ⅶ剖面潜在滑面不同状态下稳定状况

强度参数 $\tan\varphi$	滑面抗滑力(MN)	滑面滑动力(MN)	剩余下滑力(MN)	稳定性系数 K
0.384	24.86	25.13	0.273	0.989
0.465	21.21	18.85	−2.36	1.125
0.509	25.67	20.99	−4.682	1.222

四、盐庄—西杏园北侧不稳定斜坡

(一)不稳定斜坡基本特征

西宁市城北区盐庄—西杏园北侧潜在不稳定斜坡位于城北区盐庄新村至西杏园村段后侧斜坡处,不稳定斜坡前缘坡脚高程2263~2300m,后缘高程2345~2355m。不稳定斜坡所处斜坡横宽约5770m,纵长80~280m,斜坡危险区范围约1.67km²。坡体以土质边坡为主,岩性主要为晚更新世风积黄土,由于坡体紧邻居民聚集区,受人类工程活动影响较严重,坡脚位置均被开挖为高3~10m的陡坎,天然条件下稳定性较差,易发生局部滑塌、崩塌等灾害;在降雨或地震作用下,斜坡更易引发大面积的滑塌、崩塌等危害性较大。

依据斜坡体的地形、地貌及岩土类型特征等的差异,将不稳定斜坡自西向东分为3个区,分别为:Q1不稳定斜坡(西杏园村—马坊村东),呈曲线形分布,全长2.61km;Q2不稳定斜坡(马坊村东—盐庄新村西),呈直线形分布,全长2.54km;Q3不稳定斜坡(盐庄新村东),折线形分布,全长0.62km。据现场走访调查,3段不稳定斜坡有不同程度的变形迹象。

1. Q1不稳定斜坡

Q1不稳定斜坡位于西宁市城北区西杏园村至马坊村东段,不稳定斜坡前缘坡脚高程2273~2300m,后缘高程2338~2345m,相对高差45~65m,呈曲线形展布,全长约2.61km。斜坡为土质斜坡,由第四系上更新统风积黄土组成,前缘紧邻居民聚集区,受人类工程活动影响严重,斜坡在天然及降雨或地震条件下,稳定性较差,易出现滑塌、崩塌等灾害,威胁坡脚居民102户350人及住宅楼共6栋。

根据不稳定性斜坡体上自然冲沟及山脊等地形的发育情况,微地貌、岩土类型的差异及坡体变形特征等,将Q1自西向东划分为8段不稳定斜坡及1处填土边坡。

1)Q1-1不稳定斜坡

斜坡基本特征:Q1-1不稳定斜坡位于Q1的最西侧,斜坡横宽约223m,纵长约65m,坡高20~30m,为土质斜坡。斜坡坡面形态为直立矩形,平面形状近似马蹄形,坡向255°,纵剖面形态为折线形,整体呈上缓下陡,前缘坡脚坡度约90°,近于直立,临空面高15~25m,坡面因逐年累积崩落变形呈不规则曲面(图6-14)。

斜坡物质组成:Q1-1不稳定斜坡主要由第四系上更新统风积黄土组成。黄土:以土黄色为主,一般粉土含量达70%以上,大孔隙和垂直节理发育,含钙质结核,具湿陷性,厚度大于50m,干强度较高。

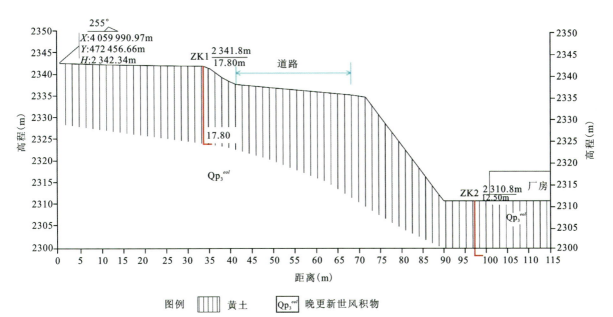

图 6-14　Q1-1 不稳定斜坡工程地质剖面

变形特征：不稳定斜坡前缘坡脚处被人工开挖为 15~25m 高的陡坎，陡坎面约 90°，陡坎临空面处每逢雨季局部有土体坍塌、崩落现象，斜坡坡脚处有零散堆积物分布。

2）Q1-2 填土边坡

斜坡类型：该斜坡为人工填土质边坡。

形态特征：该填土边坡位于 Q1-3 不稳定斜坡西侧，在原天然斜坡上弃土弃渣等堆积而成，堆积时间大于 3a。该填土边坡前缘宽 177m，纵长 110m，坡高 18~30m。斜坡平面形状近似"U"形，坡向为 183°，纵剖面形态为折线形，后部为平台，填土段边坡坡度约 42°。坡脚距离下方西杏园村民房最近距离约 15m，民房后因人工开挖形成高约 2m 的陡坎（图 6-15）。

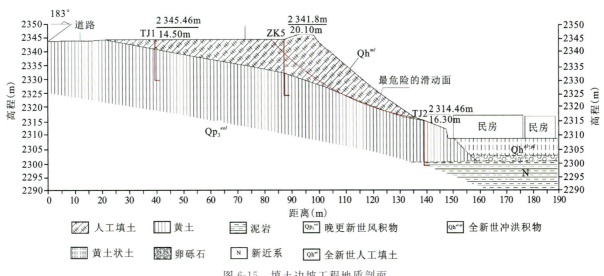

图 6-15　填土边坡工程地质剖面

结构特征：填土边坡为人工弃土弃渣，主要物质成分为黄土及黄土状土，含少量卵砾石及建筑垃圾，填土的压实度大于 90%，稍密—中密，具有黄土的湿陷性，大孔隙及垂直节理发育。

变形特征：根据现场调查访问，于 2013 年 8 月在填土边坡后部地表产生一条弧形拉裂缝，延伸长度约15m,宽5~10cm,可见深度5~20cm,受后期降雨等影响,局部已被粉土充填。边坡下段表层有局部垮塌、溜滑的迹象(图6-16)。

(a)后部拉裂缝　　　　　　　　　　(b)坡面溜滑

图6-16　填土边坡表部变形特征

3) Q1-3不稳定斜坡

斜坡类型:该灾害体为天然土质斜坡。

形态特征:Q1-3不稳定斜坡位于填土边坡东侧,斜坡横宽约196m,纵长约75m,坡高16~20m。斜坡坡面形态为直立矩形,平面形状近似马蹄形,坡向220°,纵剖面形态为折线形,整体呈上缓下陡,坡面呈阶状,阶高约2m,坡脚民房后人工开挖成高约3m的陡坎,陡坎距离民房约3m(图6-17)。

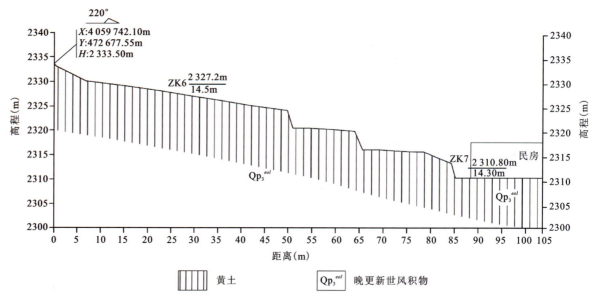

图6-17　Q1-3不稳定斜坡剖面形态

结构特征:Q1-3不稳定斜坡主要由第四系上更新统黄土组成。黄土:以土黄色为主,一般粉土含量达70%以上,大孔隙和垂直节理发育,含钙质结核,具湿陷性,厚度大于50m。

变形特征:不稳定斜坡目前未见变形破坏迹象;斜坡后缘已进行了人工绿化,目前未发现变形迹象。

4) Q1-4不稳定斜坡

斜坡类型:该灾害体为天然土质斜坡。

形态特征:Q1-4不稳定斜坡横宽约105m,纵长约53m,坡高22~25m。斜坡坡面形态为直立矩形,平面形状近似马蹄形,坡向182°,纵剖面形态为折线形,整体呈上缓下陡,斜坡坡度30°~45°,前缘人工开挖形成高约3m的陡坎,陡坎距离下方民房约3.5m(图6-18)。

第六章 地质灾害综合治理 | 159

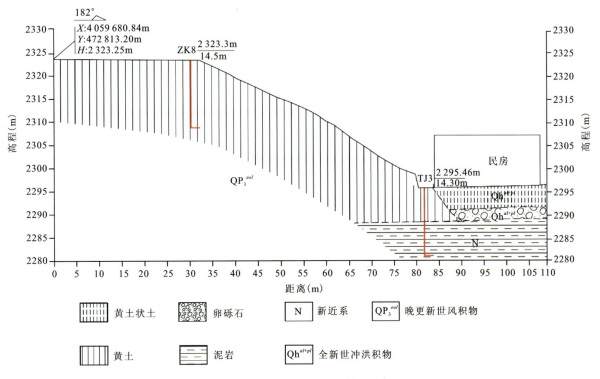

图6-18 Q1-4不稳定斜坡剖面形态

结构特征：Q1-4不稳定斜坡主要由第四系上更新统黄土组成，坡脚为黄土状土下覆卵砾石及第三系泥岩。黄土：土黄色为主，稍密—中密，一般粉土含量达70%以上，大孔隙和垂直节理发育，含钙质结核，具湿陷性，厚度大于50m。黄土状土为灰黄色，具湿陷性，大孔隙发育，厚度大于2m。卵砾石层分选性差、磨圆度好，一般粒径5～10cm，厚度一般2～5m；黄土状土为灰黄色，具湿陷性，大孔隙发育，厚度2～6m。泥岩：紫红色，强度低，遇水软化，岩体破碎，本次勘查未揭穿该层。

变形特征：不稳定斜坡未见变形破坏迹象；斜坡后缘已进行了人工绿化，目前未发现变形迹象。

5）Q1-5不稳定斜坡

斜坡类型：该灾害体为天然土质斜坡。

形态特征：Q1-5不稳定斜坡横宽约480m，纵长约100m，坡高45～53m。斜坡坡面形态为直立矩形，平面形状近似条形，坡向约205°，纵剖面形态为折线形，整体呈上缓下陡，中后部呈缓坡状，中部坡度35°～45°，前缘坡脚坡度较缓，前缘人工开挖形成高约3m陡坎，陡坎距离下方民房约3m。

结构特征：Q1-5不稳定斜坡主要由第四系上更新统黄土组成，坡脚为黄土状土下覆卵砾石及第三系泥岩。黄土：土黄色为主，稍密—中密，一般粉土含量达70%以上，大孔隙和垂直节理发育，含钙质结核，具湿陷性，厚度大于50m。黄土状土为灰黄色，具湿陷性，大孔隙发育，厚度大于2m。卵砾石层分选性差、磨圆度好，一般粒径5～10cm，厚度一般2～5m；黄土状土为灰黄色，具湿陷性，大孔隙发育，厚度2～6m。泥岩：紫红色，强度低，遇水软化，岩体破碎，本次勘查未揭穿该层。

变形特征：不稳定斜坡坡体上目前未发现变形迹象。

6）Q1-6不稳定斜坡

斜坡类型：该灾害体为天然土质斜坡。

形态特征：Q1-6不稳定斜坡横宽约185m，纵长约90m，坡高46～54m。斜坡平面形状近似马蹄形，坡向241°，坡面呈折线形，斜坡整体坡度约30°，前缘坡脚因人工开挖形成高3～5m的陡坎，陡坎距离下方民房约3.5m（图6-19）。

(a) Q1-6 不稳定斜坡右段　　　　　　　　　　(b) Q1-6 不稳定斜坡左段

图 6-19　Q1-6 不稳定斜坡全景图

结构特征：Q1-6 不稳定斜坡主要由第四系上更新统黄土组成，根据钻孔揭露，坡脚下覆第三系泥岩。黄土：以土黄色为主，稍密—中密，一般粉土含量达 70% 以上，大孔隙和垂直节理发育，含钙质结核，具湿陷性，厚度大于 50m。泥岩：半成岩状，强度低，主要成分为黏土矿物。

变形特征：根据现场调查，该不稳定斜坡前缘中部及右侧局部溜滑垮塌严重。其中，右侧溜滑体斜长约 20m，宽 50m，平均厚度约 2m，垮塌体积约 2000m³。中部溜滑体斜长约 25m，宽 45m，平均厚度约 2m，垮塌体积约 2250m³。均形成于 2010 年雨季，溜滑体后缘均有显著下挫，下挫高度 0.5～1m，伴有坡面裂缝及前缘小规模垮塌。

7）Q1-7 不稳定斜坡

斜坡类型：该灾害体为不稳定斜坡，为土质斜坡。

形态特征：Q1-7 不稳定斜坡横宽约 349m，纵长约 117m，坡高 40～45m。斜坡平面形状近似马蹄形，受地形转折影响，该不稳定斜坡可能沿两个方向出现变形破坏，坡向分别为 193°、124°。斜坡纵剖面形态为折线形，上部坡度较缓，坡度小于 5°，下部较陡，平均坡度为 43°。前缘坡脚人工开挖形成高约 2m 陡坎，陡坎距离下方民房 5～10m。

结构特征：Q1-7 不稳定斜坡主要由第四系上更新统黄土组成，坡脚为黄土状土下覆卵砾石及第三系泥岩。黄土：以土黄色为主，稍密—中密，一般粉土含量达 70% 以上，大孔隙和垂直节理发育，含钙质结核，具湿陷性，厚度大于 50m。黄土状土为灰黄色，具湿陷性，大孔隙发育，厚度大于 2m。卵砾石层分选性差、磨圆度好，一般粒径 5～10cm，厚度一般 2～5m；黄土状土为灰黄色，具湿陷性，大孔隙发育，厚度 2～6m。泥岩：紫红色，强度低，遇水软化，岩体破碎，本次勘查未揭穿该层。

变形特征：斜坡整体地形发育较均匀，目前未发现变形迹象。

8）Q1-8 不稳定斜坡

斜坡类型：该灾害体为不稳定斜坡，为土质斜坡。

形态特征：Q1-8 不稳定斜坡前缘横宽约 316m，纵长约 143m，坡高 45～51m。斜坡平面形状近似马蹄形，斜坡坡向为 190°，纵剖面形态为折线形。斜坡上部坡度较缓，多小于 15°。下部较陡，平均坡度为 45°。前缘坡脚人工开挖形成直立临空面，高 3～5.0m，局部可达 10m，坡脚距离民房 3～5m。

结构特征：Q1-8 不稳定斜坡主要由第四系上更新统黄土组成，坡脚为黄土状土下覆卵砾石及第三系泥岩。黄土：以土黄色为主，稍密—中密，一般粉土含量达 70% 以上，大孔隙和垂直节理发育，含钙质结核，具湿陷性，厚度大于 50m。黄土状土为灰黄色，具湿陷性，大孔隙发育，厚度大于 2m。卵砾石层分选性差、磨圆度好，一般粒径 5～10cm，厚度一般 2～5m；黄土状土为灰黄色，具湿陷性，大孔隙发育，厚度 2～6m。泥岩：紫红色，强度低，遇水软化，岩体破碎，本次勘查未揭穿该层。

变形特征：斜坡坡脚局部存在土体坍塌、崩落现象。

9）Q1-9 不稳定斜坡

斜坡类型：该灾害体为不稳定斜坡，为土质斜坡。

形态特征：Q1-9 不稳定斜坡前缘横宽约 190m，纵长约 90m，坡高约 51m。斜坡平面形状近似马蹄形，坡向为 142°，纵剖面形态为折线形，坡度较陡，整体坡度 35°～41°，前缘局部坡脚人工切坡开挖形成高约 3m 的陡坎，陡坎距离下方民房约 2m。

结构特征：Q1-9 不稳定斜坡主要由第四系上更新统黄土组成，坡脚为第四系全新统黄土状土。黄土：以土黄色为主，稍密—中密，一般粉土含量达 70% 以上，大孔隙和垂直节理发育，具湿陷性，厚度大于 50m。黄土状土为灰黄色，具湿陷性，大孔隙发育，厚度大于 2m。

变形特征：斜坡整体稳定，但在左侧坡脚地带及坡面天然冲沟两岸局部有溜滑垮塌现象。其中，位于坡脚的溜滑体横向宽约 40m，斜长约 25m，平均厚度约 2m，总体积约 2000m³，属浅表层滑动。溜滑体后缘形成圈椅状滑壁，下错高度 0.5～1m，坡体表面分布大量裂缝。

2. Q2 不稳定斜坡

1）Q2-1 不稳定斜坡

斜坡类型：该灾害体为不稳定斜坡，为土质斜坡。

形态特征：Q2-1 不稳定斜坡位于 Q2 的最西侧，斜坡横宽约 397m，纵长 90～152m，坡高 46～85m。斜坡平面形状近似"W"形，坡向 208°。剖面总体较平直，顶部为缓坡，下段斜坡坡度 30°～42°，前缘坡脚人工开挖形成高约 2m 陡坎，陡坎距离下方民房约 2m（图 6-20）。

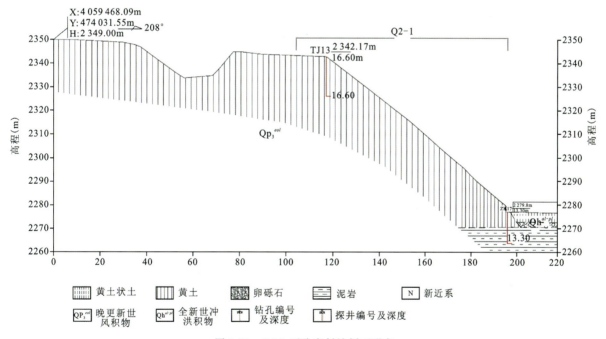

图 6-20　Q2-1 不稳定斜坡剖面形态

结构特征：Q2-1 不稳定斜坡主要由第四系上更新统黄土组成，坡脚为黄土状土下覆卵砾石及第三系泥岩。黄土：以土黄色为主，稍密—中密，一般粉土含量达 70% 以上，大孔隙和垂直节理发育，含钙质结核，具湿陷性，厚度大于 50m。黄土状土为灰黄色，具湿陷性，大孔隙发育，厚度大于 2m。卵砾石层分选差，磨圆度好，一般粒径 5～10cm，厚度一般 2～5m；黄土状土为灰黄色，具湿陷性，大孔隙发育，厚度 2～6m。泥岩：紫红色，强度低，遇水软化，岩体破碎，本次勘查未揭穿该层。

变形特征：不稳定斜坡前缘坡脚临空面目前未见有崩落等变形迹象，斜坡中后部坡体较稳定，未见拉张裂缝等变形。

2) Q2-2 不稳定斜坡

斜坡类型:该灾害体为不稳定斜坡,为土质斜坡。

形态特征:Q2-2 不稳定斜坡横宽约 505m,纵长 165～232m,坡高 84～92m。斜坡平面形状近似马蹄形,坡向 205°,整体上缓下陡,坡度 21°～53°,前缘坡脚因人工开挖形成高 6～9m 的陡坎,陡坎距离民房 5～10m。

结构特征:Q2-2 不稳定斜坡主要由第四系上更新统黄土组成,坡脚 6m 以下为第三系泥岩。黄土:以土黄色为主,稍密—中密,一般粉土含量达 70%以上,大孔隙和垂直节理发育,具湿陷性,厚度大于 50m。泥岩:紫红色,半成岩状,遇水崩解,强度低。

变形特征:斜坡前缘坡脚人工开挖形成 6～9m 高的近直立陡坎,导致马坊村东侧在建基坑以北段斜坡坡脚地带产生局部失稳,伴有后缘下挫,下挫深度 0.5～1m,前缘垮塌。滑塌区面积约 1300m²,厚度约 3m,总体积 3900m³。另在已建金座二期北侧斜坡中下段发育两处滑塌体,体积分别为 300m³ 和 1200m³,均伴有后缘下挫和坡面拉张裂缝。在该斜坡东侧发育的天然冲沟中段左岸局部小范围垮塌。

3) Q2-3 不稳定斜坡

斜坡类型:该灾害体为不稳定斜坡,为土质斜坡。

形态特征:Q2-3 不稳定斜坡横宽约 411m,纵长约 235m,坡高 90～97m。两侧以冲沟为界,后缘以坡顶陡缓交接处为界,前缘以坡脚坡陡坎为界。斜坡平面形状近似马蹄形,坡向 204°,纵剖面形态为折线形,整体呈上缓下陡,坡度 32°～45°,前缘坡脚坡度约 85°,近于直立,临空面高 6～7.5m,坡脚距离民房 5～10m。

结构特征:Q2-3 不稳定斜坡主要由第四系上更新统黄土组成,坡脚为第四系全新统黄土状土,局部卵砾石层出露。黄土:以土黄色为主,稍密—中密,一般粉土含量达 70%以上,大孔隙和垂直节理发育,具湿陷性,厚度大于 50m。卵砾石层分选性差、磨圆度好,一般粒径 4～12cm,厚度约 1.5m;黄土状土为灰黄色,具湿陷性,大孔隙发育,厚度大于 10m。

变形特征:不稳定斜坡前缘坡脚处被人工开挖为 3～5m 高的近于直立陡坎。在斜坡东侧,青拖小区以北段斜坡坡脚地带发育一处溜滑体,斜长约 60m,宽约 70m,平均厚度约 2.5m,总体积 10 500m³。滑塌区变形在后缘形成高近 2m 的圈椅状滑壁,坡面多级下挫并伴有大量拉张裂缝。

发展趋势:据调查,坡体由湿陷性黄土组成,大孔隙和垂直节理发育,具湿陷性,在重力及降水入渗作用下,土体易出现失稳。目前无整体变形破坏迹象,但若强降雨或排水不当等因素导致坡体局部饱水,自重增大,抗剪强度降低,而发生局部浅表层变形、垮塌,甚至滑移破坏,但整体失稳的可能性较小。

4) Q2-4 不稳定斜坡

斜坡类型:该灾害体为不稳定斜坡,为土质斜坡。

形态特征:Q2-4 不稳定斜坡横宽约 399m,纵长约 180m,坡高 90～94m。斜坡两侧以冲沟为界,后缘以坡顶陡缓交接处为界,前缘以坡脚坡陡坎为界。平面形状呈不规则的椭圆形,坡向 239°,剖面形态整体较平直,坡度 35°～45°。前缘坡脚人工开挖形成高 5～6m 陡坎,坡脚距离民房约 30m。

结构特征:Q2-4 不稳定斜坡主要由第四系上更新统黄土组成,坡脚为第四系全新统黄土状土。黄土:以土黄色为主,稍密—中密,一般粉土含量达 70%以上,大孔隙和垂直节理发育,含钙质结核,具湿陷性,厚度大于 50m。黄土状土为灰黄色,具湿陷性,大孔隙发育,厚度大于 10m。

变形特征:不稳定斜坡前缘坡脚处被人工开挖为 5～6m 高的近直立陡坎,不稳定斜坡坡脚陡坎局部有土体坍塌、崩落等现象,有零散堆积物分布于坡脚;斜坡中后部坡体较稳定,未见拉张裂缝等变形。

发展趋势:据调查,坡体由湿陷性黄土组成,大孔隙和垂直节理发育,具湿陷性,在重力及降水入渗作用下,土体易出现失稳。目前无整体变形破坏迹象,若强降雨或排水不当等因素导致坡体局部饱水,自重增大,抗剪强度降低,会发生局部变形、垮塌,甚至滑移破坏,但整体出现变形的可能性较小。

5)Q2-5 不稳定斜坡

斜坡类型：该灾害体为不稳定斜坡，为土质斜坡。

形态特征：Q2-5 不稳定斜坡横宽约 351m，纵长约 172m，坡高 88～94m。斜坡平面形状为不规则的椭圆形，坡向 225°，剖面呈折线形，整体呈上缓下陡，坡度 30°～48°，前缘坡脚坡度约 88°，近于直立，临空面高 3.5～6.5m。斜坡左侧盐庄新村以北段前缘坡脚局部已修建挡土墙，墙高 4m。斜坡右段金座雅园以北段坡坡脚距离楼房约 40m。

结构特征：Q2-5 不稳定斜坡主要由第四系上更新统黄土组成，前缘坡脚局部可见冲洪积卵砾石层，坡脚为黄土状土。黄土：以土黄色为主，稍密—中密，一般粉土含量达 70% 以上，大孔隙和垂直节理发育，具湿陷性，厚度大于 50m。卵砾石层分选性差、磨圆度好，一般粒径 4～8cm，厚度 1.5m；黄土状土为灰黄色，具湿陷性，大孔隙发育，厚度大于 5m。

变形特征：根据现场调查，该段斜坡无整体变形迹象，但在坡体中部局部可见小规模溜滑体，体积约 200m³，在斜坡左侧局部天然冲沟两岸可见小规模坍塌及落水洞，落水洞可见深度约 1m。

3. Q3 不稳定斜坡

Q3 不稳定斜坡位于西宁市城北区盐庄新村西段延伸至盐庄小区，不稳定斜坡前缘坡脚高程 2264～2298m，后缘高程 2327～2345m，相对高差 29～81m，坡体呈南北走向，呈曲线形展布，全长约 620m。斜坡为土质斜坡，由第四系上更新统风积黄土组成，坡脚由黄土状土和卵石组成。前缘紧邻居民聚集区，受人类工程活动影响严重，人工切坡改变斜坡地形，坡脚局部地段近于直立，斜坡在天然及降雨或地震条件下，稳定性较差，易出现滑塌、崩塌等灾害，威胁坡脚盐庄居民点约 75 户 225 人及 16 栋住宅楼。

根据不稳定性斜坡体变形特征、地形地貌的发育情况、岩土类型的差异等，将 Q3 自南向北划分为 3 段不稳定斜坡（Q3-1～Q3-3）。

1）Q3-1 不稳定斜坡

斜坡类型：该灾害体为不稳定斜坡，为土质斜坡。

形态特征：Q3-1 不稳定斜坡位于 Q3 的最南侧，斜坡横宽约 176m，纵长约 97m，坡高 75～81m。斜坡平面形状近似三角形，坡向 219°，剖面形态为折线形，整体上缓下陡，坡度 35°～55°，前缘坡脚局部已修建挡土墙，墙高 4.0m，目前挡土墙未变形；坡脚未做防护段近于直立，临空面高 5～7m，坡脚距离下方楼房约 5m。

结构特征：Q3-1 不稳定斜坡主要由第四系上更新统黄土组成，坡脚为黄土状土和冲洪积卵砾石层。黄土：以土黄色为主，土质较均匀，无明显层理，以粉土为主，上部含少量植物根系，刀切面粗糙，垂直节理发育，孔隙较发育，具湿陷性，厚度大于 50m。卵砾石层分选性差、磨圆度好，一般粒径 4～6cm，厚度 2～3m；黄土状土为灰黄色，具湿陷性，大孔隙发育，厚度 4～8m。

变形特征：根据现场调查，不稳定斜坡坡体上未见拉张裂缝等变形迹象。斜坡右段前缘坡脚已修建浆砌石挡土墙，总长约 80m，墙高 4～6m，目前挡土墙均未出现变形破坏迹象。斜坡左段前缘坡脚无防护措施，因人工切坡开挖形成高 3～5m 的陡坎，局部有土体坍塌、崩落等现象。

2）Q3-2 不稳定斜坡

斜坡类型：该灾害体为不稳定斜坡，为土质斜坡。

形态特征：Q3-2 不稳定斜坡位于 Q3-1 的北侧，斜坡横宽约 175m，纵长 28～37m，坡高约 35m。斜坡平面形状近似马蹄形，坡向 301°，纵剖面形态为折线形，整体呈上缓下陡，中后部坡度 29°～41°，前缘坡脚坡度大于 80°，近于直立，临空面高 8～12m，坡脚处即为道路和民房。

结构特征：Q3-2 不稳定斜坡主要由第四系上更新统黄土组成，坡脚为黄土状土。黄土：以土黄色为主，土质较均匀，无明显层理，以粉土为主，上部含少量植物根系，刀切面粗糙，垂直节理发育，孔隙较发育，具湿陷性，厚度大于 50m。黄土状土为灰黄色，具湿陷性，大孔隙发育，厚度大于 10m。

变形特征：根据现场调查分析，不稳定斜坡坡体上未见拉张裂缝等变形迹象；坡脚高陡临空面，未经防护处理，有小规模土体坍塌、崩落堆积等现象，堆积体体积约 200m³。

3) Q3-3 不稳定斜坡

斜坡类型：该灾害体为不稳定斜坡，为土质斜坡。

形态特征：Q3-3 不稳定斜坡位于 Q3-2 的北侧，斜坡横宽约 115m，纵长约 37m，坡高 32～39m，为土质斜坡。斜坡平面形状近似马蹄形，坡向 278°，纵剖面形态为折线形，整体呈上缓下陡，中后部坡度 19°～25°，前缘坡脚坡度大于 80°，近于直立。坡脚紧邻水泥路村道，村道外侧约 10m 处为厂房。

结构特征：Q3-3 不稳定斜坡主要由第四系上更新统黄土组成，坡脚为黄土状土。黄土：以土黄色为主，土质较均匀，无明显层理，以粉土为主，局部为粉质黏土，上部含少量植物根系，刀切面粗糙，垂直节理发育，孔隙较发育，具湿陷性，厚度大于 50m。黄土状土为灰黄色，具湿陷性，大孔隙发育，厚度大于 5m。

变形特征：根据现场调查分析，不稳定斜坡坡体上未见显著变形迹象。坡脚高陡临空面，未经防护处理，有大面积土体坍塌、溜滑堆积等现象，溜滑区宽约 60m，纵长 18m，平均厚度约 1.5m，总体积约 1600m³。

（二）不稳定斜坡稳定性分析

1. 定性分析

根据现场调查，综合分析斜坡的地质环境条件及变形破坏迹象，对各灾害体进行稳定性定性分析。

Q1-1 不稳定斜坡：坡脚人工开挖形成高 15～25m 的陡坎，坡度 60°～70°，根据调查，目前无整体变形迹象。但坡面局部有土体坍塌、崩落现象，且边坡坡度远大于区内斜坡自然稳定角 35°，在降雨、地震等不利因素影响下，可能加剧变形导致边坡失稳。综合分析该不稳定斜坡在天然状态下处于基本稳定状态，在降雨等不良工况下处于欠稳定状态。

Q1-2 填土边坡：坡面平均坡度约 42°，较陡，边坡高差 18～30m，坡面有土体溜滑现象，后部存在拉张裂缝，综合分析该填土边坡目前在天然状态处于基本稳定状态，在连续降雨等不良工况下，可能处于欠稳定—不稳定状态。

Q1-3 不稳定斜坡：斜坡呈阶梯状，总体剖面较平缓，坡面及坡脚均无显著变形迹象，综合分析该斜坡目前整体基本稳定。

Q1-4 不稳定斜坡：斜坡整体平均坡度约 27°，坡脚人工开挖陡坎高度小于 2m，未见变形破坏迹象，综合分析该斜坡目前整体基本稳定。

Q1-5 不稳定斜坡：斜坡西段和东段整体平均坡度约 30°，斜坡整体较平直，现场调查未见显著变形迹象。受地形转折影响，中段斜坡较陡，35°～40°，前缘坡脚人工切坡开挖形成高 5～8m 的陡坎，坡度近 60°，因切坡过陡，在连续降雨等不利因素影响下，坡脚可能发生局部失稳滑塌。

Q1-6 不稳定斜坡：斜坡整体平均坡度约 27°，坡体中部及上段均无显著变形。前缘坡脚因人工开挖形成高 3～5m 的陡坎，导致前缘局部出现浅表层溜滑垮塌。综合分析该斜坡目前整体稳定，斜坡下段局部欠稳定，在连续降雨等不利因素影响下，可能再次发生局部变形垮塌。

Q1-7 不稳定斜坡：斜坡整体平均坡度约 35°，坡体未见变形破坏迹象，坡脚开挖现象不严重。综合分析该斜坡目前整体基本稳定。

Q1-8 不稳定斜坡：斜坡整体较陡，平均坡度约 37°，坡脚被人工开挖形成高约 3.0m 的近直立临空面，斜坡后部未见变形破坏迹象，综合分析该斜坡目前整体基本稳定。

Q1-9 不稳定斜坡：斜坡整体较陡，平均坡度约 37°，坡体中部及上段均无显著变形。前缘坡脚因人工开挖形成高 3～5m 的陡坎，导致前缘局部出现浅表层溜滑垮塌。综合分析该斜坡目前整体稳定，斜坡下段局部欠稳定，在连续降雨等不利因素影响下，可能再次发生局部变形垮塌。

Q2-1 不稳定斜坡：斜坡整体较陡，坡度约 40°，目前坡面及坡脚均未见显著变形，坡面植被覆盖较好，坡脚切坡轻微，综合分析该斜坡目前整体基本稳定。

Q2-2 不稳定斜坡：斜坡整体平均坡度约 30°，坡体中部及上段均无显著变形。坡脚被人工开挖形成 3～5m 陡坎，斜坡西侧在建基坑以北段，以及东侧金座二期北侧段坡脚局部有土体溜滑现象。综合分析该斜坡目前整体基本稳定，在连续降雨等不利因素影响下，局部可能处于欠稳定—不稳定状态。

Q2-3 不稳定斜坡：斜坡整体平均坡度约 35°，坡体中部及上段均无显著变形。坡脚西侧茂源海湖新区北侧段被人工开挖形成约 3m 高陡坎，目前该段已建有浆砌石挡土墙，挡土墙运营状况良好。斜坡东侧青拖小区北侧段坡脚开挖形成 4m 高陡坎，坡脚无防护措施，该段局部有土体溜滑现象。综合分析该斜坡目前整体基本稳定，在连续降雨等不利因素影响下，局部可能处于欠稳定—不稳定状态。

Q2-4 不稳定斜坡：斜坡整体平均坡度约 35°，坡脚被人工开挖形成 3～5m 高临空面。斜坡西侧段坡脚局部有小范围土体溜滑现象，东侧段坡脚已建有浆砌石挡土墙，目前运营状况较好。综合分析该斜坡目前整体基本稳定，在连续降雨等不利因素影响下，局部可能处于欠稳定—不稳定状态。

Q2-5 不稳定斜坡：斜坡整体平均坡度约 32°，据调查，斜坡坡面局部天然冲沟两岸有小规模溜滑及落水洞发育，规模均较小。坡脚被人工开挖形成 3～5m 高临空面，斜坡西侧金座雅园以北段坡脚未进行防护，东侧盐庄新村以北段坡脚已建有浆砌石挡土墙，目前运营状况较好。综合分析该斜坡目前整体基本稳定，斜坡西侧金座雅园以北段坡脚切坡形成 3～5m 高陡坎，坡度大于 60°，在连续降雨等不利因素影响下，可能发生坡脚局部溜滑垮塌。

Q3-1 不稳定斜坡：斜坡整体平均坡度约 35°，坡体中部及上段均无显著变形。前缘西侧已建有挡土墙，目前挡土墙运营状况良好。前缘中部坡脚局部人工开挖形成高 5～7m 的陡坎，导致该区段局部出现浅表层溜滑垮塌现象。综合分析该斜坡整体基本稳定，在连续降雨等不良工况下，局部可能处于欠稳定—不稳定状态。

Q3-2 不稳定斜坡：斜坡整体平均坡度约 36°，坡体中部及上段均无显著变形。坡脚因人工开挖形成高 5～10m 的陡坎，坡度大于 60°。综合分析，该斜坡目前整体稳定，在连续降雨等不利因素影响下，前缘坡脚可能发生局部失稳垮塌，处于欠稳定状态。

Q3-3 不稳定斜坡：斜坡整体平均坡度约 32°，坡体中部及上段均无显著变形。坡脚因人工开挖形成 5～12m 高陡坎，坡度约 65°，导致斜坡北段坡脚产生较大规模溜滑垮塌。综合分析该不稳定斜坡目前稳定性较好，在连续降雨等不利因素影响下，局部可能处于欠稳定—不稳定状态。

2. 定量分析

根据前述分析，各区块不稳定斜坡整体均处于基本—稳定状态。其中，Q1-2、Q1-6、Q1-9、Q2-2、Q2-3、Q3-1、Q3-3 不稳定斜坡均有不同程度的局部滑塌强现象，对以上各区块局部稳定性进行定量计算结果见表 6-12。

表 6-12 不稳定斜坡溜滑区稳定性系数计算统计表

灾害体	灾害体分区	剖面	工况	稳定系数 FS	稳定状态	剩余下滑力(kN/m)
Q1 不稳定斜坡	Q1-2 填土边坡	3—3′	Ⅰ	1.21	基本稳定	0
			Ⅱ	1.02	欠稳定	185.34
			Ⅲ	1.04	欠稳定	146.81
	Q1-6 不稳定斜坡溜滑区	9—9′	Ⅰ	1.09	基本稳定	0
			Ⅱ	1.01	欠稳定	75.34
			Ⅲ	1.03	欠稳定	46.57
	Q1-9 不稳定斜坡溜滑区	13—13′	Ⅰ	1.13	基本稳定	0
			Ⅱ	1.02	欠稳定	46.32
			Ⅲ	1.06	基本稳定	0

续表 6-12

灾害体	灾害体分区	剖面	工况	稳定系数 FS	稳定状态	剩余下滑力(kN/m)
Q2 不稳定斜坡	Q2-2 不稳定斜坡溜滑区	15—15′	Ⅰ	1.06	基本稳定	0
			Ⅱ	0.99	不稳定	68.41
			Ⅲ	1.02	欠稳定	50.23
	Q2-3 不稳定斜坡溜滑区	19—19′	Ⅰ	1.09	基本稳定	0
			Ⅱ	1.02	欠稳定	101.73
			Ⅲ	1.04	欠稳定	37.81
Q3 不稳定斜坡	Q3-1 不稳定斜坡	24—24′	Ⅰ	1.1	基本稳定	0
			Ⅱ	1.03	欠稳定	73.46
			Ⅲ	1.06	基本稳定	0
	Q3-3 不稳定斜坡	27—27′	Ⅰ	1.05	基本稳定	0
			Ⅱ	0.99	不稳定	58.56
			Ⅲ	1.03	欠稳定	36.78

3. 黄土斜坡稳定性与坡高、坡度的关系浅识

经典的黏性土斜坡稳定性计算方法有瑞典圆弧法、瑞典条分法，以及考虑条块侧向力的毕肖普法、假定条块间水平作用力位置的简布法等，以上方法都是将土坡作为刚体对待，与土坡实际是变形体在条件上有一定出入，不能满足变形协调条件，因而计算出滑动面上的应力状态不可能是真实的，而有限元法很好地模拟了土坡实际是变形体这一客观条件，并引入圆弧滑动面的概念，进而验算滑动土体的整体稳定性。

以上所述各种黏性土坡稳定性计算方法，即便是最简单的瑞典条分法，由于要找到最危险的滑动圆弧，都需要大量的计算工作。为简化计算工作量，苏联学者洛巴索夫根据大量的计算成果，整理出坡高H、坡角α、土体抗剪强度指标c、φ和土体容重γ等参数之间的关系，绘制成土坡稳定性图(图6-21)。该图查用方便，便于实际工作中快速进行黏性土坡的稳定性判别。本次工作即采用该种方法确定区内黄土边坡稳定性与坡高H、坡角α的关系曲线。

计算参数的选取：计算参数采用前述取值的$c=19.44\text{kPa}$，$\gamma=13.6\text{kN/m}^3$，$\varphi=31.75°$，为与稳定性计算图表配套并偏于安全的因素考虑，内摩擦角φ取$30°$。计算结果如表6-13所示。

通过对坡度α和极限坡高H进行幂函数曲线拟合，如图6-22所示，相关系数为0.99，曲线相关性较好，结果可信，所拟合的曲线方程为$H=1.0\times10^6\times\alpha^{-2.5934}$。

须指出，土坡的稳定性虽受土体物理力学性质主控，但也受各类外因影响，如降水入渗、地震及人为不合理开挖、加载等。土体作为变形体，在开挖土坡过程中也是应力重分布的过程，其力学强度将不可避免地受到折减。因此，认为该判别式仅适用于短期内外因无较大变化的黏性土坡。

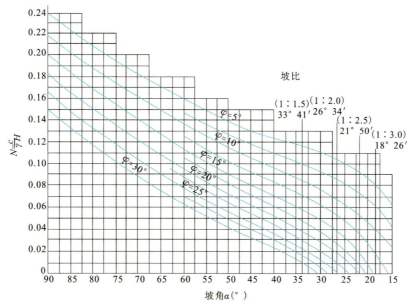

图 6-21　均质黏性土坡稳定性计算图表

表 6-13　不同坡度 α 计算出的黄土边坡极限坡高 H 成果表

容重 γ(kN/m³)	黏聚力 c(kPa)	内摩擦角 φ(°)	坡度 α(°)	N 值	极限坡高 H(m)
			33.68(1∶1.5)	0.01	142.94
			35	0.013	109.95
			40	0.023	62.15
			45(1∶1)	0.031 5	45.38
			50	0.042	34.03
			55	0.051	28.03
13.6	19.44	30	60	0.062	23.06
			65	0.075	19.06
			70	0.088 5	16.15
			75	0.101 5	14.08
			80	0.117	12.22
			85	0.132	10.83
			90	0.15	9.53

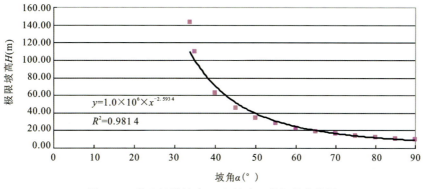

图 6-22　黄土极限坡高 H 与坡度 α 的相关曲线图

五、王家庄危岩（崩塌）

（一）危岩发育特征

1. W1 危岩

W1危岩由发育于H1滑坡后缘正上方陡崖上的危岩体群组成（图6-23）。陡崖高36～46m，坡顶高程2356m，坡脚高程2310～2320m，陡崖上部约2m、下部约10m，为直立状，中部整体坡度在45°左右，坡向170°～237°。上部为黄土，厚约10.0m，稍湿，底部有厚0.5～1.0m的底砾石，下部由古近纪泥岩夹石膏岩组成，产状35°∠3°，表层风化强烈，岩体破碎，强风化层厚度3～5m，节理裂隙发育，主要由卸荷裂隙组成。对危岩发育起控制作用的裂隙有4条（表6-14），即LX01、LX02、LX03、LX04，均为张拉裂隙。其中，LX01的展布方向与陡坎（西段）基本一致，LX02、LX03与陡坎小角度斜交，LX04与陡坎基本垂直相交，与岩层层面共同作用后将岩体切割成大小不一的危岩块体，当下部支撑减弱后会产生危岩崩塌，形成现状地貌。

(a) W1危岩西侧

(b) W1危岩东侧

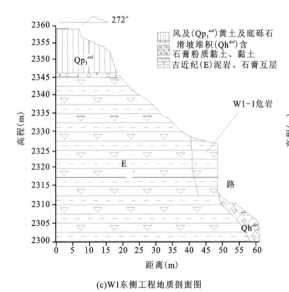
(c) W1东侧工程地质剖面图

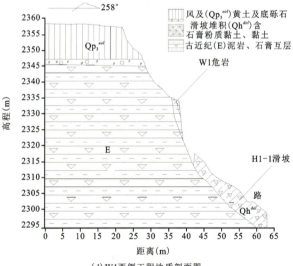
(d) W1西侧工程地质剖面图

图6-23　W1危岩西侧发育特征

表 6-14 W1 危岩主控裂隙特征一览表

裂隙名称	位置	倾角(°)	倾向(°)	长(m)	宽(m)	类型
LX01	W1 危岩陡坎西端,W1-1 危岩体北侧	88	256	24.0	0.4	张拉
LX02	W1 危岩陡坎中段	81	261	—	0.3	张拉
LX03	W1 危岩陡坎中段	84	263	—	0.3	张拉
LX04	W1 危岩陡坎中段	79	347	—	0.05	构造

陡崖上发育的最大一处危岩体位于陡崖的西端 W1-1,长 20m,宽 5m,高 8m,体积 800m³,由发育于危岩体北侧的 1 条裂隙(LX01)控制,该裂隙在 W1-1 危岩体两端可见,顶部被坡积物覆盖,两端测得裂缝宽度达 40cm,平面形状呈弧形,危岩体底部有凹腔,形成负地形,深度 70cm,高约 80cm,破坏方式以倾倒为主。

陡崖其他地段现多处发育有临空面,形成负地形,深度一般小于 50cm,受裂缝影响,多处形成危岩体,但体积一般小于 10m³。

勘查期间(2019 年 9 月 8 日凌晨),该危岩体西侧发生局部崩滑,体积约 25m³,块石最大粒径为 3.2m×2.5m×0.7m,直径在 1m 以上达数十块,最远沿坡滚至下部沟底,大部分堆积在坡体上,沿途将树木压倒轧断,并将下部约 20m 长的被动防护网压倒。

2. W2 危岩

W2 危岩属于危岩群(图 6-24),发育于王家庄滑坡 H2-2 滑体后缘的陡崖上,长度约 150m。陡崖高 8~64m,坡顶高程 2350m,坡脚高程 2286~2239m,上部陡崖坡度 80°~85°,下部呈近直立状,坡向两翼一致,为 244°,中段向南凸起,平面上近似三角形,坡向 192°~292°。陡崖上部覆盖有晚更新世黄土,厚度 15m 左右,在陡坎上未见黄土底砾石,下部为古近系泥岩、石膏岩互层,产状 335°∠3°,风化强烈,裂隙发育。

(a)W2-1 危岩体的西侧裂缝　　(b)W2-1 危岩体的东侧裂缝

 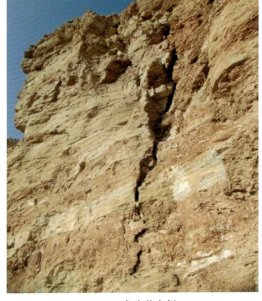

| (c) W2-2危岩体西侧 | (d) W2-2危岩体东侧 |

图 6-24　W2 危岩西侧发育特征

主控裂隙展布方向与陡崖展布方向基本一致，垂直发育。主要裂隙有 3 条（表 6-15），LX01 发育于陡崖最南端的突出处，倾角 86°，倾向 267°，缝宽 10～20cm。LX02 发育于陡崖东端，倾角近 88°，倾向 241°，展布方向 335°，垂直发育，宽 5～15cm，上宽下窄，下部已延伸与地面平齐，与陡崖东段现状特征基本一致。LX03 表现在 W2-2 危岩西侧［图 6-24（c）］，与坡面基本垂直，倾角近 87°，倾向 337°。

表 6-15　W2 危岩主控裂隙特征一览表

裂隙名称	位置	倾角(°)	倾向(°)	长(m)	宽(m)	类型
LX01	W2 危岩陡坎中段，W2-1 危岩体北侧	86	267	—	0.1～0.2	张拉
LX02	W2 危岩陡坎东段	88	241	—	0.05～0.15	张拉
LX03	W2-2 危岩陡坎西侧	85	337	—	0.1	张拉

受裂隙切割影响，现陡崖上主要发育有 3 处规模较大的危岩体，W2-1 危岩高 60m，宽 5～15m，上宽下窄，厚 3.5～6.5m，体积 1500m³，底部变窄且形成负地形，凹进深度为 2.5m，并可见裂隙，从下部看为倒着的楔形体。在 2018 年 1 月 3 日发生的崩塌处西侧和东侧各有 1 块危岩体，分别是 W2-2、W2-3 危岩，由 L2 裂隙切割形成，W2-2 危岩体长约 10m，高约 12m，厚约 3.5m，体积约 210m³，平面形状近似三角形；W2-3 危岩体长约 11m，高约 8m，厚约 1.5m，体积约 132m³，两处危岩体现主要靠下部支撑，稳定性差。2018 年 1 月 3 日，在 W2-2、W2-3 危岩之间发生崩塌，崩塌体东西长 20m，南北宽 5m，平均厚 5m，总体积约 500m³，规模为小型，主崩方向 220°，扩散角约 30°，现陡崖上残留有裂缝中填充的土、石、树枝等混合物。崩塌致坡体中部的省总工会绿化区地表凌乱，冲击作用在坡面形成宽 2～5m、深 0.9～2m、长 50m 谷槽，谷槽沿线及两侧树木歪斜、折断，并致坡面上 1 条灌溉主网断裂，110kV 供电线路立塔（向滨线 73 号塔，现已迁移）有受损变形，坡体中上部散落大量块石，直径 50～160cm。崩塌致坡脚中庄渠及中庄渠护栏损毁 4m，同时堵塞索盐沟排导槽并损毁 6m，并致北山美丽园绿化道路路面和路肩受损，路面上形成直径达 2m 左右凹坑一处，滚落至坡脚的两块块石直径分别为 4.8m 和 3.9m，崩落距斜距达 250m，滚落至坡脚的块石距 G6 高速公路及小峡至火车站方向 G6 高速公路匝道约 15m，距褚家营小区、王家庄小区 80m。

（二）危岩形成条件

1. 地形地貌

区内地貌类型属低山丘陵区前缘，受湟水河谷不断下切影响，在湟水河北岸形成大量的陡崖，为危岩的发育提供了有利的地形条件。

2. 地层岩性

区内形成陡崖的地层为古近纪泥岩、石膏互层，泥岩属极软岩，石膏属软岩，泥岩具有遇水易软化、泥化及干后易崩解的特点，泥岩和石膏易风化，并且形成差异风化，为裂隙的快速发展及陡崖底形成临空面提供了有利的条件。

3. 气象条件

西宁市位于青藏高原东北部，年温差大，昼夜温差大，气候干燥，降水量较为集中，冬季表层土体冻结，为岩层的物理风化作用提供了有利的气象条件。

（三）危岩稳定性分析评价

1. 目测观感分析

现场观察，W1、W2 危岩上裂隙发育，主控裂隙呈近直立状，走向与陡崖的走向基本相似，均为张拉裂隙，宽度一般在 5～10cm 之间，上宽下窄，东西贯通，底部多形成负地形，导致下部支撑体厚度薄。现状条件下在 W1、W2 危岩上形成大小不一危岩，体积大多在 20m³ 以内。目前较大的危岩体有 W1-1、W2-1、W2-2、W2-3 危岩，体积都在 100m³ 以上。在暴雨和地震工况下，在静水压力、冻胀作用或地震力作用下危岩极易发生崩塌，因此现状条件下 W1、W2 危岩处于不稳定状态，易发生危岩体崩落。

2. 危岩体下方崩塌堆积物分析

危岩体下方（南部）堆积带宽度达到 100m，主要为石膏岩块，泥岩块和粉质黏土的混杂堆积。该堆积作用自全新世以来一直在进行，直至现代，坡面上普遍分布有石膏岩块（直径 1～3m）就是证明。从堆积物角度分析也说明了危岩体不断破坏，崩塌不断出现。

3. 危岩体结构面分析

危岩体中发育的主要裂隙为卸荷裂隙，裂隙面产状与坡面近一致，倾角陡，正常条件下裂隙中不充水，但其根部含水率较高，使其工程地质性能降低，加上危岩根部形成向内侧凹陷的浅洞，促使上部岩体不稳定，在暴雨条件下裂隙充水，在水压力作用下使危岩体倾覆，在冬季裂隙中充填物在雪水沿裂隙渗入后使其含水率增高，在冻胀作用下易使危岩体倾覆。

4. 赤平投影图分析

从赤平投影图来看，W1、W2 危岩的坡面坡向与岩层产状基本垂直，为斜交坡，均发育有 2～3 组主控裂隙与坡面倾向相似或小角度相交，坡面产状与裂隙产状也基本一致。同时，还发育有 1 组与坡向相垂直的裂隙，这些裂隙交点基本均位于 O 点与坡面线之间，处于较稳定区，但危岩底部在差异风化作用下往往形成凹腔，不利于危岩的稳定，在卸荷作用下极易发生倾倒式崩塌。

综前所述,从危岩的目测感观分析、危岩体下方堆积物分析、危岩体结构面分析及赤平投影分析后,认为区内 W1、W2 危岩整体稳定性差,特别是 W1-1、W2-1、W2-2、W2-2 危岩已处于极不稳定状态。

六、来路村泥石流

(一)泥石流发育特征

来路村泥石流 N1 发育于群加河西侧,整体地形呈西高东低。来路村泥石流沟流域为典型的构造剥蚀地貌,平面形态呈不规则袋状,中下游段呈树枝状发育(图 6-25)。来路村泥石流共发育 4 条较大的支沟,分别为 N1-1、N1-2、N1-3、N1-4,N1 为来路村泥石流的主沟道,其余 4 条支沟最终汇入 N1 沟道内。

图 6-25　泥石流全流域图

N1 泥石流为一沟谷型泥石流,该泥石流流域面积为 7.9km²,呈南北向展布,北高南低,平面形态呈长条形发育,主沟长约 6.67km,最高点高程为 3630m,最低点高程为 2450m,相对高差为 1180m。沟道总体纵坡较大,整体上陡下缓,沟道形态上游段呈"V"形,下游段呈拓宽型,沟道宽度 1～10m,平均纵坡降约 21.5%。植被覆盖率达 40%。N1 主河道弯道弱发育,主沟上游沟道两岸岸坡坡度较陡,发育滑坡、不稳定斜坡、崩塌等不良地质现象,而沟道中下游段,地层主要为第四系松散堆积物,由于沟道的侧蚀作用强烈,沟岸稳定性较低,沟岸多处坍塌,沟床岸坡储存了大量松散固体堆积物,在持续暴雨下易发生泥石流。来路村近年来一直有泥石流暴发,其中最近的一次大规模暴发在 2019 年 6 月 23 日,泥石流下泄过程中因涵洞堵塞和树木倒伏堵塞了沟道,导致泥石流冲上岸坡,泥石流造成 0.67hm² 农田、1km

排洪沟被掩埋、3座便桥、人畜引水1处被掩埋，2户农家受到威胁，所幸未造成人员伤亡。随着来路村沟道的继续切深和侧蚀作用的继续加强，沟岸发生坍塌的情况将继续加重，暴发泥石流的可能性将继续增大。根据泥石流形成条件和运动机制及泥石流松散固体物源的分布，将流域划分为形成区、流通区、堆积区。

(1)形成区。形成区面积约4.89km²，占总流域面积的61.89%，分布于泥石流沟道两侧的区域。主沟上游自山脊分水岭及东西两侧分水岭至各支沟沟岸处为形成区，两岸岸坡20°~40°，局部岸坡坡度达50°以上，平均纵坡降约32.8‰。泥石流堆积厚度大于7m，颗粒粒径多大于200mm。坡体上松散堆积体厚度不大，区内地层为灰岩，表层风化较为强烈，岩石破碎；根据现场调查、航拍图结合卫星影像，形成区上游植被发育，且多为林地，灌木杂草形成立体的生态覆盖，物源主要以沟底搬运为主。形成区东西两侧海拔相对较低区域，坡面植被覆盖率较少，坡面、冲沟侧蚀较为严重，尤其各条支沟两岸，沟岸稳定性差，易发育滑坡、不稳定斜坡、崩塌等，为泥石流提供大量物质来源。

总之，来路村泥石流沟形成区面积较大，物源主要来自形成区上游和各条支沟(图6-26)，形成区上段提供物源较多，下段物源较少，物源类型主要为坡面、滑坡、不稳定斜坡、崩塌及沟底再搬运，潜在物源量大，泥石流一旦暴发，形成的危害较大。

(a)形成区物源　　　　　　　　　　　(b)形成区沟道

图6-26　泥石流形成区发育特征

(2)流通区。来路村流通区位于主沟及各支沟沟道内，面积约2.21km²，占总流域面积的27.97%，其中N1、N1-1位于流通区上段，沟谷为拓宽型，沟床宽度一般在2~10m之间，N1-2、N1-3、N1-4流通区沟谷为"V"形，沟床宽度一般在1~12m之间，主要表现为强烈的下切，泥石流的侧蚀作用相对不强烈(图6-27)。流通区下段，沟谷为"U"形，沟床宽度在5~18m之间，平均纵坡降约120‰。泥石流堆积厚度大于10m，颗粒粒径多大于100mm。该段泥石流沟整体处于第四系内，沟岸地层为第四系冲积层，泥石流在老山前冲积扇区域摆动不定，侧蚀作用极为强烈，来路村流通区在近百年来出现严重的切深侵蚀，在强烈的下切和侧蚀共同作用下，N1-2、N1-3、N1-4下段流通区沟岸岸坡不稳定，尤其凹岸区域滑坡、不稳定斜坡发育，为泥石流提供了大量的松散物来源。

(3)堆积区。堆积区可以分为新的泥石流堆积区和历史山前冲积扇。新的泥石流堆积区分为3段，其中上游两处因排倒管涵直径较小，使得泥石流不能及时排泄，加之泥石流暴发时携带着大量的树枝、块石等，堵塞管涵导致泥石流在该段内暴发，为最近暴发泥石流堆积所致，堆积区呈明显的扇形。据现场调查访问，暴发泥石流时堆积厚度约为0.6m，宽度为70m，中部堆积厚度约为0.4m，宽度为80m，下游末端新近堆积区无明显稳定河道，呈漫流状。N1出山口以下至N1-4上游区域均属于历史山前冲积扇，冲积扇西侧以山坡坡脚为边界，东侧无明显冲积扇边界，与N1、N1-1堆积区相比不易区分。堆积厚度3~10m，平均纵坡降约3.7%。泥石流堆积厚度大于4m，颗粒粒径多大于150mm。

图 6-27 泥石流流通区发育特征

1. N1-1 泥石流沟

N1-1 泥石流为一沟谷型泥石流,该泥石流流域面积为 2.05km², 呈南北向展布,北高南低,平面形态呈树杈形发育,主沟长约 1.94km,最高点高程为 3250m,最低点高程为 2580m,相对高差为 670m。沟道总体纵坡较大,整体上陡下缓,沟道形态上游段呈"V"形,下游段呈拓宽型,沟道切深 0.5~8m,平均纵坡降约 21.2%。N1-1 沟道两岸岸坡坡度较陡,发育两处滑坡,沟道内植被覆盖率为 40%,而沟道中下游段,地层主要为第四系松散堆积物。由于沟道的侧蚀作用较强烈,沟岸稳定性较低,沟岸局部坍塌,使沟床岸坡储存了少量松散固体堆积物,在持续暴雨下暴发泥石流的可能性较大。据调查访问,N1-1 近几年来一直未曾暴发泥石流。

2. N1-2 泥石流沟

N1-2 泥石流为一沟谷型泥石流,该泥石流流域面积为 0.37km², 呈南北向展布,北高南低,平面形态呈长条形,主沟长约 1.01km,最高点高程为 2822m,最低点高程为 2630m,相对高差为 192m。平均纵坡降约 16.5%,N1-2 沟道两岸岸坡坡度较平缓,沟道内植被覆盖率为 60%,沟道内二次切割深度 0.2~0.4m,地层主要为全新世坡洪积粉土及上更新世风积黄土,沟道内地质灾害不发育,现状情况下 N1-2 处于衰退期。据调查访问,N1-2 近年来一直未曾暴发泥石流。

3. N1-3 泥石流沟

N1-3 泥石流为一沟谷型泥石流,该泥石流流域面积为 0.80km², 呈南北向展布,北高南低,平面形态呈树杈形发育,主沟长约 1.33km,最高点高程为 3045m,最低点高程为 2533m,相对高差为 512m。沟道总体纵坡较大,整体上缓下陡,沟道形态呈"V"形,沟道切深 2~20m,平均纵坡降约 22.5%。植被覆盖率达 40%,N1-3 上游沟道两岸岸坡坡度较平缓,发育有两处滑坡,而沟道中下游段,地层主要为上更新世风积黄土,下游由于沟道的下切作用强烈,沟岸稳定性较低,沟岸两侧发育有 2 处滑坡,使沟床岸坡储存了大量松散固体堆积物,在持续暴雨下容易发生泥石流。据调查访问,N1-3 近年来一直未曾暴发泥石流。

4. N1-4 泥石流沟

N1-4 泥石流为一沟谷型泥石流,该泥石流流域面积为 0.30km², 呈南北向展布,北高南低,平面形态呈长条形,主沟长约 1.18km,最高点高程为 2750m,最低点高程为 2552m,相对高差为 198m。沟道总体纵坡较大,整体上缓下陡,沟道形态呈"V"形,沟道切深 2~8m,平均纵坡降约 16.7%。N1-4 上游沟道两岸岸坡坡度平缓,发育有 3 处滑坡,而沟道中下游段,地层主要为上更新世风积黄土。由于沟道的下切作用强烈,沟岸稳定性较低,沟岸多处坍塌,局部发育有 4 处规模不等的滑坡,沟床岸坡储存了大量松散固体堆积物,在持续暴雨下易发生泥石流。据调查访问,N1-4 近年来一直未曾暴发泥石流。

(二)不良地质现象

项目区不良地质现象主要表现为滑坡、不稳定斜坡、崩塌、沟底再搬运、坡面侵蚀等。

经现场调查,受沟内流水的常年下切和侧蚀,导致谷深坡陡,不良地质现象发育,区内共发育滑坡 13 个、不稳定斜坡 4 处,崩塌 1 处。

1. 滑坡

滑坡主要发育于泥石流沟的形成区内,由于沟谷下切,斜坡临空面增陡,在重力作用及外部多因素影响下发生,为泥石流提供大量固体松散物。鉴于滑坡成因和坡体物质结构的不同,本书中挑选 H1、H8 滑坡作重点评述。

1)H1 滑坡

H1 滑坡位于泥石流沟形成区上游位置。坡度 30°,坡面土体裸露,滑坡体含有碎石粉土,土质较为疏松,平面呈明显的圈椅形状,边界清晰。该滑坡为牵引式滑坡,冲沟不断溯源侵蚀导致坡面坍滑,大量土体被带走,顺冲沟被带入 N1 主沟内,成为泥石流灾害物质的来源。该滑坡滑面为第四系与下伏基岩交界面,为土质滑坡,稳定性差。

据调查,滑动面为坡积层与下伏灰岩接触界面,滑体为第四纪坡积含碎石粉土,滑坡长 15m,宽 20m,滑体平均厚度 0.5～2m,体积为 600m³,为小型浅层土质滑坡。滑坡成因主要为前缘冲沟的侵蚀,坡面植被覆盖率低,坡体土体松散、强度低,在重力及雨水作用下,土体发生滑动。

2)H8 滑坡

H8 滑坡位于 N1-3 泥石流沟形成区中部位置。坡度 30°,坡面土体裸露,滑坡体为黄土,土质较为疏松,平面呈明显的圈椅形状,边界清晰。该滑坡为牵引式滑坡,冲沟不断溯源侵蚀导致坡面坍滑,大量土体被带走,顺冲沟被带入 N1-3 沟内,成为泥石流灾害物质的来源。该滑坡滑面为第四系与下伏基岩交界面,为土质滑坡,稳定性差。

据调查,滑动面为风积黄土与泥岩接触界面,滑体为第四纪风积黄土,滑坡长 20m,宽 60m,滑体平均厚度 8m,体积为 9600m³,为小型浅层土质滑坡。滑坡成因主要为前缘冲沟的侵蚀,坡面植被覆盖率低,坡体土体松散、强度低,在重力及雨水作用下,土体发生滑动。

2. 不稳定斜坡

不稳定斜坡位于泥石流形成区和流通区,共发育 4 处,均由泥石流或水流冲刷导致,是近年来活动较为强烈的不良地质现象,也是泥石流重要物质来源。本书中挑选 Q1 不稳定斜坡作重点评述。

Q1 不稳定斜坡位于泥石流形成区上游左岸。该不稳定斜坡位于 N1 河道明显转折处的凹岸地带,由于河流冲刷侧蚀形成,斜坡长约 15m,前后缘高差 10～15m,坡度 70°以上,坡面整体几乎呈近直立状,地层岩性为第四纪坡积层。现状斜坡以浅层坍滑及坡面侵蚀为主,水土流失严重,稳定性较差,植被稀少,前缘受到河流的强烈侧蚀,为泥石流提供松散固体物源。

3. 崩塌

崩塌位于泥石流形成区,共发育 1 处,为岩质崩塌,受风化作用及泥石流水流冲刷导致,长约 40m,前后缘高差 3m,坡度 60°以上,坡面整体呈近直立状,斜坡坡体为变质灰岩。现状斜坡表层风化现象严重,稳定性较差,受基岩结构面发育程度控制,边坡范围继续扩张,为泥石流提供松散固体物源。

(三)泥石流形成条件分析

1. 地形地貌条件

从区内泥石流发育的形成区与流通区来看,其地形地貌条件多为侵蚀剥蚀中山区、侵蚀剥蚀丘陵区。冲沟较发育,高差大,地形支离破碎,相对高差一般为192～1180m,沟岸坡度一般在30°左右,上游沟谷横断面多呈"V"形,沟床纵坡比降率16.5‰～22.5‰,沟道狭窄,有利于坡面泥石流的形成和对坡积物的侵蚀与剥蚀。

2. 物源条件

1)滑坡

泥石流沟沟道摆荡,侧蚀作用强烈,在河流凹岸处有多处发育滑坡。平常局部坍滑堆积于坡面或沟床内,积少成多,在连续降雨、暴雨或地震等不利因素作用下,滑坡发生整体复活或者前缘发生次级滑动,大量松散物质堆积于沟床并参与泥石流活动,甚至造成沟床堵塞,溃缺之后将造成沿途沟床堆积物启动;在雨季暂时性水流作用下,产生水土流失并携带至沟床中,是一种为泥石流提供物源的方式。

经勘查,泥石流流域范围内共发育 13 个滑坡,均发育于泥石流沟形成区河道边缘,处于不稳定状态,在强烈冲刷侵蚀下,具备绝大部分或者整体被泥石流带走的可能,可移动量为 $2.81 \times 10^4 \mathrm{m}^3$,详见表 6-16。

表 6-16 滑坡可提供物源量统计表

编号	类型	长(m)	宽(m)	厚(m)	估算体积(m³)	可移动量($\times 10^4$m³)
H1	滑坡	25	20	0.2～2.0	600	0.02
H2	滑坡	3～15	126	0.5～2.0	3150	0.035
H3	滑坡	10～20	80	1～3	4800	0.14
H4	滑坡	28	18	0.5～2.0	1008	0.035
H5	滑坡	20	27	0.5～1.0	540	0.022
H6	滑坡	20	30	3.0	1800	0.05
H7	滑坡	15	20	2.0	600	0.018
H8	滑坡	80	20	8.0	9600	0.25
H9	滑坡	20	15	4.0	1200	0.032
H10	滑坡	80	30	10	24 000	0.61
H11	滑坡	90	110	15	44 100	1.10
H12	滑坡	45	50	8.0	18 000	0.45
H13	滑坡	15	25	5.0	1875	0.048
小计					111 273	2.81

2)不稳定斜坡

流域内共发育 4 处不稳定斜坡,分布于形成区和流通区河流凹岸处,由流水侧蚀形成,稳定性差,现状下失稳坍滑部分均已被流水带走,但剩 4 处不稳定斜坡松散物质总量约 $1.5762 \times 10^4 \mathrm{m}^3$,可移动量为 $0.406 \times 10^4 \mathrm{m}^3$,详见表 6-17。

表 6-17　不稳定斜坡可提供物源量统计表

编号	类型	长(m)	宽(m)	厚(m)	估算体积(m³)	可移动量(×10⁴m³)
Q1	不稳定斜坡	30	1.0	15	900	0.015
Q2	不稳定斜坡	60	1.0	29	8700	0.22
Q3	不稳定斜坡	100	1.0	2	800	0.021
Q4	不稳定斜坡	165	1.0	5	5362	0.15
		小计			15 762	0.406

3）崩塌

流域内共发育 1 处崩塌，分布于形成区左岸，由岩体风化和流水侧蚀形成，稳定性差，现状下失稳坍滑部分局部已被流水带走，松散物质总量约 360m³，可移动量为 $0.012×10^4 m^3$。

4）沟底再搬运类

流域内可提供物源的沟底再搬运物主要分布于泥石流沟形成区和流通区沟床。上游沟底以新近纪泥石流堆积为主，松散层厚度一般都大于 5m，在流通区下段沟床宽缓地带，泥石流新近堆积层厚度达 4～5m，堆积物主要物质由碎块石、含砾土混杂组成，块石粒径一般为 5～20cm，最大粒径为 0.8m，泥石流沟道沟床堆积区长约 2.80km，局部沟道蜿蜒曲折，沟道堵塞，偶有卡口；堆积物部分具架空结构，结构松散，遇较大洪水，沟床堆积物极易再次启动参与泥石流活动。泥石流堆积区沟床松散物比流通区堆积厚，一般从流通区至堆积区堆积厚度有逐段增加趋势。因下游段位于山前冲积扇内，除沟床内本身的泥石流堆积层外，岸坡的第四纪冲洪积层同样容易被泥石流携带，因此沟床堆积物源统计时，除沟床泥石流堆积层外，同时需考虑岸坡第四纪冲洪积层松散堆积物。

松散层可移动厚度按 4m 计算，沟床平均宽约 8.0m，平均厚约 1.4m，堆积长度约 2.8km，估算储量约 $12.91×10^4 m^3$，最大可移动量按 30% 计算，可参与量为 $3.74×10^4 m^3$。

5）坡面物源

滑坡区坡面侵蚀主要分布在流域上游段，分为重度侵蚀区、中度侵蚀区、轻度侵蚀区。

(1) 重度侵蚀区：面积约 $0.17 km^2$。位于上游，共 3 块，表层为坡积含碎石粉土，局部基岩出露，下伏基岩为强风化灰岩等，总体松散物质平均厚约 2.0m，植被覆盖率低。根据实地调查，该区既有坡面侵蚀，又有细沟侵蚀及冲沟溯源侵蚀、侧蚀。侵蚀模数取 $4000 t/(km^2·a)$，可提供泥石流固体松散物质储量按覆盖层厚度的 40% 计算。

(2) 中度侵蚀区：面积约 $0.66 km^2$，表层为坡积碎石土及含碎石粉土，局部基岩出露，下伏基岩为强风化灰岩，松散物质平均厚约 2m，植被覆盖一般，坡面侵蚀中等，部分区域可见冲沟和细沟侵蚀，侵蚀模数取 $2500 t/(km^2·a)$，可提供泥石流固体松散物质储量按覆盖层厚度的 20% 计算。

(3) 轻度侵蚀区：面积约 $0.89 km^2$，表层为坡积含碎石粉土，厚 1～2m，局部基岩出露，下伏基岩为强风化灰岩等，松散物质平均厚约 1m，植被覆盖较好，坡面松散物质参与泥石流物源量较少，侵蚀模数取 $500 t/(km^2·a)$，可提供泥石流固体松散物质储量按覆盖层厚度的 10% 计算（表 6-18）。

表 6-18　每年可提供泥石流固体松散物总量计算表

分区	侵蚀模数[t/(km²·a)]	面积(km²)	泥石流固体松散物(×10⁴t/a)	备注
重度区（Ⅰ）	4000	0.17	0.07	
中度区（Ⅱ）	2500	0.66	0.26	按松散物重度为 1.95t/m³ 计算，总量为 $3.74×10^4 m^3/a$
轻度区（Ⅲ）	500	0.89	0.44	

根据计算,坡面侵蚀及冲沟侵蚀可能造成的水土流失物质可提供泥石流固体松散物总体储量为 $12.91×10^4 m^3$（表6-19）。

经计算,水土流失每年可提供泥石流固体松散物总量为 $3.74×10^4 m^3$。

表 6-19　固体松散物储量统计表

物源类型	固体松散物储量（$×10^4 m^3$）	可移动量（$×10^4 m^3$）
滑坡、不稳定边坡类	12.52	3.2
坡面、冲沟侵蚀类	约 12.91	3.74
沟底物源搬运类	12.51	5.5
合计	37.94	12.44

综上所述,来路村泥石流沟流域范围内固体松散物总储量为 $37.94×10^4 m^3$,物质组成以碎石土为主,可移动量为 $12.44×10^4 m^3$。

3. 水源条件

区内泥石流沟多无常年性流水,沟谷在暴雨之后往往会突发洪水或泥石流而致灾。区内泥石流主要集中在每年7—8月的雨季或暴雨之后。因此,每年的7—8月多为泥石流的高发期,也是泥石流灾害损失最严重的时期。

据化隆县巴燕镇气象资料,1985—2019年,多年平均降雨量为454mm,最大年降水量为626.5mm(1992年),最少年降水量为329.3(2005年),日最大降雨量为62.5mm(1992年9月11日),1h最大降雨量为34mm(1992年9月11日),10min最大降雨量为12.8mm。区内年内降水分配极不均匀,多集中在每年6—9月,降水量占年降水量的69.2%以上,其中以7月、8月最多,约占年降水量的43%,并多为暴雨和阵雨。由此可见,区内暴雨和大暴雨在雨季频发,为区内泥石流的形成与多发提供了有利的条件。

（四）泥石流主要特征

1. 泥石流堆积物质粒度组成

来路村泥石流沟有部分治理工程,对泥石流堆积物颗粒组成采用现场测绘综合调查法及取样测试法,在泥石流物源区、流通区和堆积区分别选择具有代表性地段对颗粒组成进行调查和采取体积法取样分析,然后结合收集资料进行综合分析,最终确定流域内的泥石流堆积物颗粒组成,泥石流沟的颗粒组成见表6-20。

泥石流沟道堆积物颗粒组成分析如下:在物源区由于地形坡度大,细颗粒成分难以停留,加之物源区以不稳定边坡、滑坡为主,堆积物以岩性为主的灰岩为大块径石块。因此,物源区颗粒物直径较大,最大约1.5m,磨圆度较差,均为坡体滚落物质。在流通区一般性规模的泥石流不能带走大块径石块,且颗粒经过一定的搬运,在经过洪水期的部分冲刷,使得颗粒直径相对也较小,同时流通区中下游段沟床纵坡降降低,导致泥石流流速减缓,大块径石块停歇在上游。因此,流通区、堆积区颗粒物直径小,流通区最大泥石流堆积颗粒物粒径为1m,堆积区最大泥石流堆积颗粒物粒径为0.6m,磨圆度较好,为沿沟道冲刷而来的停留物质。

表 6-20　泥石流堆积物颗粒组成分析结果表

沟名	位置	样品编号	占比(%)						累计(%)	最大粒径(m)
			粒径>20mm	2mm≤粒径≤20.0mm	0.5mm≤粒径<2mm	0.25mm≤粒径<0.5mm	0.075mm≤粒径<0.25mm	粒径<0.075mm		
来路村	N1	1	12.9	15.3	3.2	46	14.2	8.4	100.00	0.8
		2	14.4	56.2	9.8	3.0	6.6	10	100.00	0.5
		3	37.7	28.8	7.5	3.4	13.3	9.3	100.00	0.8
		4	19.2	42.0	13.4	5.2	15.37	4.9	100.00	0.5
		5	10.3	48.7	15.7	6.4	13.8	5.1	100.00	0.6
		6	13.5	47.4	14.4	4.8	14.4	5.5	100.00	0.5
		7	0.8	24.5	31.5	11.2	21.4	10.6	100.00	0.5
		8	22.1	44.0	11.1	4.3	11.7	6.8	100.00	0.6

2. 冲淤变化及刷深

来路村泥石流最近一次明显暴发是在 2019 年 6 月，泥石流主要带走沟底和沟岸第四纪松散堆积物，单次冲刷深度为 0.2～0.5m。整体而言，泥石流流通区沟道主要表现为冲刷，个别沟道内树木树皮被剥皮(图 6-28)，同时沟道表现出强烈的下切和侧蚀作用，泥石流沟道在冲洪积层内已经累计切深达 2～5m，每年的冲刷深度平均在 0.3m 左右。少数沟岸冲洪积层因坡脚掏空后，呈倾倒式进入沟道，亦被泥石流带走，垮塌长度 2～8m 不等。在沟道转弯段或沟道由窄变宽段，呈现少量淤积，淤积厚度 0.1～0.6m 不等；而堆积区因纵坡较缓，加之沟道变宽，主要以淤积为主，沟口堆积扇每年以 0.1～0.2m 的速度向群加河内扩展。

(a)树皮冲掉

(b)历史爬高痕迹

图 6-28　泥石流沟道冲淤特征

(五)泥石流成因机制分析

流域内地层岩性为松散的碎石土工程地质条件较差,由于人类活动较为强烈(耕地、房屋及道路建设等),部分地段植被破坏严重,伴随沟内有滑坡、潜在不稳定边坡、冲沟侵蚀及沟床冲刷等不良地质现象发育。汛期地表暂时性水流地质作用显著增强,细沟、切沟迅速形成并急剧扩展,坡面侵蚀、细沟侵蚀强度和范围急剧扩展,在洪水侧蚀、掏蚀作用下,诱发沟岸滑坡、潜在不稳定边坡等地质灾害的发生,各类松散物质随暂时性水流携带并迅速汇入支沟及主沟中,造成沟床堵塞,流体变浓、能力聚集,为即将暴发的泥石流活动提供了丰富的固体松散物及动力。因地形坡度陡,高差较大,具备水动力条件,一旦出现持续集中暴雨,就将暴发泥石流。

(六)泥石流基本特征值的计算

1. 泥石流容重

来路村泥石流的容重主要通过野外现场试验、查表法与综合取值法进行确定。

1)野外现场试验

本次采用现场配浆法在来路村泥石流的N1新扇处和N3堆积扇处进行了3组现场搅拌试验来测试泥石流流体容重(γ_c)数据。具体试验方法如下:

(1)在需要进行搅拌实验的地段,选取有代表性的堆积物,清除表层杂质后挖取23.5~29kg放入实验桶中,加入搅拌,邀请来路村曾经目睹泥石流暴发的村民进行样品鉴定,直至搅拌至暴发时的泥石流流体状态。

(2)用电子秤称出试验桶和搅拌物的质量,然后减去实验桶的质量,计算出桶内搅拌物的质量,并换算出重力G_c。

据野外泥石流搅拌试验资料,计算所得该泥石流流体容重分别为$1.516t/m^3$、$1.479t/m^3$、$1.694t/m^3$。

2)查表法

在野外调查中对泥石流沟填写了泥石流灾害调查表,对表中所列的15项影响因素按《泥石流灾害防治工程勘查规范》(DZ/T 0220—2006)附录G中表G.2数量化评分(N)与重度、$(1+\varphi)$关系对照表查得,来路村泥石流按15项影响因素评分得分分别为N1为104分、N1-1为73分、N1-2为54分、N1-3为83分、N1-4为78分,泥石流易发程度属轻度—易发,泥石流流体容重分别N1为$1.717t/m^3$、N1-1为$1.502t/m^3$、N1-2为$1.370t/m^3$、N1-3为$1.572t/m^3$、N1-4为$1.537t/m^3$。

3)综合取值

用上述两种不同的计算方法取得的泥石流重度基本接近,这与调查访问的泥石流类型与特征基本相符,最后得以确定选取的来路村泥石流重度值分别为N1泥石流容重为$1.516t/m^3$、N1-1泥石流容重为$1.479t/m^3$、N1-3泥石流容重为$1.694t/m^3$。N1性质属稀性泥石流,N1-3性质属黏性泥石流。

2. 泥石流流速

来路村泥石流沟沟谷较狭窄,因各沟上游山高坡陡,沟谷短而沟床纵坡降较大,泥石流被束缚于沟槽中运动,能量易聚不易散,因而泥石流具有流速快、位能高、动能积累快的特点,表现在挟沙能力强,沟壁侧蚀坍塌和沟底刨蚀痕迹明显等。

针对泥石流各勘查横断面进行计算,各勘查横断面泥石流流速计算成果见表6-21。

表 6-21　泥石流流速计算成果一览表

沟名	断面编号	计算位置	φ	γ_H (t/m³)	I_c (‰)	$H_c(P=3.33\%)$ (m)	$V_c(P=3.33\%)$ (m/s)
N1 泥石流沟	1—1′断面	拟建1#坝	0.46	2.65	222	0.50	3.69
	2—2′断面	拟建2#坝	0.46	2.65	192	0.70	4.37
	3—3′断面	拟建3#坝	0.46	2.65	169	0.70	4.17
	4—4′断面	拟建4#坝	0.46	2.65	190	0.80	4.76
	5—5′断面	拟建5#坝	0.46	2.65	172	0.80	4.59
	6—6′断面	拟建6#坝	0.46	2.65	209	0.80	4.94
	7—7′断面	拟建7#坝	0.46	2.65	179	0.60	3.84
	8—8′断面	拟建8#坝	0.46	2.65	205	0.90	5.30
	9—9′断面	拟建9#坝	0.46	2.65	195	0.90	5.20
	10—10′断面	拟建10#坝	0.46	2.65	187	0.90	5.12
	11—11′断面	拟建11#坝	0.46	2.65	132	0.60	3.43
	12—12′断面	拟建12#坝	0.46	2.65	167	0.90	4.91
	13—13′断面	拟建13#坝	0.46	2.65	165	0.90	4.89
N1 泥石流沟排导渠	14—14′断面	拟建排导渠	0.46	2.65	135	0.50	3.06
	15—15′断面	拟建排导渠	0.46	2.65	121	0.70	3.68
	16—16′断面	拟建排导渠	0.46	2.65	113	0.70	3.59
	17—17′断面	拟建排导渠	0.46	2.65	138	0.80	4.22
	18—18′断面	拟建排导渠	0.46	2.65	130	0.80	4.13

3. 泥石流流量

1）形态调查法

对已发生的泥石流流量可采用形态调查法进行计算，根据调查得到的泥石流泥位及据此求得的泥石流流速，再乘上调查求得的过流断面求取泥石流流量(表6-22)。本次工作主要根据2010年后泥石流泥痕和沟道调查情况进行计算，作为复核设计泥石流流量的参考依据。

表 6-22　泥石流流量计算表（形态调查法）

泥石流	断面编号	计算位置	设计频率	平均泥深 H_c(m)	泥石流过流断面面积 W_c(m²)	断面平均流速 v_c(m/s)	泥石流断面峰值流量 Q_c(m³/s)
N1泥石流沟	1—1′断面	拟建1#坝	$P=3.33\%$	0.50	1.47	3.69	5.43
	2—2′断面	拟建2#坝	$P=3.33\%$	0.70	1.58	4.37	6.91
	3—3′断面	拟建3#坝	$P=3.33\%$	0.70	2.01	4.17	8.38
	4—4′断面	拟建4#坝	$P=3.33\%$	0.80	2.06	4.76	9.81
	5—5′断面	拟建5#坝	$P=3.33\%$	0.80	2.41	4.59	11.06
	6—6′断面	拟建6#坝	$P=3.33\%$	0.80	2.32	4.94	11.45

续表 6-22

泥石流	断面编号	计算位置	设计频率	平均泥深 H_c(m)	泥石流过流断面面积 W_c(m²)	断面平均流速 v_c(m/s)	泥石流断面峰值流量 Q_c(m³/s)
N1泥石流沟	7—7′断面	拟建 7#坝	P=3.33%	0.60	3.15	3.84	12.11
	8—8′断面	拟建 8#坝	P=3.33%	0.90	2.30	5.30	12.19
	9—9′断面	拟建 9#坝	P=3.33%	0.90	2.40	5.20	12.48
	10—10′断面	拟建 10#坝	P=3.33%	0.90	2.86	5.12	14.65
	11—11′断面	拟建 11#坝	P=3.33%	0.60	4.50	3.43	15.43
	12—12′断面	拟建 12#坝	P=3.33%	0.90	3.45	4.91	16.93
	13—13′断面	拟建 13#坝	P=3.33%	0.90	3.98	4.89	19.46
N1泥石流沟排导渠	14—14′断面	拟建排导渠	P=3.33%	0.50	6.65	3.06	20.35
	15—15′断面	拟建排导渠	P=3.33%	0.70	5.70	3.68	20.98
	16—16′断面	拟建排导渠	P=3.33%	0.70	6.20	3.59	22.26
	17—17′断面	拟建排导渠	P=3.33%	0.80	5.50	4.22	23.21
	18—18′断面	拟建排导渠	P=3.33%	0.80	5.80	4.13	23.95

2)小流域洪峰法

来路村泥石流沟流域内局部有地下水出露,且常年有水,但是水量小,泥石流的水源主要来源于降雨。暴雨形成的地表径流是引发泥石流的主要水源,暴雨是泥石流的主要激发因素,因此泥石流流量计算采用以下计算公式。

小流域设计洪峰流量 Q_w:

$$Q_w = KaipF \tag{6-1}$$

式中:K 为单位换算系数,取 0.1;a 为洪峰径流系数,取 0.7;i 为重现期为 N 年的最大 24h 暴雨量(mm),根据《青海水文手册》,化隆地区系列年数 56a 内取 62.5mm(1992年9月11日),30a 不同保证率雨量 $i=62.5$mm,50a 不同保证率雨量为 $i=63.6$mm;p 为最大共时径流面积系数,取 1;F 为流域面积(km²)。

泥石流的峰值流量 Q_c:

$$Q_c = (1+p) \cdot Q_w \cdot D_c \tag{6-2}$$

式中:p 为泥石流修正系数[$(1+p)$从泥石流量化评分与容重及$(1+p)$关系对照表中查取];D_c 为泥石流堵塞系数(根据堵塞程度从泥石流沟堵塞系数表查取)。

针对泥石流各勘查横断面进行计算,各勘查横断面泥石流流量计算成果见表 6-23。

表 6-23 泥石流流量计算成果一览表

计算部位	断面编号	计算位置	F(km²)	K	a	φ	$1+\varphi$	D_c	Q_w(P=3.3%)(m³/s)	Q_c(P=3.3%)(m³/s)	Q_w(P=2.0%)(m³/s)	Q_c(P=2.0%)(m³/s)
N1泥石流沟	1—1′断面	拟建 1#坝	0.81	0.1	0.7	1	1.464	2	3.54	10.35	3.61	10.56
	2—2′断面	拟建 2#坝	0.87	0.1	0.7	1	1.464	2	3.81	11.11	3.87	11.34
	3—3′断面	拟建 3#坝	0.89	0.1	0.7	1	1.464	2	3.89	11.37	3.96	11.60
	4—4′断面	拟建 4#坝	0.94	0.1	0.7	1	1.464	2	4.11	12.01	4.18	12.25

续表 6-23

计算部位	断面编号	计算位置	F (km²)	K	a	φ	$1+\varphi$	D_c	Q_w ($P=3.3\%$) (m³/s)	Q_c ($P=3.3\%$) (m³/s)	Q_w ($P=2.0\%$) (m³/s)	Q_c ($P=2.0\%$) (m³/s)
N1泥石流沟	5—5′断面	拟建5#坝	1.00	0.1	0.7	1	1.464	2	4.38	12.78	4.45	13.04
	6—6′断面	拟建6#坝	1.07	0.1	0.7	1	1.464	2	4.68	13.67	4.76	13.95
	7—7′断面	拟建7#坝	1.13	0.1	0.7	1	1.464	2	4.94	14.44	5.03	14.73
	8—8′断面	拟建8#坝	1.16	0.1	0.7	1	1.464	2	5.08	14.82	5.16	15.12
	9—9′断面	拟建9#坝	1.29	0.1	0.7	1	1.464	2	5.64	16.48	5.74	16.82
	10—10′断面	拟建10#坝	1.34	0.1	0.7	1	1.464	2	5.86	17.12	5.97	17.47
	11—11′断面	拟建11#坝	1.41	0.1	0.7	1	1.464	2	6.17	18.01	6.28	18.38
	12—12′断面	拟建12#坝	1.59	0.1	0.7	1	1.464	2	6.96	20.31	7.08	20.73
	13—13′断面	拟建13#坝	1.89	0.1	0.7	1	1.464	2	8.27	24.14	8.41	24.64
N1泥石流沟排导渠	14—14′断面	拟建排导渠	2.20	0.1	0.7	1	1.464	2	9.63	28.12	9.79	28.68
	15—15′断面	拟建排导渠	2.25	0.1	0.7	1	1.464	2	9.84	28.73	10.02	29.33
	16—16′断面	拟建排导渠	2.27	0.1	0.7	1	1.464	2	9.93	29.00	10.11	29.59
	17—17′断面	拟建排导渠	2.28	0.1	0.7	1	1.464	2	9.98	29.14	10.15	29.72
	18—18′断面	拟建排导渠	2.30	0.1	0.7	1	1.464	2	10.06	29.38	10.24	29.98

3）综合取值

采用形态调查法求得的泥石流峰值流量计算结果与采用小流域洪峰法求得的结果基本接近，但局部仍有一定区别。总体上形态调查法求得的流量值与小流域洪峰法 $P=3.33\%$ 的流量计算结果相当，另采用形态调查法计算结果没有暴雨频率的概念，仅能代表当次泥石流的特征值；而小流域洪峰法则根据现有沟域面积、沟域植被发育分布情况和径流系数进行计算，具有预测性质。

4. 一次泥石流过流总量

一次泥石流过流总量可通过计算法和实测法确定。实测法精度高，但往往不具备测量条件，只是一个粗略的概算。计算法根据泥石流历时和最大流量，按泥石流暴涨暴落的特点，将其过程线概化成五角形，按如下计算公式计算：

$$Q = 0.264 T Q_c \tag{6-3}$$

式中：Q 为次泥石流总量（m³）；T 为泥石流历时（s），取值为1800；Q_c 为泥石流洪峰值流量（m³/s）。

经过计算：针对泥石流各横断面进行计算，各勘查横断面泥石流一次泥石流过流计算成果见表6-24。

5. 一次泥石流冲出的固体物质总量

经过计算：针对泥石流勘查各断面进行计算，各勘查横断面泥石流一次泥石流固体冲出物计算成果见表6-25。

表 6-24　一次泥石流过流计算成果一览表

沟名	断面编号	计算位置	30a一遇洪峰流量 $Q_c(P=3.33\%)$（m³/s）	50a一遇洪峰流量（m³/s）	泥石流历时 T(s)	30a一遇一次泥石流输移量 $Q(P=3.33\%)$（m³）	50a一遇一次泥石流输移量（m³）
N1泥石流沟	1—1′断面	拟建1#坝	10.35	10.56	1800	4 917.25	5 017.50
	2—2′断面	拟建2#坝	11.11	11.34	1800	5 281.49	5 389.17
	3—3′断面	拟建3#坝	11.37	11.60	1800	5 402.91	5 513.06
	4—4′断面	拟建4#坝	12.01	12.25	1800	5 706.44	5 822.78
	5—5′断面	拟建5#坝	12.78	13.04	1800	6 070.68	6 194.45
	6—6′断面	拟建6#坝	13.67	13.95	1800	6 495.63	6 628.06
	7—7′断面	拟建7#坝	14.44	14.73	1800	6 859.87	6 999.73
	8—8′断面	拟建8#坝	14.82	15.12	1800	7 041.99	7 185.56
	9—9′断面	拟建9#坝	16.48	16.82	1800	7 831.18	7 990.84
	10—10′断面	拟建10#坝	17.12	17.47	1800	8 134.71	8 300.56
	11—11′断面	拟建11#坝	18.01	18.38	1800	8 559.66	8 734.17
	12—12′断面	拟建12#坝	20.31	20.73	1800	9 652.38	9 849.17
	13—13′断面	拟建13#坝	24.14	24.64	1800	11 473.59	11 707.51
N1泥石流沟排导渠	14—14′断面	拟建排导渠	28.12	28.68	1800	13 362.62	13 627.79
	15—15′断面	拟建排导渠	28.73	29.33	1800	13 652.50	13 937.51
	16—16′断面	拟建排导渠	29.00	29.59	1800	13 780.80	14 061.40
	17—17′断面	拟建排导渠	29.14	29.72	1800	13 847.33	14 123.34
	18—18′断面	拟建排导渠	29.38	29.98	1800	13 961.38	14 247.23

表 6-25　一次泥石流固体冲出物计算成果一览表

沟名	断面编号	计算位置	$Q(P=3.33\%)$（m³）	$Q(P=2.0\%)$（m³）	γ_c（t/m³）	$Q_H(P=3\%)$（m³）	$Q_H(P=2\%)$（m³）
N1泥石流沟	1—1′断面	拟建1#坝	4 917.25	5 017.50	1.516	2 306.64	2 353.209
	2—2′断面	拟建2#坝	5 281.49	5 389.17	1.516	2 477.50	2 527.521
	3—3′断面	拟建3#坝	5 402.91	5 513.06	1.516	2 534.46	2 585.625
	4—4′断面	拟建4#坝	5 706.44	5 822.78	1.516	2 682.03	2 730.885
	5—5′断面	拟建5#坝	6 070.68	6 194.45	1.516	2 853.22	2 905.196
	6—6′断面	拟建6#坝	6 495.63	6 628.06	1.516	3 052.95	3 108.56
	7—7′断面	拟建7#坝	6 859.87	6 999.73	1.516	3 224.14	3 282.872
	8—8′断面	拟建8#坝	7 041.99	7 185.56	1.516	3 309.74	3 370.028
	9—9′断面	拟建9#坝	7 831.18	7 990.84	1.516	3 680.65	3 747.703
	10—10′断面	拟建10#坝	8 134.71	8 300.56	1.516	3 823.31	3 892.963

续表 6-25

沟名	断面编号	计算位置	$Q(P=3.33\%)$ (m^3)	$Q(P=2.0\%)$ (m^3)	γ_c (t/m^3)	$Q_H(P=3\%)$ (m^3)	$Q_H(P=2\%)$ (m^3)
N1泥石流沟	11—11′断面	拟建11#坝	8 559.66	8 734.17	1.516	4 023.04	4 096.327
	12—12′断面	拟建12#坝	9 652.38	9 849.17	1.516	4 536.62	4 619.262
	13—13′断面	拟建13#坝	11 473.59	11 707.51	1.516	5 392.59	5 490.821
N1泥石流沟排导渠	14—14′断面	拟建排导渠	13 362.62	13 627.79	1.516	6 280.43	6 391.432
	15—15′断面	拟建排导渠	13 652.50	13 937.51	1.516	6 416.68	6 536.692
	16—16′断面	拟建排导渠	13 780.80	14 061.40	1.516	6 476.98	65 94.796
	17—17′断面	拟建排导渠	13 847.33	14 123.34	1.516	6 508.25	6 623.848
	18—18′断面	拟建排导渠	13 961.38	14 247.23	1.516	6 561.85	6 681.952

6. 泥石流冲击压力

泥石流的冲击力大小与泥石流流速、容重、建筑物形状等有关。

经过计算：针对泥石流勘查各断面进行计算，各勘查横断面泥石流整体冲击压力 28.01～66.61kN。

7. 泥石流爬高和最大冲起高度

$$\Delta h = \frac{v_c^2}{2g} \tag{6-4}$$

$$\Delta H_c = \frac{bv_c^2}{2g} \approx 0.8\frac{v_c^2}{g} \tag{6-5}$$

式(6-4)和式(6-5)中：Δh 为泥石流爬高(m)；ΔH_c 为最大冲起高度(m)；b 为迎面坡度。

泥石流爬高和最大冲起高度计算结果见表 6-26。

表 6-26 泥石流冲起高度和爬高计算表

沟名	断面编号	计算位置	泥石流流速(m/s)	泥石流爬高(m)	最大冲起高度(m)
N1泥石流沟	1—1′断面	拟建1#坝	3.69	1.11	0.69
	2—2′断面	拟建2#坝	4.37	1.56	0.97
	3—3′断面	拟建3#坝	4.17	1.42	0.89
	4—4′断面	拟建4#坝	4.76	1.85	1.16
	5—5′断面	拟建5#坝	4.59	1.72	1.07
	6—6′断面	拟建6#坝	4.94	1.99	1.25
	7—7′断面	拟建7#坝	3.84	1.20	0.75
	8—8′断面	拟建8#坝	5.30	2.29	1.43
	9—9′断面	拟建9#坝	5.20	2.21	1.38
	10—10′断面	拟建10#坝	5.12	2.14	1.34
	11—11′断面	拟建11#坝	3.43	0.96	0.60
	12—12′断面	拟建12#坝	4.91	1.97	1.23
	13—13′断面	拟建13#坝	4.89	1.95	1.22

续表 6-26

沟名	断面编号	计算位置	泥石流流速(m/s)	泥石流爬高(m)	最大冲起高度(m)
N1 泥石流沟排导渠	14—14′断面	拟建排导渠	3.06	0.76	0.48
	15—15′断面	拟建排导渠	3.68	1.11	0.69
	16—16′断面	拟建排导渠	3.59	1.05	0.71
	17—17′断面	拟建排导渠	4.22	1.45	0.91
	18—18′断面	拟建排导渠	4.13	1.39	0.87

8. 泥石流弯道超高

$$\Delta H = 2v_c^2 B/gR \tag{6-6}$$

式中：B 为泥石流表面宽度(m)；R 为主流中线弯曲半径(m)；v_c 为泥石流流速(m/s)。

根据上式，计算泥石流在流通区、堆积区的运动过程中弯道超高量，计算结果见表 6-27。

表 6-27　泥石流弯道超高计算表

沟名	断面编号	计算位置	泥石流流速(m/s)	泥石流表面宽度(m)	弯曲半径(m)	ΔH(m)
N1 泥石流沟	3—3′断面	拟建3#坝	4.17	2.0	21	0.34
	4—4′断面	拟建4#坝	4.76	3.0	12	1.16
	5—5′断面	拟建5#坝	4.59	3.0	11	1.17
	6—6′断面	拟建6#坝	4.94	4.0	12	1.67
	7—7′断面	拟建7#坝	3.84	5.0	9.5	1.58
	15—15′断面	拟建排导渠	3.68	6.0	18	0.92
	18—18′断面	拟建排导渠	4.13	8.0	21	1.32

（七）泥石流危害特征及发展趋势

1. 泥石流危害特征

1）泥石流危害方式

通过对泥石流堆积特征及危害性调查综合分析认为，区内泥石流出沟口后立即堆积下来形成泥石流堆积扇。泥石流发生时，大多数固体物质在地形宽缓位置及过路涵洞处堆积，剩余洪水挟带泥石向下游流动。

2）泥石流危害对象

危害对象为沟内来路村 20 户 100 余人，其中房屋共 50 间（砖混结构房屋 22 间、砖木结构房屋 28 间）、打谷场 3 个、村委会、幼儿园等。此外，威胁沟口来路村人引管道长约 200m，灌溉渠道约 30m，硬化道路约 800m。估算总价值约 920 万元。

3）泥石流灾情及损失

据本次实物指标调查，2012 年 8 月 11 日，泥石流造成 1.23hm² 农田、4km 排洪沟被掩埋、约 300m

的灌溉水渠、7座便桥、约400m人引工程管道掩埋和6户农家受到威胁。

2019年6月23日，泥石流造成6 666.67m²农田、1km排洪沟被掩埋、3座便桥、人畜引水处被掩埋和2户农家受到威胁。

2. 泥石流发展趋势分析

泥石流发展具有一定波动性，其所处的阶段性受诸多因素的影响，在泥石流形成的3个基本条件中，地形条件的变化较缓慢，降水条件受区域气候变化规律控制，而固体松散物质条件在内外因素的作用下，处在不断变化之中，所以流域内固体松散物质的状态及其累积速率是控制其泥石流发展趋势的重要因素。经过勘查及综合分析区域资料及沟谷发育特征，N1泥石流处于逐步增强的趋势，为发展期，其余均为衰退期。主要基于以下几个方面：

（1）群加乡来路村是降水量较大地区，区内暴雨集中，强度较高，近年来降雨极端天气增多，短时间降雨记录突破历史纪录，为泥石流的发生提供了必要条件。

（2）泥石流沟谷内人类工程活动不断增强，沟内滑坡、崩塌、不稳定斜坡、危岩体等地质灾害较发育，沟谷本身处在发展期，沟岸不断以坡面碎石流、崩塌等形式向两侧剥蚀、扩张，形成的松散土体受沟谷地形条件的限制，绝大部分被泥石流直接冲蚀、搬运，部分转化为泥石流物质，加之沟底再搬运等，因此固体松散物质较丰富，累积速率高，有利于泥石流的频繁发育和进一步发展。

（3）近年来由于村镇建设，泥石流沟道内堆积有一定的松散堆积物，一定程度上对沟道造成堵塞，进一步为泥石流发生提供了物源。

总之，受以上各种因素的影响，区内泥石流的发生频率将增高，发生泥石流的可能性较大。

3. 泥石流危害程度预测及分区

根据来路村泥石流不同地段泥石流的危害程度及特征，将泥石流危害区划分为危险区和影响区。

（1）危险区。危险区分布于N1中部东西两侧，面积0.20km²，威胁对象为沟内来路村20户100余人，村委会、幼儿园等，此外威胁沟口来路村人引管道长约200m，灌溉渠道约30m，硬化道路800余米。估算总价值约920万元。

（2）影响区。影响区分布于N1-1堆积区西侧及来路村居民区，面积0.56km²，该地段遭受泥石流的可能性较大。

第三节 地质灾害治理技术

西宁市地质灾害类型以滑坡、崩塌、泥石流3类地质灾害为主，通过大量的治理工程已经初步取得了相对成熟可靠、经济合理的治理技术和方法。

一、滑坡灾害工程治理措施

西宁市滑坡灾害工程治理措施主要有截、排水，坡脚防冲刷、侵蚀，坡面减载，坡脚反压，支挡，坡面防护等措施（表6-28）。

表 6-28　滑坡灾害主要治理措施

主要工程类型	具体工程措施
截、排水	地表排水：外围排水沟（截水沟）、内部排水沟、堵缝填注；地下排水：支撑盲沟、截水盲沟、钻孔排水、隧道排水、截水墙
减载、反压	削方、坡面卸荷减载、坡脚反压
防冲刷、侵蚀	挡水墙、拦砂坝、丁字坝、抛石护坡（压脚）
支挡	挡土墙（抗滑片石垛、浆砌块、条石挡土墙、混凝土或钢筋混凝土挡土墙、空心明硐抗滑挡土墙、沉井式抗滑挡土墙）、抗滑桩（挖孔桩、钻孔桩、锤入桩）、预应力锚固（锚杆锚固、锚索锚固）
防护	格构锚固、六棱砖护坡等

1）截、排水

滑坡的发生均与降雨及地下水作用密切相关，主要诱发因素多为暴雨或持续降雨。因此，工程治理首先应针对地表水、地下水开展工作。可在滑坡边界外设置地表水截流沟，防止区外地表径流进入滑坡体内。滑坡面积较大或坡面地表径流排泄不畅可考虑在滑坡表面设置排水沟。如果滑坡体内地下水较丰富，并可能对滑坡稳定性造成较大影响，可抽取地下水，也可在地形转折部位挖坑排泄地下水，常用的排水方式有隧洞排水、钻孔排水及盲沟排水等。另外，应尽量对滑坡体上的拉张裂缝填塞、掩埋，减少降雨及地表径流沿裂缝入渗。

2）减载、反压

通过削方减载或填方加载方式来改变滑体的力学平衡条件从而达到滑坡稳定。这种治理方式主要是在滑坡的抗滑地段加载及主滑地段或牵引地段减重。如对于中、后部为主滑段，前部为阻滑段的滑坡，条件允许可考虑拆除滑坡体中、后部房屋等构筑物以及部分凸出的松散堆积体，减小滑动推力，在滑坡前缘加载，增加抗滑阻力。

3）防冲刷、侵蚀

多数坡体坡脚常受到坡前排水沟和河流的冲刷和侧向侵蚀，坡脚岩、土体受冲刷将降低坡体下部的被动土压力，造成坡体失稳形成滑坡。因此，在可能受到水流冲刷的坡体底部修建挡水墙、拦砂坝、护坡，可使坡体免受水流冲刷。

4）支挡

滑坡支挡工程主要有坡脚挡土墙、抗滑桩、锚索抗滑桩等措施。研究区滑坡多属松散体滑坡，厚度不大，滑床多为基岩，可根据实际情况采用上述措施进行治理。研究区常用的挡土墙为钢筋混凝土或浆砌石重力式抗滑挡土墙。支挡工程的布置应在勘察及可行性论证的基础上确定，避免盲目性。

5）防护

坡面防护工程主要有格构锚固工程、生物工程，以及六棱砖护坡工程等。格构锚固工程一般是为防止表层浅表层滑塌、水土流失，以及有蠕滑现象时。生物工程的作用主要是防止滑坡体表面水土流失、溜塌和景观美化。六棱砖护坡工程主要是减轻坡面流水对滑坡坡面的冲刷，避免造成水土流失。

总之，滑坡工程治理方法较多，应根据勘查结果灵活设计方案，可用一种方法治理，也可多种方法配合进行。

二、崩塌工程治理措施

(一)土质崩塌

区内土质崩塌主要发育于人工边坡处,根据崩塌规模可采用与滑坡相同的截、排水,削坡减重,坡脚支挡等一种方法或多种方法配合的治理措施进行工程治理。

(二)岩质崩塌

岩质崩塌的工程治理措施主要有地表截流、凹腔嵌补、锚索加固、危岩清除、拦挡(主、被动防护网)等处理措施(表6-29)。

表6-29 岩质崩塌灾害主要治理措施

主要工程类型	具体工程措施
地表截流	截流沟、堵缝填注、支撑盲沟
凹腔嵌补	浆砌条石或片石、支撑柱
锚索加固	预应力锚索、锚杆
危岩清除	爆破、人工削除
拦挡	主、被动防护网

1. 地表截流

地表水渗入危岩裂隙中,来不及排泄,水位急剧增高,会产生很大的静水压力,对危岩稳定性造成严重影响。裂隙水还造成危岩体间黏结力减弱,风化速度加快,危岩稳定性减弱。因此,应防止大气降水的地表径流及危岩体后方的地表水汇入基岩裂缝中。一般可在危岩体外挖截流沟,尺寸及位置须因地制宜设计。

2. 凹腔嵌补

由于差异风化作用形成的凹岩腔,宜采用浆砌条石或片石进行嵌补,可防止软岩层进一步风化,也可对上部危岩体提供支撑,提高稳定性。

3. 锚索加固

对于稳定性差不能清除也无法支撑的危岩块体可采用锚索加固方案,宜采用预应力锚索,锚固段须进入稳定岩体中合适长度,锚固角度与危岩壁垂直或略向下倾。锚索钢绞线根数及直径须计算后确定。

4. 危岩清除

对规模小、稳定性差、工程治理技术难度较大且费用高、搬迁困难的崩塌,可采用清危(即清理危岩,后文同)方案,通过爆破或人工消除等方法彻底清除危岩体,从而达到长治久安的目的。

5. 拦挡

研究区将主、被动防护网设置在危岩坡体下方,最大限度地拦截落石或消能。再就是在危岩体下方修建落石平台或落石槽等,最大限度地对落石消能。交通部门常在危岩下方修建明洞或棚洞等遮挡建筑物来消除崩塌对公路或铁路的危害。

三、泥石流工程治理措施

泥石流灾害应从泥石流防治方案与减灾措施两方面进行。

(一)防治方案

1. 以抑制泥石流发生为主的方案

采取蓄、引水工程,植树造林等控制形成泥石流的水源和松散固体物质的聚积及启动。以行政管理、法令措施消除激发泥石流的人为因素,从而抑制泥石流的发生。

2. 以疏导泥石流过境为主的方案

采取拦挡、排导、疏浚等河道改造工程,调节泥石流流量,消减龙头能量,促使泥石流分流或解体,从而控制通过保护区河道的泥石流流量、流速,使其顺利过境不至于危及两岸保护目标的安全。

3. 以避让泥石流危害为主的方案

在泥石流发生前采取预防措施,发生过程中采取警报措施,并对危害区内保护对象采取临时加固、撤离等措施,使泥石流过境时灾害损失减至最低。

4. 综合防治方案

针对被保护目标的性质和重要性,采取工程、生物、预警报、行政等措施对泥石流进行抑制、疏导、局部避让等综合措施,以求达到最佳治理效果和节省投资。

(二)减灾措施

1. 工程措施

通过在泥石流沟域兴建不同结构形式的工程建筑物,对形成泥石流的水源进行调节和分流,对形成泥石流的固体物源(滑坡、崩塌、剥落、水土流失等地带)进行稳固。对泥石流在沟道中的运动进行控制和消能。主要工程措施见表6-30。

1)蓄引水工程

在泥石流形成区依照地形地质条件修建淤积池或淤积洼地,库蓄汇集地表径流,减少沟道洪水流量。将拦蓄洪水通过引排水渠、涵洞等引出泥石流沟域排泄。

表 6-30　泥石流灾害主要治理措施

主要工程类型	具体工程措施
蓄引水工程	淤积池或淤积洼地、引排水渠、涵洞
固坡工程	梯级固防坝、植被绿化
拦挡工程	拦砂坝、格栅坝
停淤工程	导流堤、停淤场
排导工程	加高加固河道、疏通河道

2）固坡工程

在泥石流沟域松散固体物质分布区，如滑坡、崩塌分布密集的沟谷段，修建 2~3 个梯级谷坊工程，利用系列坝逐级回淤稳固滑坡脚，同时调节沟道纵比降以削减泥石流能量。对以片蚀为主的荒坡等分散物源，采用农林措施固坡。

3）拦挡工程

在泥石流流经的沟道上，利用峡口等自然形成的具有一定库容的地形修建拦砂坝，拦截泥石流携带的固体物质，过滤大颗粒物质，以减少泥石流对下游防护工程的撞击、磨蚀，增加下游工程的安全度。坝体可采用浆砌石坝、混凝土坝等实体坝或格栅坝。对冲击力大的泥石流，宜采用柔性结构格栅坝（如 SNS 钢绳网坝）。实体坝高不宜超过 30m，格栅坝坝高不宜超过 20m。坝址尽可能向上游布置，距离城市等重要防护目标应大于 5km。拦砂坝总库容应大于五年内泥石流输出固体物质量的总和。

4）停淤工程

在泥石流出山口冲积扇等地形较宽缓处，可修建停淤场用于调节泥石流流量，不能用作永久拦砂场。必须适时清淤，以确保有足够的调节库容。停淤场主要用防护堤、导流堤等建筑物来引导泥石流分解停淤。

5）排导工程

在泥石流通过城镇等重要保护目标区河道段，加高加固两岸河道，减小河道弯度，疏掏拓宽河道，以利于泥石流安全通过，输入到下游河道中。对跨河建筑物进行改造留足排洪断面，使泥石流快速通过跨河建筑物，而不致发生阻塞。

2. 生物措施

生物措施是指在研究区内利用林业技术，对沟域内为泥石流的产生提供大量固体物质（土壤、石块）的陡坡耕地、荒地、荒坡进行人工改造，以控制其面蚀作用和水土流失强度，减少泥石流的固体物质来源。同时也起到调节或削减地表径流，阻滞在沟道中形成大的洪峰，从而抑制泥石流的产生和发展。具体就是在研究区内以营造水源涵养林、防护林和经济林为主。如在泥石流主要物源区的荒坡、滑坡区采用速生、易成活、抗病虫害的针、阔叶林混交营造水源涵养林，覆盖率应在 80% 以上。

四、不稳定斜坡治理措施

不稳定斜坡应根据斜坡的发育特征、稳定性及破坏模式选择合适治理措施，研究区主要采用如下方式进行治理。

1. 截、排水工程

土体被水浸湿后，造成容重增大、强度降低，从而引发坡体失稳。因此，减缓地表径流对坡体的入渗是防治斜坡失稳的主要治理手段之一。具体做法：斜坡外地表水排水工程以设置一条或多条环形截水沟，拦截旁引地表径流，不使地表水流入斜坡范围之内。斜坡内则充分利用自然沟谷，布置成树枝状排水系统，将坡体中的地下水排出。斜坡内的湿地和泉水出露处，修建渗沟或明沟等引水工程来进行排水。此外，整平夯实落水洞等低洼易积水地形，减少坑洼及裂缝，同时植树铺草皮以防止地表水下渗及淤塞排水沟。

2. 刷方工程

按照稳定性分析所要求的安全系数来进行刷方，以清刷顶部及后部岩、土体为主。中部及前缘处一般禁止刷方。当前缘部分极为松散破碎时，亦可适当清除，但应在顶部后部刷方之后进行。刷方时宜配合采用填土反压固脚，可以增大抗滑力，同时又可以作为刷方土体的弃土场地和弃土堆。

3. 抗滑支挡工程

如果不稳定斜坡的形成是由于下部支撑部分的切割或上部挤压部分的过度荷载，可以采用"支挡"工程进行加固，支挡工程包括抗滑挡土墙、锚杆、锚索格构、抗滑桩和微型桩等。在不稳定斜坡中下部及坡脚地带修建抗滑工程，用来恢复或增强坡体下部支撑力，阻挡斜坡体的位移变形，这是一种对稳定斜坡具有长久作用的有效措施。

第四节　典型地质灾害治理工程

西宁市地质灾害治理工作始于21世纪初，主要涉及自然资源部门、水利部门、南北山绿化服务中心等部门，治理对象共计达到55处（表6-31）。

自然资源系统防治的灾害点主要位于湟水两侧第一斜坡带上的重大地质灾害隐患点，如张家湾滑坡、南川东路滑坡群、付家寨滑坡、林家崖滑坡和崩塌（危岩）、小西沟泥石流、火烧沟泥石流等治理工程，还有如海湖桥北滑坡应急治理、一颗印应急治理工程等，再就是马坊—海湖桥段潜在滑坡群、王家庄滑坡、南川东路滑坡、巴浪沟泥石流、老关沟泥石流、水槽沟泥石流、曹家沟泥石流等专业监测项目等。

水利部门主要是以保持水土流失等为目的，在各泥石流沟及冲沟内修建有大量的谷坊坝，目前大部分谷坊坝坝后有淤积，很好地起到了拦沙固淤、抬高沟底侵蚀基点、防止沟底下切和沟岸扩张的作用，同时可以使沟道坡度在局部变缓，减缓沟道水流速度，减轻下游山洪或泥石流的危害。

南北山绿化服务中心在南北两山绿化区内对绿化专用道路和管护房威胁较大的地质灾点进行了工程治理，最大限度地保障了绿化工程的实施。

表6-31　西宁市区重大地质灾害隐患防治情况一览表

序号	治理对象	防治措施	治理效果评述	实施时间
1	马坊—海湖桥段不稳定斜坡	部分坡脚由相关企业自筹资金进行了治理，防治措施以坡脚重力式挡土墙、抗滑桩板墙为主，个别坡体采取了削坡减载＋格构护坡＋坡脚抗滑桩板墙的综合治理措施。2021年由自然资源部门投入约112万元进行对马坊—西杏园段斜坡进行了专业监测预警，主要设备为GNSS地表位移监测仪20套、裂缝位移监测仪3套、雨量监测仪1套、视频监测仪6套	但由于资金投入不足，早期的部分重力式挡土墙部分出现破损或设计等级不够，对不稳定斜坡的防护作用有限；监测设备目前运行良好	2022年

续表 6-31

序号	治理对象	防治措施	治理效果评述	实施时间
2	阴山堂滑坡及不稳定斜坡	东侧采取 11 级放坡处理,最下一级坡体前缘设有浆砌石挡土墙,挡土墙长 150m,高 6m,厚 1m	挡土墙结构体良好,达到预期效果	2016 年
		西侧不稳定斜坡段正在进行普适型专业监测预警,主要设备为 GNSS 地表位移监测仪 3 套、翻斗式雨量监测仪 1 套、声光报警器 1 套	运行正常	2021 年
3	杨家湾滑坡	该点进行了防治工程初步勘查和可行性研究	运行正常	2015 年
4	张家湾滑坡	正在进行专业监测预警,主要设备为 GNSS 地表位移监测仪 26 套、裂缝位移监测仪 5 套、深部测斜仪 6 套、雨量监测仪 1 套、视频监测仪 3 套	运行正常	2020 年
		H4 滑坡:①清坡共十一级,共 20.15 万 m^3;②锚索(杆)框架共 968 根,共长 24 504m;③锚杆框架共 11 400m^3,锚杆共 1267 根,共长 7602m;④挡土墙在滑体前缘剪出口处,高 4.5m,地面上 3m,顶宽 1.0m,共长 118m	整体较好,但前缘挡土墙西端受滑坡影响损毁,需进行加固处理	2020 年
		二期。①抗滑桩:在 H2 滑坡上部实施一排(共 24 根)锚索抗滑桩,桩长 36.0~40.0m,截面 2.0m×3.0m;在 H2 滑坡中部实施一排(共 6 根)锚索抗滑桩;在 H3 滑坡上部实施一排(共 10 根)普通抗滑桩;在 H3 滑坡前缘实施一排(共 13 根)抗滑桩,3 根为锚索抗滑桩,10 根为普通抗滑桩。②预应力锚索:1~24 号抗滑桩、103~105 号抗滑桩桩顶布设两排锚索,35~40 号抗滑桩桩顶布设两排锚索。③回填反压:在 H3 滑坡前缘回填反压	结构体良好,达到预期效果	2021 年
5	青海省人力资源和社会保障厅绿化区管护基地南侧滑坡	沿青海省人力资源和社会保障厅绿化区管护基地围墙外侧布设治理工程,措施:桩板墙共 12 根,截面尺寸 1.0m×1.2m,桩长 7~12m;顶部通过冠梁连接长 47m	工程结构体良好,达到预期效果	2020 年
6	付家寨滑坡	主要工程措施为布置抗滑桩 18 根(尺寸 1.6m×2.0m),排水渗沟 150m,挡土墙约 102m,截排水沟 656m,夯填裂缝 100m。被动拦石网布设于危岩区(Q114)下方,长 190m,面积 760m^2;清危 3256m^3;对治理工程造成的坡面植被损毁进行恢复,恢复面积 4500m^2	拦石网无破损,抗滑桩运行情况良好,挡土墙结构完整,无破损	2014 年
7	国家税务总局青海省税务局绿化区 1# 崩塌	采取的治理措施为中上部有被动防护网,长 60m,高 3m,厚 1m	拦石网无破损,运行情况良好	2018 年

续表 6-31

序号	治理对象	防治措施	治理效果评述	实施时间
8	庙儿沟沟脑东侧滑坡	桩板墙工程：布设于坡体中上部，共5根抗滑桩，截面1.0m×1.2m，间距5.5m，单根桩长7.0m；挡土墙：布设于坡脚道路内侧，仰斜式挡土墙结构，长42.0m，高6.5m。支挡工程顶部坡面削方整平后斜坡坡度为1∶1.4～1∶1.5；挡土墙顶部至桩板墙和桩板墙到滑坡后缘设置格构进行护坡	工程设施完好，达到预期效果	2021年
9	青海省公安厅绿化区3#滑坡	挡土墙：布设于坡脚道路内侧，采用C30混凝土仰斜式挡土墙结构，长58.5m，高6.5m（其中基础埋深1.5m），顶宽0.8m，底宽2.3m	运行正常	2021年
10	王家庄H2滑坡	该点进行了防治工程详细勘查和可行性研究（初步设计）	运行正常	2019年
		该点安装了专业监测设备主要设备为GNSS地表位移监测仪10套、裂缝位移监测仪1套、雨量监测仪1套、视频监测仪1套、土壤含水率仪1套	运行正常	2020年
11	王家庄W2崩塌（危岩）	危岩下部坡体中部采用被动防护网，高5m，长160m，共800m²	被动防护网中西端被滚石（1.5m×1.4m×0.6m）冲击损坏50m²，建议维修	2018年
		正在进行专业监测预警，主要设备为裂缝位移监测仪4套	运行正常	
12	王家庄H1滑坡	该点进行了防治工程详细勘查和可行性研究（代初步设计）	运行正常	2019年
		正在进行专业监测预警，主要设备为GNSS地表位移监测仪6套、裂缝位移监测仪2套、土壤含水率仪1套	正常运行中	2020年
13	王家庄W1崩塌（危岩）	危岩下部采用被动防护网，高5m，长140m，共700m²	北西端60m防护网被破坏，失去防护作用，建议对破坏的部分进行修复	2018年
		正在进行专业监测预警，主要设备为裂缝位移监测仪2套	运行正常	
14	路家庄3#崩塌	清危长度为128m，清理高度最大处为20m，清理面积为533m²，清理体积1677m³。在治理区半坡设置一排被动防护网，防护网高5m；在坡脚平缓位置设置一道挡土墙，挡土墙高5.0m，顶宽1.0m，底宽2.0m，并与607B防护网、挡土墙相连	第一道防护网中部受落石冲击受损，受损长度30m；第二道防护网及挡土墙工程完好	2019年
15	路家庄4#崩塌	清危长度为103m，清理高度最大为30m，清理面积为660m²，清理体积1576m³。在治理区半坡设置一排被动防护网，防护网高5m		

续表 6-31

序号	治理对象	防治措施	治理效果评述	实施时间
16	一颗印滑坡	主要工程措施为削方反压平台十一级,平台宽3～15m,坡高3～31.3m,总计清理体积137 887m³。反压坡脚填土151 878m³。平台排水沟及纵向排水沟总长3428m,滑坡两侧排水沟总长550m。在坡脚处设置一道挡土墙,挡土墙高5～6m,顶宽为2m,总长422m。清危体积约3200m³,设置一道被动拦石网,拦石网高4m,长220m,总计880m²	滑坡体表经削方卸载和坡脚回填反压坡后无明显变形迹象,挡土墙等工程结构体良好,达到预期效果	2012年
17	大寺沟东滑坡	1#滑坡回填15 153m³,草灌绿化1730m²。2#滑坡布设抗滑桩共16根(2.0m×3.0m),削方卸载62 820m³,回填碾压53 731m³,草灌绿化5150m²。清危2036m³,渗沟90m。微型桩挡土墙高7m,顶宽2m,总长108m,护脚挡土墙高2m,顶宽0.8m,长20m。3#滑坡清危1460m³,微型桩挡土墙该段挡土墙高6m,顶宽1.5m,总长106m。排水沟1685m,路基边沟480m	抗滑桩、挡土墙结构体良好,达到预期效果	2013年
18	林家崖滑坡	主要工程措施为设置抗滑桩36根(尺寸1.5m×2.5m),桩长15～20m,桩间距6m,布置挡土板35块,削方20 850m³。每8m设一缓坡平台,平台宽2m。坡脚填土28 100m³,每8m设一缓坡平台,平台宽2m。设置挡土墙高5.5m,总长420m;修建排水沟总长1 410.5m	抗滑桩结构体良好,达到预期效果	2011年
		对H3滑坡体中后部局部的不稳定的浅表层滑坡体进行防治,措施:①前缘设置重力式挡土墙结构工程设AB段、BC两段,总长78m,墙高4.5m;②坡体格构锚杆+削坡工程:设AB、BC两段,AB段分2级(马道),分别设置格构护坡	治理工程完好,达到预期效果	2021年
19	青海省三江集团有限责任公司绿化区3#崩塌	采取的治理措施为坡脚修建有钢筋混凝土挡土墙,挡土墙长210m,高3m,厚1m;挡土墙上面有被动防护网,长210m,高2.5m。坡面采用格构护坡,格构尺寸2m×2m;中间部分采用浆砌石挡土墙,挡土墙高2.5m,厚1m,长100m。挡土墙上面有防护网	东侧挡土墙部分破坏,西侧防护网已被破坏,破坏长5m,建议对已破坏的部分进行修复	2017年
		下部新建挡土墙顶部设置RXI-100型被动防护网546m²,高7.0m	结构良好,达到预期效果	2021年
20	青海省人民政府三叉岭绿化区崩塌	清危:坡体表面理危体积62.4m³;被动防护网:网高4m,总长75m;挡土墙:高5.0m,顶宽0.8m,底宽1.8m,基础埋深2.0m	运行正常	2020年

续表 6-31

序号	治理对象	防治措施	治理效果评述	实施时间
21	青海省民政厅三叉岭绿化区 2#滑坡	采取的治理措施为削坡减载:1700m³;桩板墙:一排,桩间距 5m,共 18 根,截面尺寸 1.5m×1.0m,锚固段长取 8m,总桩长 13m	挡土墙结构体良好,达到预期效果	2020年
22	北山寺崩塌（危岩）群	采取的主要工程措施为采用对危岩体进行人工清危,体积为 1183m³,采用混凝土回填凹腔,凹腔口首先设置 φ20 锚杆栅栏,锚杆间距 20cm,锚杆长 2m,锚杆总计 25 根,回填体积总计 25m²	回填情况良好,达到预期效果	2019年
		采取的主要工程措施为 4#崩塌(危岩)采用对危岩体人工清危,危岩体合计清理体积为 160m³。5#崩塌(危岩)采取的主要工程措施为对危岩体采取局部清除后支护,清除体积 12m³。支护工程选用混凝土支护墙,断面为梯形,墙身长 22.0m,墙顶宽 0.5m,墙底宽 0.9~1.1m,墙高 2~4.5m。8#崩塌(危岩)采取的主要工程措施为布设 2 根支护桩,桩长 20m(尺寸 1.5m×2.0m),设置主动防护网,防护网尺寸 4.5m×4.5m,设计面积 2 369.5m²,撑绳端头及交叉点设置锚杆,其中孔深 12m 的共计 90 根,孔深 6m 的共计 217 根	坡体表面可见裂隙及小型危岩体,建议采取工程措施治理并清除	2018年
23	青海省农业农村厅绿化区崩塌	共 6 段,治理方式主要在坡脚采用仰斜式挡土墙结构或重力式挡土墙结构护坡,个别挡土墙以上采用格构框架护坡	运行正常	2021年
24	南川东路滑坡群	完成详细勘查报告	运行正常	2011年
		H1:抗滑桩 22 根,其中上排抗滑桩 10 根(尺寸 1.5m×2.0m),下排抗滑桩 12 根(尺寸 1.5m×2.0m)。滑坡前缘设有高 6~8m 的浆砌石挡土墙,顶宽 0.8m,底宽 1.7m,长约 26m	抗滑桩、挡土墙等工程结构体良好,达到预期效果	2017年
		H2 滑坡:抗滑桩 76 根,其中北侧滑体布设抗滑桩 19 根(尺寸 2.0m×2.5m),中部滑体上排抗滑桩 15 根(尺寸 1.5m×2.0m),下排抗滑桩 15 根(尺寸 2.0m×2.5m),南侧滑体布设抗滑桩 27 根(尺寸 2.0m×2.5m),滑体前缘设有高 3~6m 的浆砌石挡土墙	抗滑桩、挡土墙等工程结构体良好,达到预期效果	2017年 2021年
		H3 滑坡:抗滑桩 59 根,其中北侧滑体上排抗滑桩 10 根(尺寸 2.0m×2.5m),下排抗滑桩 10 根(尺寸 1.5m×2.0m),中部滑体上排抗滑桩 8 根(尺寸 2.0m×3.0m),下排抗滑桩 9 根(尺寸 1.5m×2.0m),南侧滑体上排抗滑桩 9 根(尺寸 2.0m×3.0m),下排抗滑桩 13 根(尺寸 1.5m×2.0m),滑体前缘设有高 2.5~4.0m 的浆砌石挡土墙	抗滑桩、挡土墙等工程结构体良好,达到预期效果	2016年

续表 6-31

序号	治理对象	防治措施	治理效果评述	实施时间
24	南川东路滑坡群	H4 滑坡：①滑坡中前部设 A 型抗滑桩 13 根，桩截面积 2m×2.5m；②在 H3、H4、H5-1 滑坡前缘设挡土墙长 520m；③排水沟 1 213.87m	抗滑桩挡土墙等工程结构体良好，达到预期效果	2014 年
		H5-1 滑坡：抗滑桩 32 根（尺寸 2.0m×3.0m），滑体前缘设有高 3～8m 的浆砌石挡土墙，滑体上部、中部及两侧修建截排水沟	挡土墙中部有鼓起及砌石掉块现象，建议修复	2014 年
		H5-2 滑坡：目前稳定，对其顶部的危岩进行危岩清理、凹腔嵌补、被动防护网工程	工程结构体良好，达到预期效果	2021 年
		H6 滑坡：削坡减载；抗滑桩设于近前缘，总 24 根，桩径 2.0m×3.0m 和 1.8m×2.6m；被动防护网为 RX-075 型，高 6.0m，长 174m。危岩清理及嵌补：清理体积 860m³，嵌补体积 300m³。挡土墙：抗滑桩南端设置，高 2.0～6.0m，长 44m。坡面防护：采用六棱砖进行防护，面积约 7000m²。排水沟：503m	工程结构体良好，达到预期效果	2021 年
		H7 滑坡：H7-1 滑坡中下部设置一排 7 根锚索抗滑桩，桩径 1.8m×2.4m，抗滑桩顶部设长 23.0～24.0m 的预应力锚索及高 4.0m、长 70.0m 的被动防护网，危岩清理及嵌补分别为 200.0m³、15.0m³。H7-2 滑坡中下部坡体平台处设置一排（10 根）锚索抗滑桩，桩径 2.0m×3.0m，抗滑桩顶部设长 23.0～24.0m 的预应力锚索及高 4.0m、长 70m 的被动防护网，危岩清理及嵌补分别为 250m³、15m³。H7-3 滑坡前缘设置长 15m 浆砌片石挡土墙，高 6.5m，危岩清理及嵌补分别为 1500m³、50m³	工程结构体良好，达到预期效果	2020 年
		正在进行专业监测预警，主要设备为 GNSS 地表位移监测仪 21 套、裂缝位移监测仪 3 套、雨量监测仪 1 套、视频监测仪 1 套	运行正常	2020 年
25	龙泰路不稳定斜坡	削坡平整：对斜坡表面按 1∶1～1∶3 进行削坡平整；格构锚杆工程：格构梁水平垂直方向间距均为 2.0m，格构梁截面尺寸为 0.3m×0.4m，锚杆长度分别为 6.0m、8.0m、9.0m 和 10.0m，锚杆孔径 110mm，锚杆采用 HRB400 级 φ32；绿化工程：绿化面积 5 752.5m²	工程结构体良好，达到预期效果	2021 年
26	法幢寺滑坡	桩板墙工程：9 根，A 型桩 1 根，净间距 3.5m，桩长 24m，方型桩，桩截面 2.0m×2.0m；B 型桩 5 根，桩间距（中心距）5m，桩长 20～24m，方型桩，桩截面 1.5m×2.0m；C 型桩 3 根，桩长 16～18m，方型桩，桩截面 1.0m×1.5m	正在施工	2022 年

续表 6-31

序号	治理对象	防治措施	治理效果评述	实施时间
27	巴浪沟泥石流	沟道中下游段布设有 7 道浆砌石谷坊坝,坝长 6.0~14.0m,高 1.0~2.0m,顶部宽约 0.5m,底部宽约 1.5m,坝体中下部设排水管,顶部布设梯形排导槽,均为浆砌石谷坊坝	坝体完好,坝后基本无淤积;坝体高度较低,对防治大规模泥石流效果有限	2016 年
28	吴仲沟泥石流	沟道中下游段布设有 16 座谷坊坝,坝长 5.0~15m,高 2.0~4m,顶宽 0.5~1.0m,均为浆砌石谷坊坝。目前在近沟口处有大量的弃土堆积于沟道中,阻塞泥石流的排泄通道	坝体完好,部分坝后有淤埋情况,建议定期对坝后清除;坝体高度较低,对防治大规模泥石流效果有限	2016 年
		正在进行专业监测预警,主要设备为泥位计 2 套、翻斗式雨量监测仪 1 套、视频监测仪 1 套、声光报警器 1 套	运行正常	2021 年
29	鲍家大沟泥石流	沟道中下游段布设有 9 座谷坊坝,坝长 10.0~16.0m,高 2.0~4.0m,顶宽 1.0m,均为浆砌石谷坊坝	坝体完好,坝后有轻微淤积,建议定期对坝后清除;坝体高度较低,对防治大规模泥石流效果有限	2014 年
30	郭家沟泥石流	沟道中下游段布设有 20 座谷坊坝,坝长 5.0~15.0m,高 2.0~4.0m,顶宽 0.5~1.0m,均为浆砌石谷坊坝。目前主沟道中游段为垃圾填埋场,阻塞泥石流的排泄通道	部分谷坊坝被填埋;坝体高度较低,对防治大规模泥石流效果有限	2014 年
		正在进行专业监测预警,主要设备为 GNSS 监测仪 3 套、翻斗式雨量监测仪 1 套、视频监测仪 1 套、声光报警器 1 套	运行正常	2021 年
31	大崖沟泥石流	沟道中下游段布设有 20 座谷坊坝,坝长 5.0~15.0m,高 2.0~4.0m,顶宽 0.5~1.0m,均为浆砌石谷坊坝;下游两沟交汇处至下游修有排导槽,宽约 3.0m,深 1.2m	坝体完好,坝后有轻微淤积,建议定期对坝后清除;坝体高度较低,对防治大规模泥石流效果有限;排导槽内无淤积,流通通畅运行及控制能力良好	2014 年
32	刘家沟泥石流	沟道中下游段布设有 20 座谷坊坝,坝长 5.0~15.0m,高 2.0~4.0m,顶宽 0.5~1.0m,均为浆砌石谷坊坝,淤地坝 20 座;中游现建设成垃圾填埋场,设有排洪渠	坝体完好,坝后有轻微淤积,建议定期对坝后清除;坝体高度较低,对防治大规模泥石流效果有限	2018 年

续表 6-31

序号	治理对象	防治措施	治理效果评述	实施时间
33	深沟泥石流	该泥石流主沟内修建有7座谷坊坝,坝长5.0~15.0m,地面上高1.5~2.0m,顶宽0.8~1.0m,属浆砌石坝体,表部预留排水孔,中下游沟道为垃圾填埋场,厚度达到8.0m,对沟道有一定的阻塞	坝体稳定,无淤积,坝体运行情况良好;坝体高度较低,对防治大规模泥石流效果有限	2018年
		中下部为消除堰塞湖,修建有:集水沉砂池,方形,4m×4m,深3m;排水管线,长400.0m,直径为DN1000(mm),材质为双壁钢化波纹管(HDPE)	运行情况良好	2021年
34	沈家沟泥石流	上游回填,设排洪渠,排入南川河	目前运行良好	2011年
35	火烧沟泥石流	2013年实施了该泥石流治理工程,建设拦挡坝7座,坝长15.0~25.0m,地面上高2.0~3.5m,顶宽0.5~1.5m,属浆砌石坝体。2017年实施的火烧沟景观整治工程对沟道下游1.5km长的二次切沟采用放坡+格构护坡的方式进行了综合整治。各中上游主沟及各支沟中修建有谷坊163座坝长5.0~15.0m,地面上高1.0~1.5m,顶宽0.5m,属浆砌石坝体	沟道内各类工程结构完好,2011年实施的拦挡坝近下游2座在2017年实施的景观工程中被掩埋	2014年
36	水槽沟泥石流	该泥石流沟道修有浆砌石拦挡坝,坝长10.0~15.0m,拔高3.0~8.0m,顶宽0.5~1.2m,坝体多已损坏,且淤积严重;沟道中下游段为弃土、弃渣填埋区;自下游段开始,沟底修有浆砌石排导槽,槽底宽3.0~5.0m,槽壁高2.0~3.0m,局部为暗涵,高约2.5m,宽约3.0m,槽内有轻微淤积,最终汇至湟水;中上游各支沟中修建有谷坊坝约20座	部分坝体已被破坏或淤埋,建议对坝体进行修复及定期清理	2016年
37	苦水沟(瓦窑沟)泥石流	流域内谷坊坝210座,坝高1.0~1.5m;下游主沟道内设拦挡坝2座,坝高3.0~4.0m;出沟口后设暗涵2.65km,明渠0.98km	谷坊坝和拦挡坝结构基本完好,但坝后有淤埋,建议对坝体进行定期清理	2014年
38	马圈沟泥石流	沟道上游堆积有修建高铁所产生的弃渣,弃渣上游修有拦挡坝,坝长55.0m,厚约8.0m,高5.0~6.0m	坝体稳定,坝后基本无淤积,坝体运行情况良好	2003年
39	羊圈沟泥石流	该泥石流共设有24座浆砌石拦挡坝,坝长8.0~15.0m,高1.5~2.5m,厚约0.4m	坝体稳定,坝后基本无淤积,运行情况良好	2003年

续表 6-31

序号	治理对象	防治措施	治理效果评述	实施时间
40	老关沟泥石流	沟道中上游修有 5 座浆砌块石谷坊坝,坝长 10.0～15.0m,高 2.0～2.5m,顶宽约 0.5m,坝后基本无淤积。沟口填土前缘修有一座钢筋混凝土坝,坝长约 25m,高 3m,厚约 1m,坝体无破损	坝后无淤积。坝体无破损,运行情况良好。钢筋混凝土坝受损,现正在重建	2008 年
		正在进行专业监测预警,主要设备为泥位计 1 套、翻斗式雨量监测仪 1 套、视频监测仪 1 套、声光报警器 1 套	运行正常	2021 年
41	小山沟泥石流	该泥石流沟内修有 11 座挡土墙坝,坝体为浆砌石拦挡坝,坝长 5.0～30.0m,坝高 2.0～4.0m,厚 0.4m,上游段坝后有轻微淤积	坝后轻微淤积,无破损,总体运行良好	2008 年
42	大山沟泥石流	该泥石流沟内修有 74 座谷浆砌石坊坝,坝长 5.0～10.0m,坝高 1.0～1.0m,顶宽 0.5m,部分坝后有轻微淤积	部分坝后有轻微淤积,总体运行良好	2008 年
43	庙尔沟泥石流	该沟中游段为人工填土区,原为高尔夫球场,现已停用。该沟共修有 8 座拦挡坝,坝长 5.0～10.0m,高 1.5～2.0m,厚约 0.4m,由浆砌块石构成,上游坝后有淤积	上游坝后有淤积,中游沟道已填埋改造,下游坝体稳定,无淤积,总体运行良好	2008 年
44	索盐沟泥石流	该泥石流沟内自中游段共修筑有 8 座谷坊坝,坝长 5.0～15.0m,坝高 0.5～2.0m,顶宽 0.6m。坝后淤积较坝严重,中游段坝体因高盐腐蚀,坝体表部泛白,溃烂,局部有损毁	坝后淤积严重,坝体局部有损毁,建议对坝体进行修复及定期清理	2005 年
45	褚家营沟泥石流	该泥石流于沟口处修有 4 座混凝土谷坊坝,坝长 7.0～15.0m,坝高 3.0～6.0m,顶宽 1.0～1.2m。坝后有轻微淤坝积,挡土墙坝以下修有排导槽,槽深 0.8～1m,槽底宽 3～4m,槽底无淤积	坝后有轻微淤积,无破损,排导渠流通通畅,总体运行良好	2005 年
46	王家沟泥石流	该泥石流西侧支沟修 5 座谷坊坝,东侧支沟修有 4 座,汇交以下至沟口设谷坊 7 座,共 16 座,坝长 5.0～15.0m,坝高 3.0～5.0m,顶宽 0.8～1.0m,属浆砌石坝体,表部预留排水孔	坝后有轻微淤积,坝体稳定,总体运行及控制能力良好	2005 年
47	石峡沟泥石流	该泥石流共设有 2 座浆砌石拦挡坝,坝长约 15m,高约 2.5m,顶厚约 0.4m	坝后无淤积,坝体运行情况良好	2005 年
48	穆朱岭沟泥石流	主沟共修建有 13 座浆砌块石拦挡坝,坝长 5.0～20m,高 1.5～2.5m,顶厚 0.5～0.8m;其他支流中修建有谷坊坝 25 座,沟口修建有排洪渠 0.23km	坝后基本无淤积,坝体运行情况良好	2005 年

续表 6-31

序号	治理对象	防治措施	治理效果评述	实施时间
49	大西沟泥石流	主沟及支沟内共修建有 63 座浆砌块石谷坊坝,坝长 5.0~20.0m,高 1.0~2.5m,顶厚 0.5~0.8m,沟口修建有排导渠 0.26km	坝后基本无淤积,坝体运行情况良好	2007 年
50	小西沟泥石流	谷坊坝 19 座,坝长 5.0~20.0m,高 1.0~2.0m,顶厚 0.5~0.8m;淤地坝 7 条,坝高 5.0~7.0m,暗涵 0.7km	坝后基本无淤积,坝体运行情况良好	2007 年
51	蔡家沟泥石流	该泥石流中下游段为弃土区,填埋厚度 10.0~40.0m,填埋区现沟底宽 35.0~140.0m,现为林地。于沟口处修有浆砌石排导槽,槽底宽 3.0~6.0m,深约 1.0m,最终汇入解放渠	排导槽内轻微淤积,流通通畅,运行及控制能力良好	2014 年
52	大沟泥石流	该泥石流沟沟道中下游共修有 6 座混凝土谷坊坝,坝长 10.0~20.0m,高 1.0~2.0m,顶宽 0.5~0.8m	坝后基本无淤积,坝体运行情况良好	不详
53	东沟泥石流	该泥石流共修有 6 座拦挡坝,坝宽 2.0~3.5m,高 1.5~2.0m,顶厚约 0.5m	坝体稳定,无淤积,坝体运行情况良好	2014 年
54	支水沟泥石流	该泥石流沟沟道中下游共修有 9 座浆砌块石谷坊坝,坝长 10.0~22.0m,高 2.0~4.0m,厚 0.5~1.0m,仅 1 座坝后有淤积;出山口处沟道左岸修有浆砌块石挡土墙,长约 150.0m,高约 2.0m,厚约 0.4m,挡土墙下游修有排导渠,由水泥衬砌形成,宽约 6.0m,深约 2.0m,呈箱形,无淤积	排导渠及拦挡坝基本无淤积,流通通畅,运行及控制能力良好	2016 年
55	曹家沟泥石流	该泥石流于南绕城—昆仑路段以涵洞的形式于城市下部流通,涵洞有轻微淤积,昆仑路以下仍沿固定沟道排导,可见沟两岸已做防尘美观设施,最终汇于湟水	涵洞及排导槽内轻微淤积,流通通畅,运行及控制能力良好	2019 年
		正在进行专业监测预警,主要设备为泥位计 3 套、翻斗式雨量监测仪 1 套、视频监测仪 1 套、声光报警器 1 套	运行正常	2021 年

一、南川东路滑坡群

(一)滑坡基本特征

南川东路滑坡群发育于西宁市城中区南川河东岸丘陵区前缘第一斜坡带上,是由 11 处中小型滑坡组成的大型土质滑坡群,滑体由崩坡积物构成,滑床为古近纪泥岩,滑面为崩坡积物与泥岩接触带,滑体平均厚度约 8.05m,斜坡坡度 34.5°,主滑方向 276.2°,平均高差约 105m,总体积 $155.34 \times 10^4 m^3$,为一大型土质滑坡群。滑坡后壁处多为直立的陡崖,高 18~34m,坡体上因绿化植树开挖形成了多级高约 0.5m、宽约 1m 的台坎,坡体前缘局部为高 2~8m 的陡坎。

(二)形成机制

南川东路滑坡影响其形成的主要因素有地形、地层岩性、降雨及灌溉水、人类工程活动。

1. 地形

滑坡区地貌类型属低山丘陵区前缘,整体地势南北高南低,相对高差100~200m,山体坡度25°~35°,为滑坡灾害提供了有利的地形条件。

2. 地层岩性

组成松散堆积层的岩性主要为含石膏块、泥岩块的粉质黏土和黏土。石膏块、泥岩块的支架作用使得土体空隙率较大、结构疏松,发育有较好的水流入渗通道、透水性好。下伏岩性为层理结构面近乎水平的新近系泥岩,为相对隔水层,接触面遇水易软化、泥化,易形成软弱滑动面。

3. 降雨及灌溉水

区内降水集中、强度大,暴雨多集中在6—9月。滑坡区也是绿化区,灌溉时间也多集中在6—9月。地表水持续入渗后,新近纪泥岩的相对隔水性无法及时得到排泄,致使坡体内含石膏块、泥岩块的黏土层局部处于饱水状态,来自上部松散层的入渗水、地下水积聚在基岩面上(滑动面或滑动带上)使得滑带泥化、软化,大大降低了抗剪强度。

4. 人类工程活动

人为开挖坡脚拓宽建筑用地的现象较为严重,造成阻滑段抗滑力降低,使得滑坡稳定性系数降低,不利于坡体的整体稳定。

(三)滑坡危害

南川东路滑坡群为青海省重大地质灾害隐患点,20世纪70年代至2021年12月,曾发生中型、小型滑坡9次,模4.4×10^4~$40\times10^4 m^3$,崩塌7次,共造成5人死亡,部分公路、电力、供水管线被毁,交通中断。近年来,受降雨、工程活动和绿化灌溉渗水等影响,东西长约140m、南北宽约1700m范围内的坡体不断蠕滑变形,自北向南演化为7个中小型滑坡(11个子滑坡)、10处危岩体。灾害性等级属一级,严重危害南川东路、南苑住宅小区、加油站及防空洞等设施的安全运行,受灾害威胁人口1340人。坡体顶部为西宁市南山公园,坡脚为城市主干道,影响范围广。

(四)治理工程

西宁市南川东路滑坡灾害防治工程自2012年开始。截至目前,中央财政共下拨经费为3600万元(共实施四期,其中2013年度500万元,2014年度600万元,2016年度1500万元,2019年度1000万元)分别对H1、H3、H4、H5、H6进行了工程治理,2019年省财政投入91.5万元进行专业监测,2020年通过落实责任主体,由企业自筹850万元对H7进行了工程治理。

具体治理方案如下:

(1)H1滑坡:采取的治理措施为设置抗滑桩22根,其中上排抗滑桩10根(尺寸1.5m×2m),桩长18m,横向桩间距8m,下排抗滑桩12根(尺寸1.5m×2m),桩长18m,横向桩间距8m。滑体前缘设有高6~8m的浆砌石挡土墙,顶宽0.8m,底宽1.7m,长约26m。

(2) H2滑坡:主要工程措施为设置抗滑桩76根,其中北侧滑体布设抗滑桩19根(尺寸2m×2.5m),桩长16m,横向桩间距6m。中部滑体上排抗滑桩15根(尺寸1.5m×2m),桩长13m,横向桩间距8m;下排抗滑桩15根(尺寸2m×2.5m),桩长28m,横向桩间距8m。南侧滑体布设抗滑桩27根(尺寸2m×2.5m),桩长27m,横向桩间距6m。滑体前缘设有高3～6m的浆砌石挡土墙。滑体中上部布设有位移监测系统。滑体中部及两侧修建截排水沟。

(3) H3滑坡:主要工程措施为设置抗滑桩59根,其中北侧滑体上排抗滑桩10根(尺寸2m×2.5m),桩长28m,横向桩间距6m;下排抗滑桩10根(尺寸1.5m×2m),桩长13m,横向桩间距8m。中部滑体上排抗滑桩8根(尺寸2m×3m),桩长30m,横向桩间距5.5m;下排抗滑桩9根(尺寸1.5m×2m),桩长13m,横向桩间距8m。南侧滑体上排抗滑桩9根(尺寸2m×3m),桩长30m,横向桩间距5.5m;下排抗滑桩13根(尺寸1.5m×2m),桩长22m,横向桩间距8m。滑体前缘设有高2.5～4.0m的浆砌石挡土墙。

(4) H4滑坡:H4滑坡中前部设A型抗滑桩13根,桩长6～14.5m,桩截面积2m×2.5m,桩间距6m;在H3、H4、H5-1滑坡前缘设挡土墙长520m,平均高6.5m,顶宽1.2m,底宽1.7m;排水沟1 213.87m。

(5) H5滑坡:H5-1滑坡主要工程措施为设置抗滑桩32根(尺寸2m×3m),桩长19m,横向桩间距5.5m。滑体前缘设有高3～8m的浆砌石挡土墙,顶宽0.5m,底宽1.2m。滑体上部、中部及两侧修建截排水沟。H5-2目前稳定,对其顶部的危岩进行了治理,措施为危岩清理、凹腔嵌补、被动防护网工程;危岩清理及嵌补:清理体积300m³,嵌补体积200m³。被动防护网:RX-075型,高6m,长146m。

(6) H6滑坡:采用截、排水＋削坡减载＋抗滑桩支挡＋危岩清理和嵌被＋坡面防护措施进行治理(图6-29)。削坡减载:滑坡后部进行挖填平衡,形成5级边坡。抗滑桩:设于近前缘,总24根,桩径2m×3m和1.8m×2.6m,桩长18m、20m,桩间设挡土板。被动防护网:RX-075型,高6m,长174m。危岩清理及嵌补:清理体积860m³,嵌补体积300m³。挡土墙:抗滑桩南端设置,高2～6.0m,长44m。坡面防护:采用六棱砖进行防护,面积约7000m²。排水沟:503m。

图6-29 南川东路H6滑坡治理工程全貌

(7) H7滑坡:H7-1滑坡中下部设置一排7根锚索抗滑桩,桩径1.8m×2.4m,桩间距6m,桩间设挡土板,抗滑桩顶部设长23～24m的预应力锚索,抗滑桩顶部设一道高4m、长70m的被动防护网,危岩清理及嵌补分别为200m³、15m³。H7-2滑坡中下部坡体平台处设置一排(10根)锚索抗滑桩,桩径2m×

3m,桩间距6m,桩间设挡土板,抗滑桩顶部设长23~24m的预应力锚索,抗滑桩顶部设一道高4m、长70m的被动防护网,危岩清理及嵌补分别为250m³、15m³。H7-3滑坡前缘设置长15m浆砌片石挡土墙,高6.5m,危岩清理及嵌补分别为1500m³、50m³。

(五)治理效果评述

南川东路滑坡防治工程实施后,滑坡体和危岩体的稳定性得到了很大提高,能保证灾害体在设计工况下安全稳定,并利于当地环境改善,具有很大的社会效益、经济效益、环境效益,工程综合效益显著,保障人民生命财产安全及社会和谐稳定,达到了预期减灾目的。

二、张家湾滑坡

(一)滑坡发育特征

张家湾滑坡发育于城西区湟水南岸低山丘陵区前缘第一斜坡带,滑坡坡顶高程为2620m,坡脚2295m,坡高325m,平均坡度30°。地层岩性主体为泥岩,表层披覆黄土,属平缓层状岩质+土质复合斜坡。滑坡平面形态呈不规则舌形,剖面形态呈凹形,并发育有三级阶梯状平台,为老滑坡多期次滑动形成。滑坡南北向纵长400~1100m,东西向横宽200~600m,平面面积$46.4\times10^4 m^2$,主滑方向20°,其中西侧滑坡滑动方向32°,滑体平均厚度约30m,总体积约$1392\times10^4 m^3$,规模属特大型。

因张家湾滑坡形成机制复杂,为全面分析滑坡滑动特征,根据滑坡体形态、滑带(面)及剪出口特征,将张家湾滑坡形成过程划分为四期分级滑动(图6-30)。

图6-30 张家湾滑坡形态特征

(二)形成机制

张家湾滑坡影响其形成的主要因素有地形、地层岩性、降雨及灌溉水、人类工程活动。

1. 地形

滑坡区发育于湟水南岸低山丘陵区前缘第一斜坡带,整体地势北高南低,相对高差达325m,山坡坡度25°~35°,为滑坡灾害提供了有利的地形条件。

2. 地层岩性

组成滑坡堆积层的岩性主要为黄土状土、含泥岩块粉质黏土和黏土,空隙率较大,结构疏松,发育有较好的水流入渗通道、透水性好。下伏岩性为层理结构面近乎水平的新近系泥岩,为相对隔水层,接触面遇水易软化、泥化,易形成软弱滑动面;泥岩中节理裂隙较为发育,也是地下水运移的通道,久而久之,形成软弱滑动面。

3. 降水及灌溉水

区内降水集中、强度大,暴雨多集中在6—9月。滑坡区也是绿化区,灌溉时间也多集中在6—9月。地表水持续入渗后,新近系泥岩的相对隔水性而无法及时得到排泄,致使坡体内含石膏块、泥岩块的黏土层局部处于饱水状态,来自上部松散层的入渗水、地下水积聚在基岩面上(滑动面或滑动带上),使得滑带泥化、软化,大大降低了抗剪强度。

4. 人类工程活动

人为开挖坡脚拓宽建筑用地的现象较为严重,造成阻滑段抗滑力降低,使得滑坡稳定性系数降低,不利坡体的整体稳定。

(三)滑坡危害

近年来,滑坡受降雨、绿化灌溉及坡脚人类工程活动等影响,局部失稳,张家湾滑坡后缘H4变形明显,威胁坡脚居民点、海湖钢材市场等企业、G109公路及青藏铁路,坡顶后缘及坡面110kV高压输电铁塔、绿化专用公路、灌溉水池3座。潜在直接经济损失约2.58亿元,险情级别为特大型。

(四)滑坡治理工程

张家湾滑坡治理工程始于2016年。

1. H4滑坡治理工程

青海省水文地质工程地质环境地质调查院于2016年11月对张家湾H4滑坡进行了施工图设计,2017年12月11日开始施工,施工过程中滑坡变形加剧,于2017年12月17日停止施工,同时进行滑坡变形监测和补充勘查工作,并于2018年7月1日,完成张家湾H4滑坡应急治理工程施工图设计(2018年度)。

根据设计方案:H4滑坡采取清方+锚索框架+锚杆框架+挡土墙+综合排水措施进行应急治理(图6-31)。清方:对滑坡体后缘坡体进行削方减载,自坡顶向下设十级边坡,清方工程共$20.15 \times 10^4 m^3$。锚索(杆)框架:对清方后边坡采用锚索框架防护,锚杆框架共11 400m^2,锚杆共1267根,共长7602m。挡土墙:为保证前缘坡体不存在局部滑塌变形,在剪出口位置设置一道挡土墙。另外,对于前级滑块,挡土墙设置位置处于其阻滑段,挡土墙设置不会对前级滑块稳定性产生不利影响。挡土墙采用M7.5浆砌片石砌筑,共长118m。综合排水工程:在滑坡体清方外围设置一圈截水沟,共长710m,过水断面为40cm×40cm梯形。工程总投资2300万元,其中省级资金500万元、市级资金1000万元、区级资金800万元。由西宁市城西区自然资源局组织实施。

图6-31　H4滑坡治理工程设计图

2. 二期治理工程

根据治理工程规模进行分期治理，前期完成了H4滑坡的治理工程为一期治理工程，本期治理的H2、H3滑坡部分为二期。

二期工程治理对象为H3滑坡整体及H2滑坡Ⅰ剖面、Ⅱ剖面上部边坡和Ⅰ剖面中部边坡，治理方式为回填反压，抗滑桩支挡，坡面防护，截、排水及绿化相结合的方式进行综合治理。

抗滑桩：①在H3滑坡上部实施一排（共10根）普通抗滑桩，桩长25m，截面2m×3m。②在H3滑坡前缘实施一排（共13根）抗滑桩，其中3根为锚索抗滑桩，桩长16m，截面2m×3m，每根桩布设2排4孔锚索；10根为普通抗滑桩，桩长16m，截面2m×3m。③在H2滑坡上部实施一排（共24根）锚索抗滑桩，桩长36～40m，截面2m×3m，每根桩布设2排4孔锚索。④在H2滑坡中部实施一排（共6根）锚索抗滑桩，桩长26～36.0m，截面2m×3m，每根桩布设2排4孔锚索。

回填反压：利用抗滑桩开挖土石方在H3滑坡前缘按3～4级边坡回填反压，回填坡率1∶1.25，每级坡高6m，平台宽度4m，体积16 700m³。

工程总投资2500万元，其中省级资金1800万元、市级资金700万元。

（五）治理效果评述

目前，H2、H3、H4滑坡治理已完成全部施工工作，各项防治工程质量符合设计要求，均无发现变形迹象，现状运行基本良好，一定程度上消除了张家湾滑坡危害性，可避免张家湾滑坡灾害的发生或降低其发生概率，使受张家湾滑坡灾害威胁的人民群众生命财产安全得到有效保护或减轻张家湾滑坡灾害可能造成的经济损失，为城镇规划、乡村振兴等重大工程建设提供地质环境安全保障。同时该工程能充分体现政府对人民群众生产生活的关怀，使人民群众的生命财产免遭张家湾滑坡灾害的威胁，滑坡影响区内人民群众安居乐业，对提高人民群众生活质量，维护民族团结稳定，起到积极广泛的影响和良好的社会效益,为构建和谐社会提供强有力的保障。该工程可有效减轻水土流失,保护因张家湾滑坡灾害损毁的土地资源,保护林草植被、自然景观,改善人居环境,一定程度上提高张家湾滑坡影响区内土地利用价值的同时,进一步优化生态环境,使人与自然和谐相处,为推动生态文明建设做出积极贡献。

三、一颗印滑坡

(一)滑坡发育特征

一颗印滑坡发育于湟水北岸低山丘陵前缘之高陡斜坡地带,总面积约 0.184km², 东西宽 420m, 南北纵长 300m, 滑坡体厚度 6.2~27.7m, 滑坡总体积 78.15×10⁴m³, 属于中型滑坡。

2011年7月31日17时30分,一颗印滑坡突然发生滑动,前缘向前滑移约50m,下错约30m,滑体直达一颗印坡脚居民区,致使部分简易房被掩埋,滑体涌入巷道约10m,使一颗印居民社区受到严重威胁,并堵塞了一颗印滑坡西侧的小西沟沟道约90m,摧毁了既有的部分泥石流沟护坡墙,掩埋了部分泥石流排导渠。

一颗印滑坡由于横向宽度较宽,各部分滑动速度不同,滑坡在滑动的过程中发生了解体,形成了5个滑块。其中H2、H3为主动滑块,在2011年7月31日滑动过程中,两滑块滑动距离达30~50m,重力势能得到完全释放,目前处于稳定状态。在这两个滑块的拖曳和牵引作用下,H1、H5滑块发生了变形,但未发生大规模的滑动;位于H2、H3后部的H4滑块发生了短距离的滑动,但重力势能未完全释放,仍有继续变形滑动的动力(图6-32)。

(a)一颗印滑坡滑动前

(a′)一颗印滑坡滑动后

(b)一颗印滑坡滑动前

(b′)一颗印滑坡滑动后

(c)一颗印滑坡治理后　　　　　　　　(c′)一颗印滑坡治理后

图 6-32　一颗印滑坡治理前后对比图

(二)滑坡形成机制

一颗印滑坡特定的岩性与高陡斜坡为滑坡的发生奠定了基础条件,而内外动力作用为滑坡的形成和发展提供了激化和生成的条件,现关于滑坡的成因具体分述如下。

1. 地形

受区内新构造运动影响在区内形成相对高差约 150m 的高陡斜坡,为滑坡的形成提供了良好的临空条件。

2. 地层岩性

区内出露的地层为崩坡积的含泥岩块和石膏块的粉质黏土,结构松散,孔隙大,自身的强度低,且对含水量变化极为敏感,为易滑地层。

3. 水的作用

区内降雨集中,且雨量较大,为滑坡的滑动提供了诱发因素。而崩坡积堆积物渗透性强,裂缝发育,降水极易渗入滑体,滑坡受降水入渗的影响,土体及部分泥岩、石膏块崩解与软化,从而使土体物理力学性质发生改变,最终导致滑坡稳定性降低并发生滑动。

4. 人类工程活动

北山是西宁市重点绿化区域,近年绿化部门在一颗印滑坡体中上部修建有直径约 10m,深约 2m 的灌溉用蓄水池。蓄水池溢水、绿化灌溉等水流入渗,增大了坡体容重,使力学强度降低,对滑坡体的滑动也造成了一定的影响。

(三)滑坡危害

一颗印滑坡坡脚为林家崖居民社区,滑坡发生滑动后前缘最近距居民房屋不足 5m,坡体虽进行了应急治理,但应急治理主要目的是降低滑坡在短期内再次发生滑动的可能性,并未从根本上治理滑坡,滑坡长期的威胁仍然存在。滑坡部分边坡出现滑塌,且东侧未滑动部分出现浅表层滑动以及下雨期间,大量雨水入渗较为严重等现象,如果再次发生滑动,严重威胁坡脚 315 余户近 1700 人的生命和财产。

(四)滑坡治理工程

一颗印滑坡采用削方卸载及回填反压+坡脚挡土墙+坡面防护+地表截、排水+坡面绿化综合治理的措施。

削方卸载及回填反压:总计削方反压平台11级(坡脚挡土墙后平台不计),平台宽3~15m,边坡坡率1:3~1:1,坡高3~31.3m,一颗印滑坡总计刷体积137 887m³。将滑坡中上部削方卸载下的土方按刷坡线回填反压于滑坡下部,共回填土方151 878m³。

坡脚挡土墙:为了抵挡回填反压后的土体压力以及防止滑坡前缘坡脚处冲刷破坏,在坡脚处设置一道挡土墙。挡土墙有B型和C型两种,B型挡土墙高5m,C型挡土墙高6m,均采用C20片石混凝土砌筑。挡土墙顶宽均为2m,基础埋深1.5m,设有墙趾,墙趾宽0.8m,高1m,面坡坡率1:0.25,背坡直立,墙底坡率1:0.1。B型挡土墙总长277m,C型挡土墙总长145m。

坡面防护:为了防止雨水冲刷,在坡脚挡土墙上部的1~4级边坡采用六棱块护坡,每20m设置一道M10浆砌片石格梁,总计六棱砖护坡面积18 880m²。其余边坡及平台采用铺设防水毯、撒播草灌进行防护,选用适合西宁气候环境的草籽,防护面积约44 500m²。

地表截、排水:刷坡后在每级平台内侧设置平台排水沟,平台排水沟为矩形,顶宽50cm,平台排水沟及纵向排水沟总长3428m。在滑坡左右两侧滑坡周界外设置排水沟,排水沟梯形截面,顶宽80cm,底宽40cm,总长550m。

坡面绿化:施工完成后对坡面进行绿化。

(五)滑坡治理效果评述

一颗印滑坡治理工程属于青海省2012年特大型地质灾害治理项目,投入资金约1600万元,资金来源为市级财政资金。项目施工阶段为2013年4—8月。通过此项目的实施将有效保护滑坡危险区内315余户近1700人的生命和财产。如今坡体下方的居民区随着北山片区环境综合整治项目的实施,以往脏乱差的棚户区如今变成了游人如织的公园,因此,对滑坡体的治理从初始的消除对滑坡体前缘居民区的威胁变成消除对公园内游人的威胁。治理完成后的一颗印滑坡台的坡体上以往光秃秃的坡面也已绿树成荫,充分达到了灾害治理和生态环境保护相结合的理念。

四、林家崖滑坡

(一)滑坡基本特征

林家崖滑坡地处西宁市城东区,湟水北岸低山丘陵前缘之高陡斜坡地带,滑坡以北为低山丘陵区,以南为湟水河谷区,由不同时期的多个滑坡体组成,呈近东西向展布着3个老滑坡,自西往东编号为H1、H2、H3(图6-33),西起庙沟沟口,东至小西沟沟口,属推移式滑坡,滑体平均长298m,平均宽198.1m,总体平面形态呈不规则扇形,面积180 084m²,主滑动方向为215°,滑动体积约311.9×10⁴m³,属大型滑坡。在林家崖滑坡区内分布有大小危岩体14块,总体积6.01×10⁴m³,危岩沿丘陵前缘陡崖断续分布,高悬于斜坡顶部,构成滑坡后壁。林家崖滑坡、危岩是西宁市北山地区危险性较大和危害最为严重的地质灾害体之一,严重影响了林家崖地区人民的生命财产安全。

H1滑坡西侧为庙沟,东侧为H2滑坡,平面形态呈扇形,滑坡体平均长277.3m,前缘宽320m,相对

图 6-33 林家崖滑坡平面图

高差144m,平均厚度20m,体积151×10⁴m³,属大型滑坡,主滑方向222°,滑面位于第四系松散堆积层与古近系泥岩、石膏互层的接触面。

H2滑坡以两侧的冲沟为界介于H1滑坡和H3滑坡之间。H2滑坡整体形态呈长舌形,宽约170m,长约220m,高差约115m,滑体平均厚度25m,体积约80.5×10⁴m³,属中型滑坡,主滑方向为202°,滑面位于第四系松散堆积层与古近系泥岩、石膏互层的接触面。

H3滑坡东侧边界为滑坡体上发育的冲沟,西与H2滑坡毗邻,总体平面形态呈不规则扇形,宽约228m,长约226m,相对高差164m,滑体平均厚度14m,体积约80.4×10⁴m³,为中层、中型推移式滑坡,主滑动方向为215°滑面位于第四系松散堆积层与古近系泥岩、石膏互层的接触面。

(二)形成机制

林家崖滑坡特定的岩性与高陡斜坡为滑坡的发生奠定了基础条件,而内外动力作用为滑坡的形成和发展提供了激化和生成的条件,现关于滑坡的成因具体分述如下。

1. 高陡斜坡

受区内新构造运动垂直差异升降的控制,在长期的地质历史中丘陵前缘形成了高陡斜坡,相对高差150~200m,坡体剖面呈凸形,地形总体坡度达35°~47°,且上陡下缓,发生变形破坏的概率很高。鉴于高陡斜坡介于丘陵与河谷区之间,地形的突变为滑坡的形成提供了良好的临空条件。

2. 地层岩性

滑坡区出露的地层主要为新近系和第四系,以黄土、泥岩和石膏岩为主,这些地层不但自身的强度低,而且对含水量变化极为敏感,为易滑地层。

3. 水的作用

区内降雨总体上较为集中,鉴于滑坡区土体渗透性强,裂缝发育,降水极易渗入滑体,滑坡受降水入渗的影响，土体及部分泥岩、石膏块崩解与软化，从而使土体物理力学性质发生改变，最终导致滑坡稳定性降低。

4. 人类工程活动

1987年在滑坡区修建了通往电视发射塔的泮子山公路。修筑中开挖边坡而形成临空，致使坡体在卸荷、自重、管道漏水等作用下出现拉张裂缝，并最终导致浅层滑坡的发生。可见不科学的人类工程活动，尤其是修建公路，是浅层滑坡产生的主要诱发因素。

综上所述，该地区因新构造差异性升降运动形成的高陡斜坡是滑坡形成的主要内部因素；地层强度低受降水作用易软化是滑坡发生的物质基础；相对集中且强烈的降水是诱发滑坡的主要因素；大规模开挖修建公路以及绿化用输水管道漏水是滑坡活动加剧的外部诱发因素。因此，可以认为林家崖滑坡主要是在自然因素作用下形成的，不合理的人为工程活动加剧了滑坡的发展。

（三）滑坡危害

1. 致灾历史及现状防治措施

1991年5月16日崩塌砸坏房屋1间，拖拉机一台；1992年7月17日H3滑坡滑动，掩埋泮子山公路。

1992年7月17日，林家崖H3滑坡后缘发生$5.1 \times 10^4 m^2$的新滑坡后，造成省电视发射台专用公路交通中断一个月，市政府组织人员对滑坡危害区实行24h警戒，100余户数千人临时搬出住宅。

2. 威胁对象

林家崖滑坡上展布有泮子山三级公路1.25km。西宁市在坡脚实施了北山地区综合整治亮化工程，现坡脚地区为北山美丽园，园内风景秀丽，游人如织。

（四）滑坡治理工程

2009年，国家下拨地质灾害应急治理资金1300万元，对林家崖H3滑坡进行治理（Ⅰ期）；2010年国家下拨1000万元地质灾害治理资金，对H2滑坡进行治理（Ⅱ期）；2011年国家下拨1176万元，对林家崖H1滑坡进行了治理（Ⅲ期）。2018年以来，在H3滑坡上部多次发生浅表层滑坡和危岩崩塌，为此省财政下拨208万元进行应急治理。

1. Ⅰ期治理工程

Ⅰ期治理工程治理对象为林家崖H3滑坡及其后部发育的危岩。

滑坡治理采用：削方减载＋抗滑桩板墙＋前缘回填压脚＋挡土墙＋排水沟＋植物防护工程。

削方减载：主要是对泮子山公路以上坡体进行削坡，体积20 850m^3，自上而下每8m设一缓坡平台，平台宽2m，削坡坡率采用1∶1.25。

抗滑桩板墙：抗滑桩布置于Ⅲ号滑坡前缘公路内侧，长210m，间距6m，36根。其中，A型桩每根桩长20m，桩体嵌固段长度约8m，桩截面尺寸1.5m×2.5m；B型桩每根桩长15m，桩体嵌固段长度约6m，桩截面尺寸1.5m×2.5m。抗滑桩之间设挡板，挡板高5m，两端与抗滑桩连接。

前缘回填压脚：桩板墙施工完毕后将削方清危的岩、土体，分层压实填筑于坡脚抗滑桩内侧进行反压。填土总高度为20m，每8m设一缓坡平台，平台宽2m，填土坡率采用1∶2。

挡土墙：为保证填土及削方区边坡稳定性，分别在填土区两侧抗滑桩后和削方区坡脚泮子山公路内侧设置了挡土墙。

排水沟：排除地表水，在滑坡区布置排水沟，引地表水进入两侧冲沟；排除地下水，在滑坡前缘压脚填土区设置底层 1m 范围内采用砂卵石等渗水料填筑，从而形成一个盲道便于坡体内地下水排除。

植物防护工程：在削方区、回填压脚区以及泮子山公路两侧植树对边坡坡面进行防护。

危岩治理措施：清危＋坡面整理＋被动拦石网。对斜坡上部危岩体采取削方清危进行应急治理。削方清危的目的在于清除斜坡上部危险性较高的危岩块体，对削方清危的岩、土体，作为滑坡前缘回填压脚的填料，分层压实填筑于坡脚抗滑桩内侧进行压脚。

坡面整理：整理的范围从东至西主要有 3 个部分，Z1、H3 滑坡区泮子山公路拐弯处，Z2、H2 滑坡区上部，Z3、H1 滑坡区上部。由于坡面较破碎，局部清危之后，坡面受风化、卸荷作用，局部仍可能发生小块崩落。因此，在局部清危之后，为保证泮子山公路运营安全，在 W10～W11 下部挡土墙上设置被动防护网（图 6-34）。

图 6-34　林家崖滑坡治理工程全貌

2. Ⅱ期治理工程

Ⅱ期治理工程治理对象为林家崖 H2 滑坡。

滑坡治理拟采用：回填反压＋坡面防护＋抗滑桩支挡＋排水工程＋其他工程。

回填反压工程：在滑坡前缘采用回填反压处理，为一级填方边坡，边坡高度为 8～11m，坡率为 1∶1.5～1∶1，回填反压宽度 136m，体积 $2.88\times10^4 m^3$。

坡面防护工程：在反压回填边坡坡面处设置预制六棱块，以减轻流水对填方坡面的冲刷，避免造成水土流失。

抗滑桩支挡工程：在下盘公路上方 6～10m 处设置一排抗滑桩以抵抗浅层滑坡的剩余下滑推力，桩底锚入基岩约 8m 以兼顾滑坡深层滑面，截面尺寸为 2m×3m，桩长 33m，中轴桩间距采用 7m，两侧断面处桩间距采用 8m，抗滑桩共计 17 根。抗滑桩桩顶高出公路 10m。

排水工程：本次设计针对Ⅱ号滑坡的排水系统进行补充完善，并与一期工程的排水系统相连通。具体为：在下盘公路内侧设置 40cm×40cm 的矩形路基边沟，路基边沟与两侧冲沟内的排水沟相连；在滑坡右侧冲沟内及左侧顶部冲沟内设置40cm×40cm的梯形排水沟,排水沟通过埋设直径1m的排水涵管从公路下穿而过;在反压回填边坡坡顶缓坡平台设置梯形排水沟,以截排上游边坡坡面来水,减轻流水对填方坡面的冲蚀。

其他工程:夯填裂缝及植树绿化。

3. Ⅲ期治理工程

Ⅲ期治理工程治理对象为林家崖H1滑坡及其后部发育的危岩。

危岩治理拟采用:被动拦石网防护＋预裂松动爆破＋人工清危方案。

临时缓冲平台:危岩下边坡坡度较陡,为减轻清理掉落的危岩冲击力,在危岩下部边坡进行坡面清理,形成宽7～8m的缓冲平台以缓解落石的冲击力。

被动拦石网防护:为防止在清危过程中危岩整体崩落对山脚下建筑设施造成损坏,在上、下盘泮子山公路之间设置两道被动防护网进行防护。上排防护网长40m,位于坡体中部;下排防护网长50m,位于拟建挡土墙上方。防护网高7.5m,防护能级1000kJ。

危岩松动爆破:为防止一般爆破作用下危岩体飞散对山坡坡脚造成威胁,在清危过程中可采用小药量松动爆破。

人工清危:爆破完成后,对坡体上松动石方采用人工清理。

滑坡治理工程:本次对林家崖Ⅲ号滑坡上的Ⅰ-3、Ⅰ-2号滑坡进行治理,措施为抗滑支挡＋截、排水。

林家崖H1滑坡上的Ⅰ-3号滑坡治理工程如下。

抗滑桩工程:在上盘泮子山公路外侧设置一排15根桩径2m×3m的抗滑桩,桩长34m,桩中心间距6m。

微型桩挡土墙:在Ⅰ-3号滑坡上的下盘公路内侧设置微型桩墙进行支挡,目的是防止上侧浅表层滑坡滑动。微型桩挡土墙高为6m,顶宽1.5m,挡土墙基础内设置微型桩,微型桩共3排,采用梅花形布置,行距2m,排距0.6m,微型桩长6m,其中1.5m伸入到挡土墙内,桩径为150mm,内设3束φ28钢筋,微型桩挡土墙共计108m。

林家崖H2滑坡上的Ⅰ-2号滑坡治理工程如下:

在Ⅰ-2号滑坡坡脚设置微型桩挡土墙进行支挡,微型桩挡土墙高为6m,顶宽1.5m,基础埋深2m,采用C20片石砼砌筑,挡土墙基础内设置微型桩,微型桩共3排,采用梅花形布置,行距2.0m,排距0.6m,微型桩长6m,其中1.5m伸入到挡土墙内。微型桩桩径为150mm,内设3束φ28钢筋,注浆采用M30水泥砂浆灌注,微型桩挡土墙共计40m。

其他工程措施:路堑挡土墙,对Ⅰ-1号及Ⅰ-3号滑坡中间的坡体采用路堑挡土墙进行支挡,防止发生表层滑塌。挡土墙高5.5m,采用M10浆砌片石砌筑,与两侧的微型桩挡土墙相连,挡土墙共长128m。截、排水工程,本次治理工程进一步对其进行完善。

4. 应急治理工程

应急治理项目为2020年第二批地质灾害避险搬迁和防治项目,资金208万元,治理对象为林家崖Ⅲ号滑坡上部、泮子山盘山公路上部坡体(H3-1)及后部危岩。

治理对象于2018年9月4日发生表层滑塌,由西宁市城东区自然资源局组织应急治理,对滑体进行了清理,并将滑坡周边斜坡体进行了梯级放坡处理。2019年8月21日、11月14日发生2次不同规模的滑塌;2020年6月19日、8月31日、9月24日发生3次较大规模的变形破坏。每次险情发生后,地方政府对坡体进行了应急处理。

本次治理措施主要为对H3-1滑坡采用挡土墙工程＋格构锚杆工程＋排水沟工程＋坡面绿化工程进行综合治理;危岩采用被动防护网工程进行治理。

挡土墙工程:挡土墙采用重力式挡土墙结构,布置于滑坡前缘,总长78m,墙高4.5m,墙后回填应先将表层松散浮土清除,回填土应分层压实。

格构锚杆工程:根据地形分为AB、BC两段格构锚杆护坡。AB段根据现有坡面分2级(马道),分别设置格构护坡,截面积尺寸为0.5m×0.5m,埋深1.5m。第一级格构采用3.5m×3mⅠ型矩形钢筋混凝土框架结构,横、纵梁断面尺寸为0.3m×0.3m;第二级格构采用3m×3mⅡ型矩形钢筋混凝土框架结构,锚杆设置在第一级格构横、纵梁交叉节点处,锚杆水平间距3m,垂直间距3m。BC段根据现有坡面分6级(马道),分别设置格构护坡,截面积尺寸为0.5m×0.5m,埋深1.5m。第一级格构采用3.5m×3mⅠ型矩形钢筋混凝土框架结构,横、纵梁断面尺寸为0.3m×0.3m;第二级至第六级格构采用3m×3mⅡ型矩形钢筋混凝土框架结构;锚杆设置在第一级至第五级格构横、纵梁交叉节点处,锚杆水平间距3m,垂直间距3m。排水沟工程:排水沟长105m,呈梯形断面,深0.5m,底宽0.5m,顶宽1m,边墙及底厚0.3m;挡土墙前设置排水沟,呈梯形断面,深0.4m,底宽0.4m,顶宽0.5m,长78m。

坡面绿化工程:在格构梁框格内坡面植草绿化,绿化面积4536m^2。

危岩治理工程:在新建挡土墙顶部设置RXI-100型被动防护网,高7m,被动网钢柱基础采用φ28钢筋锚杆与混凝土挡土墙连接。

(五)防治效果评述

社会效益:对区内危岩体及滑坡进行工程治理,消除地质灾害隐患,保护了人民生命财产安全,为当地社会经济的和谐发展创造了有利条件,因而具有良好的社会效益。

经济效益:通过工程治理,使当地人民的生命财产安全得到保障,人民可以安居乐业,避免了一些社会问题。同时充分体现政府对人民生产生活的关怀,对经济发展的重视。

环境效益:通过治理工程,在滑坡稳定及拦挡崩塌体的前提下,有利于滑坡区植被的生长和生态环境的保护,在提高土地利用价值的同时,保护了环境基础设施功能,使环境与经济发展走上了良性循环的轨道,符合西宁市"两优一高"的发展战略,也符合西宁市打造旅游型城市的目标;增加了社会就业机会,对社会稳定起到了积极作用,保障经济发展;使区内的地质环境和生态环境得到了改善,也将带来良好的环境效益,为当地居民提供舒适、安逸的生活环境。

五、苦水沟泥石流

(一)基本特征

苦水沟位于西宁市城东区,属湟水南岸一级支流,沟口以上称为苦水沟,沟口以下为瓦窑沟。流域面积7.9km^2,为季节性冲沟,沟道出山口上游段平时干涸无水。沟内固体物源主要为南绕城高速公路弃渣、不稳定斜坡、滑坡、泥石流形成的堆积体,达到72.7×$10^4 m^3$。

按流体性质分类为稀性泥石流;按暴发频率分类为高频泥石流;按集水区地貌特征分类为沟谷型泥石流;按水源成因和物源成因分类为暴雨型泥石流;按易发性分类为中易发。

(二)危害特征

苦水沟泥石流地质灾害是多年前就形成的地质灾害隐患点,历史上曾经暴发多次泥石流。据相关资料,1973年7月11日,苦水沟泥石流冲毁解放渠,毁坏房屋74间,造成危房1000余间;1979年9月

3日,泥石流造成58间房屋倒塌、2人死亡,直接经济损失145万元;1997年8月5日,苦水沟泥石流体漫上路面,冲垮居民住房多间,淹没三明市场,造成的直接经济损失达1亿元以上。

工程治理前苦水沟下游西岸紧邻苦水沟及第一斜坡带的245户、1193人大部分已经搬迁,东岸紧邻苦水沟及第一斜坡带的194户、1034人大约搬迁100户。沟内滑坡及不良地质现象发育,苦水沟上游不稳定斜坡威胁南酉山村居民25户、60人及1座饲养场,加之西宁市南绕城高速公路穿过苦水沟上游,修建南绕城高速公路造成的人工建筑弃渣全部堆积在苦水沟内,形成大量的泥石流物源。一旦暴发泥石流会直接影响苦水沟下游居民区及各类工程设施,潜在经济损失达1亿元以上。

近年来,受极端气候影响,苦水沟泥石流灾害暴发的间歇时间越来越短、暴发频率越来越高。

(三)发展趋势

苦水沟泥石流处于发展期(壮年期)。

(四)治理工程

苦水沟泥石流治理工程实施于2014年。泥石流灾害防治工程安全等级为Ⅰ级,泥石流拦挡工程和排导工程均按照百年一遇暴雨($P=1\%$)标准进行设计。

治理工程分为防护工程和拦挡工程。

防护工程:排导槽,基础埋深1.5m,高度3m,顶宽0.6m,底宽1.5m,外墙坡比1∶0.3,沟岸左侧排导槽长562.8m,右侧排导槽长546.3m;护脚墙,共3段,分别长162.2m、107.2m、232.5m。

拦挡工程:在苦水沟主沟主游共设2座谷坊坝,1#谷坊坝长24m,有效高度3m,2#谷坊坝长15m,有效高度3m。

(五)防治效果评述

苦水沟泥石流治理工程防治效果主要体现在社会效益、经济效益和环境效益。

1. 社会效益

苦水沟泥石流活动频繁,泥石流灾害严重影响了苦水沟沟口两岸及西宁市城东区居民生产生活,对人民群众生命和财产安全构成了较大威胁,制约着当地社会经济发展。通过实施泥石流灾害综合防治工程,可以逐步控制泥石流活动规模,减轻泥石流灾害的威胁和危害,为人民群众创造一个安居乐业的良好环境。2015年开始,当地政府对苦水沟口进行综合整治,现沟口外原居民点现已全部搬迁建设成公园,成为周边居民休闲首选地。

2. 经济效益

经过综合防治,泥石流灾害得到了有效减轻,避免了潜在价值近1亿元的财产安全威胁,经济效益巨大。

3. 生态环境效益

通过实施泥石流灾害综合防治工程,苦水沟流域尤其是泥石流流通区和堆积区的水土流失将进一步减弱,生态环境得到了较大改善。

六、北山路家庄危岩

(一)基本特征

路家庄危岩共分3段(W1、W2、W3),发育于湟水左岸丘陵区斜坡前缘(图6-35)。坡体岩性由古近系褐红色泥岩、石膏岩及砂岩互层构成,颜色及颗粒组成自下而上,呈规律变化,颜色由深变浅,粒度由粗变细。岩层产状平缓,产状30°∠6°,泥岩为红褐色、棕红色,泥岩单层厚0.6~2.6m,共9层;石膏岩单层厚0.5~1.2m,共8层;砂岩单层厚2~10m。坡体基岩裸露,临空面发育,岩体破碎,危岩体发育处陡壁上部形成悬崖,形似"鹰嘴",节理裂隙较发育,危岩体发育处坡高60~70m,岩体已出现完全剥离状态,共发育有3处危岩体和1处崩塌体。危岩体大多呈近直立状,形成陡崖,陡崖最大高度达70m,且多数危岩体被近直立裂隙分割,裂隙宽一般为5~10cm,上下贯通,处于不稳平衡状态。危岩体中发育的主要裂隙为卸荷裂隙,裂隙面产状与坡面近一致,倾角大于80°,易发生倾覆和滑移崩塌。

图6-35 路家庄危岩全貌

(二)形成机理

1. 危岩体形成原因

北山危岩体的形成主要由于自然因素和人类活动共同作用。原始的地形地貌条件及坡体组成物质的物理力学性质是崩塌灾害产生的基本条件,大气降水加剧,岩体差异化风化,是产生崩塌灾害的必要条件;后期的人类工程活动,如坡面绿化灌溉等加剧了斜坡失稳发展的趋势。综合分析,北山危岩体形成的主要原因有以下几个因素。

(1)特殊的岩体类型。危岩体的岩性构成为泥岩与石膏互层。石膏岩为膨胀性岩体,雨水易发生膨胀,加之溶蚀、软化、崩解作用,岩体强度降低。

(2)水的作用。近年来,西宁地区大气降水急剧增加,加之北山绿化灌溉,雨水沿岩体裂隙下渗,加剧岩体差异风化、盐胀、加剧岩土不稳定性,致使北山丘陵前缘陡崖段常发生崩塌灾害。

(3)地形地貌条件。北山危岩体位于丘陵区向河谷区的过渡地带,所处的地形坡度多呈直立状态。地形切割越强烈,高差越大,坡度越陡,形成崩塌的可能性就越大。高陡的坡体为危岩体失稳提供了有利的地形条件。

(4)岩体类型及结构。危岩体的岩性构成为泥岩与石膏互层,即危岩体为软硬相间的结构类型,这种结构类型易形成高陡临空面,从而引起应力重分布,产生应力分异带,其变形表现为产生与陡崖近于平行的卸荷裂隙,这些卸荷裂隙主要沿平行于陡崖的一组结构面发生张开与松动,造成边坡局部崩塌与掉块。更进一步,由于岩石风化等,边坡应力释放区扩大,卸荷逐渐向陡崖内部扩展,形成渐进性破坏效果。

(5)岩体差异风化

由于组成危岩体的基岩矿物成分、结构构造的差异,泥岩与石膏岩的风化速度和风化程度不同。在相同的风化条件下,泥岩较为软弱常形成凹腔,而石膏岩由于较硬常形成凸腔,坡体形成的这种凹凸不平的地貌易发生崩塌、坠石灾害。

2. 危岩体形成机制

北山危岩体坡面岩体破碎,力学强度低,贯通性裂缝发育,坡度近似直立。危岩体的岩性构成为泥岩与石膏互层。石膏岩为膨胀性岩体,雨水易发生膨胀,加之溶蚀、软化、崩解作用,岩体强度降低。在雨季或暴雨天气,雨水沿裂隙面入渗,使石膏岩发生膨胀、软化。在不断增大的外力矩作用下,岩体开裂形成危岩体,达到极限平衡状态,发生拉裂变形、倾倒崩塌。

(三)发展趋势

通过调查、图解等对危岩进行定性评价为岩体风化强烈,节理裂隙发育,部分与张开的层面贯通,斜坡岩体被切割成块体或碎裂状,各危岩稳定性差,在风化、盐胀等作用下,将失稳发生崩塌灾害。

(四)治理工程

治理工程采用人工危岩清理、防护网防护、混凝土挡土墙、坡面整平、截排水沟等综合措施。

1. 人工危岩清理

人工危岩清理工程采用风镐对危岩体沿裂隙进行人工清危。W1清危长度为128m,清理高度最大处为20m,清理面积为533m^2,清理体积为1677m^3,清理后的弃渣全部填至坡面;W2清危长度为103m,清理高度最大为30m,清理面积为660m^2,清理体积为1576m^3,清理后的弃渣全部填至坡面;W3清危长度为74m,清理高度最大为10m,清理面积为403m^2,清理体积为162m^3,清理后的弃渣全部填至坡面。

2. 防护网防护

在危岩体下部斜坡体上设置二排RXI-150型被动防护网,防护能级为1500kJ,网高5m,上排防护网长243m,下排长220m。

3. 混凝土挡土墙

危岩体下方坡体稳定性,防止坡面整治施工时块石及松散土体下滑,在坡脚平缓位置设置一道挡土墙,挡土墙高5m,顶宽1m,底宽2m。

4. 坡面整平

先将前期崩塌坠落至坡面的大块石进行破碎,再对坡面进行整治,设削方反压平台(5级),平台宽 3~4m,边坡坡率 1∶2.5~1∶1.7,坡高 9~10m,最顶层斜坡与原始地貌相一致。总计刷坡体积 10 011m³。

5. 截排水沟

设置 4 条纵向排水沟共计 706m,5 条横向排水沟布置于坡面平台上,共计 814m。纵向排水沟与横向排水沟交汇处设置消力池,消力池长 1m,宽 1m,深 0.8m。排水沟都采用 30cm 厚的 C25 混凝土浇筑,水泥采用抗硫酸盐水泥。

(五)防治效果评述

自治理工程实施以来,虽发生了危岩崩塌情况,但被第一排被动防护网进行有效的拦截,最大粒径达到 1.2m,而第一排至第二排防护网之间未见块石,说明第一排被动防护网有效保护了坡体下方的植被及坡脚处的都市环线。由于在拦截过程中被动防护网遭到破坏,长度达 30m,建议对该段进行更换。

第五节　地质灾害综合治理效益评述

一、地质灾害治理效果评述

(一)滑坡、不稳定斜坡治理工程

通过对已治理工程进行调查,治理方式均为以抗滑桩为主,外加重力式挡土墙、削坡减载等辅助措施。抗滑坡桩均为方形桩,由于其适用于滑动推力大、滑带深的滑坡中,还有就是其具有灵活布置、施工方便和简单等优点,因此在西宁市以中深层滑坡中较为适用,有时还结合锚索使用,如张家湾滑坡Ⅱ期治理工程。在采用了抗滑桩的滑坡治理工程中未发现抗滑桩等支挡工程破坏失效情况,也未发现经治理后的滑坡或边坡出现明显的变形迹象,说明治理工程效果明显。重力式挡土墙具有就地取材、结构简单、施工方便、经济效果好等优点,因此也是西宁地区常用的抗滑支挡措施之一,但其只适用于浅表层滑坡或推力小的滑坡或边坡中。据调查,已实施的挡土墙中,部分出现了破损或裂缝情况,主要原因是施工质量不高及腐蚀严重,并未出现滑坡推力过大造成挡土墙位移的情况。削坡减载和反压坡脚由于能有效减低下滑力及增加阻滑力,也是滑坡中常用治理措施之一,其具有施工简单、安全等优点。排水沟是滑坡防治常用措施之一,但部分设置的排水沟在浅表层滑坡等因素影响下出现断裂或裂缝,易导致排水沟的水集中入渗到坡体中,对坡体稳定性产生影响,产生的原因主要是在水土强腐蚀环境下,混凝土强度不够,因此在中等以上水土腐蚀环境条件下,混凝土需要添加抗硫酸盐水泥等防腐措施。

通过对已有滑坡防治工程实施效果总结分析:一是排水沟位置应选取合理,避免布置于易发生浅表层滑坡的地方,导致排水沟失效破损;二是加强施工质量的检测,特别是隐蔽工程的质量检测;三是选用具有地质灾害防治资质和施工经验的队伍,能有效避免和减少施工过程中次生灾害的危害;四是西宁地区地层中含盐量高,特别是南北山地区,第四系和古近系中含有大量的石膏,具强腐蚀性,因此,防治工程设施应注意防腐,水泥使用抗硫酸水泥。

(二)崩塌(危岩)治理工程

西宁北山地区由于地形陡峭,岩体节理裂隙发育,因此崩塌(危岩)灾害发育,目前采用的治理方式主要为人工清危、凹腔嵌补、被动防护网拦截措施等。人工清危虽施工简便,但安全性低,且由于研究区泥岩节理裂隙发育,并不能一次性清危干净,效果有限。凹腔嵌补在区内作用明显,能有效防止凹腔扩大,对提高危岩的稳定性效果较好。被动防护网一般设置于危岩下方的坡体上,具有施工简单、施工工期短等特点,通过对已实施的被动防护网的调查,发现其拦截作用明显,未发现跳跃块石越过被动防护网,说明被动防护网的设置合理。

通过对已有危岩防治工程实施效果总结分析:一是现在选用的1500kJ能级的防护网,1m左右的落石就可以造成钢柱弯曲,建议后期应选用防护能级更高的柔性防护网;二是部分拉锚绳基础过浅且施工质量差,往往是拉锚绳未完全破坏而基础被破坏,建议后期加强施工质量检查;三是危岩发育,在施工时一定要按先进行人工清危后再进行凹腔填补和被动防护网安装,并派专人巡查,发现危岩隐患及时提示施工人员停止施工;四是注意建筑材料的防腐。

(三)泥石流治理工程

西宁市泥石流防治工程始于21世纪初,主要实施部门为自然资源和水利部门。西宁市泥石流治理工程采用的方法主要为拦挡+排导的措施,结合南北山绿化工程构成了泥石流中上游稳坡固源,中下游分级拦挡、分散淤积、调蓄消能、减势排导综合治理体系。泥石流防治工程实施后,已接受了20多年的考验,在这20多年里未发生过泥石流灾害,说明已实施的泥石流的治理工程是有效的,达到了减轻或消除泥石流灾害的目的,还起到了防止水土流失的作用。目前,部分拦挡坝(谷坊坝)有淤积,应进行清淤,再就是极少数拦挡坝有破损情况,需维修。

通过对已有泥石流治理工程实施效果总结分析:一是加强泥石流沟的侧蚀防护,防止沟岸冲刷,形成物源;二是泥石流治理中生物措施占比提高,在泥石流形成区植被覆盖率低的地表种草或种树,提高植被覆盖率,对防止水土流失具有重要作用,能有效减少泥石流物源,同时也可响应青海省"生态立省"和"一优两高"的发展战略;三是泥石流拦挡坝下游设消力护坦,防止水能冲刷拦挡坝坝址造成坝体失稳,也能对河道起到一定的保护作用;四是拦挡坝两端加翼墙,可以起到加固坝体和防止绕坝渗流的作用;五是注意防腐,如选用抗硫酸水泥等。

二、地质灾害治理效益评述

(一)社会效益

地质灾害治理能为城镇规划、乡村振兴等重大工程建设提供地质环境安全保障,同时也能充分体现政府对人民群众生产生活的关怀,使人民群众的生命财产免遭地质灾害的威胁,使地质灾害影响区内人民群众安居乐业,对提高人民群众生活质量,维护民族团结稳定,起到积极广泛的影响和良好的社会效益,为构建和谐社会提供强有力的保障。地质灾害的防治是实实在在的民生举措,也是青海省努力践行"四个扎扎实实"重大要求,奋力推进"一优两高"战略的生动实践。

(二)经济效益

通过地质灾害治理工程,地方地质灾害防治能力得到显著提升,可核销部分地质灾害隐患,从而减少政府每年度对已治理地质点在汛期排查的人力及资金投入,可避免地质灾害的发生或降低其发生概率,使受地质灾害威胁的人民群众生命财产安全得到有效保护或减轻地质灾害可能造成的经济损失,为城镇规划、乡村振兴等重大工程建设提供地质环境安全保障。

经调查统计,张家湾滑坡潜在威胁常居人口约304人,潜在威胁财产约2.6亿元,险情属特大型,目前已投入的防治工程总费用约6000万元,按相对收益计算,产出比约为1∶4.3。由此可见,说明该防治工程具有良好的经济效益,同时还具有节约土地的隐形效益。南川东路滑坡群为青海省重大地质灾害隐患点,潜在威胁人口1300余人,潜在经济损失约1.5亿元,自2012年开始,陆续已投入的防治工程总费用约4550万元,目前已基本完成滑坡群的治理,按相对收益计算,产出比约为1∶3。由此可见,说明该防治工程具有良好的经济效益,隐形效益就是还能保证滑坡体下方南川东路的通行安全。

水利部分在研究区内泥石流的沟道修建了大量的谷坊坝,自然资源部门在研究区内的部分泥石流沟道主沟道和排泄通道上修建了拦挡坝和排导设施,最大限度减轻了区内泥石流发生频率,有效减轻了区内水土流失,进一步改善了生态环境,降低了区内泥石流发生概率,有效保护了沟口人民群众的生命财产及国家财产安全。

(三)生态环境效益

西宁市位于青海省东北部,也是青藏高原东北部,海拔高,生态环境脆弱,1989年开始实施的南北山绿化工程已经逐见成效,森林覆盖率由1989年的7%提高到77%,初步形成了以乡土针叶树为主,乔灌结合、针阔混交的森林生态体系。地质灾害的发生对南北两山绿化工程构成严重威胁。自2005年开始,西宁市政府通过申请中央和省级地质灾害防治专项资金、自筹资金,对区内重大地质灾害隐患点进行了工程治理,对北山、南山苦水沟沟口、火烧沟等地区通过地质灾害治理、搬迁安置、生态绿化与修复等措施进行了综合整治,已建成北山美丽园、火烧沟湿地公园等大中型城市绿芯。

"坚持生态保护优先、推动高质量发展、创造高品质生活。"2018年7月,中共青海省委十三届四次全会全面践行习近平新时代中国特色社会主义思想,深入贯彻落实"四个扎扎实实"重大要求,科学把握发展趋势、彰显绿色生态优势、积极回应群众期待,因地制宜做出了"一优两高"的战略部署。西宁市地质灾害易发区也是西宁市绿化核心区,通过对区内地质灾害的治理,能最大程度保障绿化工程的顺利实施,是践行"绿水青山就是金山银山"发展理念的重要标志,是打造绿色发展样板城市的重要手段,是为西宁市区构筑起一道坚实的森林屏障的重要保障,也是西宁市推进落实"坚持生态保护优先、推动高质量发展、创造高品质生活"战略的生动实践,对新时代建设富裕文明和谐美丽新青海具有十分深远的重大意义。

第六节 地质灾害综合治理经验

地质灾害勘查是研究地质灾害防治工作的重要阶段,是治理工程最关键的技术基础。西宁市开展了大量的勘查设计工作,积累了一定的工作经验,仍然要加强以下几个方面的工作。

一、重视勘查阶段的划分

根据《滑坡防治工程勘查规范》(GB/T 32864—2016)规定,将滑坡勘查划分为滑坡调查、可行性论证阶段勘查(初步勘查)、设计阶段勘查(详细勘查)及施工阶段勘查(补充勘查)。目前,青海省地质灾害勘查上,初步勘查和详细勘查均按规范要求开展,但是施工图阶段的勘查开展得很少,部分治理工程由于勘查至治理间隔长,或因施工图设计时对重要工程进行了调整,所以没有进行补充勘探,特别是抗滑桩工程,由于地质资料的不更新及位置变化,治理工程施工时与设计不符,产生重大工程设计变更,造成一定的经济损失,因此施工图阶段的补充勘查必须加强。

二、地质灾害防治工程设计报告编制要点

地质灾害防治设计可分为可行性方案论证、初步设计和施工图设计三个阶段。对于规模小、地质条件简单的地质灾害隐患,可直接进行施工图设计。应急治理工程设计可简化设计阶段。

(1)可行性方案论证应在充分研究滑坡工程地质勘查报告及有关试验报告等成果资料的基础上,根据防治目标,进行多种设计方案的技术、经济、社会和环境效益等论证,并编制工程估算;提交可行性方案论证报告及附图册。

(2)初步设计应对可行性方案论证阶段推荐的方案进行充分分析、论证和比选;提出具体工程实现步骤和有关工程参数,进行结构设计,编制相应的报告及图件,编制工程概算;提交初步设计报告及设计附图册。

(3)施工图设计应对初步设计确定的工程措施加以优化,完善工程结构细部设计;提出工程监测、施工技术、施工组织和安全措施等方面的具体要求,并满足工程施工和工程招投标要求;编制工程施工图件及说明,编制工程预算;提交施工设计图册及施工图说明书、预算书等。

三、地质灾害勘查及工程设计动态信息化

地质灾害勘查设计应综合考虑环境地质条件、滑坡失稳机理以及危害和防治工程结构特点等因素,因地制宜,科学设计。由于每个潜在滑坡的地质结构和环境地质条件千差万别,因地而异,十分复杂,故地质灾害设计必须进行动态设计和信息化施工。在进行设计时应尽量考虑到地质情况可能出现的变化并提出相应的处理办法。在施工过程中则应将与原设计有较大差异的各种信息尽快向设计部门反馈,以便及时修改设计,确保防治工程达到预期效果。对于动态设计,应当强调的是它的原则性要求和地质内涵(目的)对施工的指导意义和约束力。在施工中不能无视客观情况的变化而仍然按原设计界面位置和工程尺寸施工,以至降低工程效果,甚至引起新的问题。所以,滑坡防治工程需要施工人员具备与之相适应的较高素质,设计人员也要派驻设计代表及时跟进施工现场,解决施工中的设计问题。

四、地面调查钻探、物探及山地工程多种手段的运用

(一)地面调查

滑坡勘查要点：危险区范围与危害对象；突滑堵沟的次生灾害；与重建规划的有机结合；变形性质（地震、滑移、沉降）、变形特征（裂缝、鼓胀、剪的空间特征与位移，既有工程损毁）与历史；空间特征（后缘与两侧边界、前缘与次级剪出口、长/宽、面规模）及其依据；结构特征（滑体、滑带、滑床）与滑面依据，类型（滑坡、边坡坍塌、不稳定斜坡）、性质（推移式、牵引式、平推式）；主滑方向；诱因（切坡、加载、冲刷、暴雨、渗水、地震、水位涨落），发展趋势。地质模型（滑面形态，前、后缘，中部剪出，多层滑面等）。

泥石流勘查要点：危害对象与范围，防治目的与紧迫性；汇水面积、沟道纵坡、冲淤特征；既有防治工程的结构、功效、稳定性与现状；主河的水文特征、输沙能力及可能的堵溃灾害；所穿公路桥涵的过流能力及改扩建的可能性；流域内水库的规模、运行方式及调洪能力；堵溃特征、堰塞坝的结构与稳定性，松散固体物源调查等。

(二)物探

为充分发挥地球物理勘查技术方法在地质灾害勘查中的作用，选用合适的物探方法可以与钻探成果互相验证、补充。特别是在堆积层滑坡中，效果较为明显。如张家湾滑坡、南川东路 H6 滑坡勘查过程中，物探工作与钻探工作相互补充，取得了一定的成效。张家湾滑坡物探采用高密度电法，经高密度电法勘查，在其中一个剖面滑坡体有不错的反映，把范围在几欧姆米到 $10\Omega \cdot m$ 电阻率异常划分为滑坡体，推测滑坡体规模厚度为 30m 左右（图 6-36），基本是从山顶至山脚，规模较大。剖面部分第四系底部电阻率稍大，推断为泥岩夹砂岩的互层。张家湾滑坡物探也存在一些瑕疵，地形变化大，物探工作存在的多解性及跑极方向等引起曲线畸变等，只是根据单一的相对视电阻率进行对地层划分，滑坡体的圈定，存在一定的单一性及片面性。因此，物探解译成果应综合地质、钻孔信息进行判定。

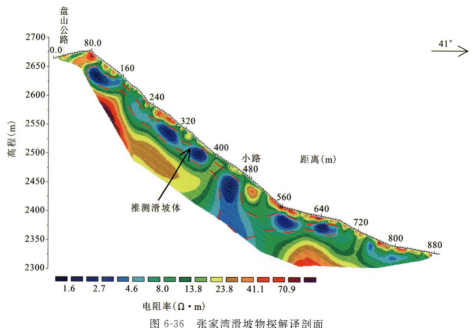

图 6-36 张家湾滑坡物探解译剖面

(三)钻探及山地工程

钻探是查明地质灾害物质组成和地质结构最重要、最常用的技术手段,对于滑坡体地下水位以上的黏性土、粉土等应采取干法钻进;滑坡体地下水位以下的岩土层,以及滑带上下 5m 范围内应采取滑坡岩土扰动小的钻进方法,如双管单动、双管双动、无泵反循环等钻进方法。钻探过程中,应加强地质编录,对取得的岩芯要逐回次编录,特别要注意滑坡体内部的地层层序关系,如在张家湾滑坡下部钻孔的施工中,发现含泥岩块黏性土直接覆盖于第四系卵石上,表明了张家湾滑坡超覆堆积于河谷的直接证据。另外,钻孔中地下水的状态也是重要的观察对象,滑坡的发育多与地下水有直接的联系。

槽探是简易浅层开挖工程,开挖深度一般不超过 5m,对于滑坡后缘及边界,布设一定的槽探工作量,可直接观察滑坡剪切面。井探用于滑坡勘查的探井施工深度可达 20m,滑坡或泥石流勘查中,井探是直接采取滑坡岩土样的重要手段,主要用于查明中型以上、滑面较深的复杂滑坡的结构,采集滑带土原状土样及进行井内现场大型剪切试验。对于特别复杂的特大型滑坡,可以采取专门支护方式成井,开挖形成的竖井可作为后续滑坡治理排水工程的集水井、水文地质动态变化的监测井等加以利用。

五、滑坡主要技术参数的确定

在滑坡稳定性评价中,滑带土抗剪强度对滑坡稳定性评价结果具有决定性的作用。有时可能抗剪强度值的微小偏差,就造成稳定性评价结论的重大逆转,尤其在滑坡处于临界滑动状态时,这种情况更是常见。在滑坡推力计算中也是如此,常常由于内摩擦角的取值偏差了 $1°\sim2°$,滑坡推力的计算值成倍增加,给滑坡防治方案的选择造成较大困难。如果最终所选之值与实际相比偏小,就可能造成工程的失败;如果最终所选之值与实际相比偏大,又可能造成工程的严重浪费。除了滑带土物理力学指标外,滑坡地下水参数也是滑坡勘查需要查明的关键技术参数。地下水参数的获取是否准确,对于滑坡稳定性分析结果及防治工程的成败也有重要的影响。

滑带土物理力学指标的主要方法有仪器试验法、反算法和工程类比法。在勘查实践过程中,试验仪器法由于样品采集的质量,送样的时间及测试人员的经验等因素,一般作为选择抗剪强度指标的参考值。现场大型剪切效果虽然较好,但同样存在加载过程难以控制、试样位置和实际有差别、孔隙水压变化不易测量、试验费用过高而较少使用。反算法是根据滑坡稳定性定性判断,实践表明,只要反算条件可靠,所得到指标仍能较好地反映滑带土的实际情况。工程类比法是用以往类似滑坡及治理经验数据来计算滑带参数,一般是在相似地区、相同的地质环境条件下,作为校验用。

因此,在滑坡勘查实践过程中,建议将仪器试验法、反算法和工程类比法按一定的权重加权平均后综合取值,权重的分配根据实际情况而定。

六、滑坡稳定性分析的关键问题

(一)代表模型与剖面选择

一般情况下,滑坡勘查剖面常采用三横三纵的布置方式。在稳定性分析时,应选取在主滑区与滑坡主滑方向一致的主剖面作为计算剖面。计算剖面中要包括一个主滑剖面和两个辅助剖面,主滑剖面是在滑坡滑动方向变形最为显著的剖面,一般情况下主滑剖面位于滑坡区纵向中轴线处。由于滑坡发育的地质环境和诱发因素的差异,滑坡的变形特征也具有多样性,所以主滑剖面的选取应根据滑坡实际的变形迹象和位移监测资料进行分析确定。辅助性计算剖面一般情况在主滑剖面的两侧各选取一条,目的是更全面反映滑坡各部位的稳定性状况,对于变形特征复杂的滑坡,应根据滑坡实际变形的强弱区域来选取。

对于横向上较为宽大的滑坡体,受局部地形影响,不同地段主滑方向可能不一致,在稳定性评价时应分区计算坡体稳定性。滑坡前缘临空条件受河道转弯的影响,在不同地段滑动方向不同,基本与河道方向垂直,稳定性分析应在不同区段内选取具有代表性的剖面进行。

(二)滑动面选择和搜索

滑坡稳定性计算中,滑动面的发育形态和特征直接影响滑坡的稳定性,确定滑动面是稳定性计算的关键,在滑动面的确定上应从以下几方面考虑。

(1)对于具有明确滑面的老滑坡和正在滑动的滑坡,滑动面应以实际勘查的滑面作为计算依据,这类勘查滑面一般为折线形。当滑移面的转角很大且呈尖角状时,用极限平衡分析方法进行稳定性分析会产生很大的误差,必须通过增加节点的方法进行适当的圆滑处理。

(2)对于一般的天然斜坡和人工开挖边坡形成的滑坡,由于其不具有明确的滑动面,无法通过勘查来查明,需要采用最危险滑面搜索法或数值计算法来确定滑动面。常用的搜索法有极限平衡法Geoslop、GEO5、理正岩土等稳定性计算软件搜索法等,以上各类方法搜索得到的滑动面形态均呈圆弧形。

(3)在稳定性分析中还应考虑在同一个滑坡中出现多个滑动面和次级滑面的可能。在深厚的土质滑坡中,因土体结构的非均一性,土层抗剪强度的差异易形成多个相对薄弱的滑面,对此类滑坡要分别计算各滑面的稳定性,滑带参数的选取也应分开进行。

(三)滑动面选择和搜索

对于土质斜坡,在土体自重及外部荷载作用下,土体有从高处向低处滑动的趋势。如果土体内某一个面上的下滑力超过抗滑力,或者面上每点的剪应力达到抗剪强度,若无支挡滑坡就可能发生。土质滑坡通常可认为是均质的、塑性的,其稳定性计算方法最初是伴随土力学中的两个分支,即土压力和地基承载力发展起来的,是建立在土的摩尔-库伦破坏准则基础上的极限平衡方法。通过分析土体在破坏时的静力平衡来求得问题的解。同时,由于土质边坡发生滑动时,确实存在一个明确的滑裂面(圆弧、折线或任意形状的滑裂面),天然边坡包含十分复杂的土质和边界条件,普遍使用极限平衡直条分法对其稳定性进行分析。在大多数情况下,极限平衡问题是静不定的,引入一些简化假定,使问题变得静定可解。基于极限平衡法,形成了一系列的简化计算方法,如瑞典条分法、毕肖普法、詹布法、传递系数法(不平衡推力法)、滑楔法、斯宾塞法等。极限平衡法的优点:①计算简单,参数可由室内外实验结合工程经验确定或者由设计规范确定;②安全系数可通过工程类比来验证。极限平衡法的缺点:①不能计算边坡中岩体的变形,而在某些情况下,变形的计算是很重要的(如拱坝坝肩,山体中开挖的船闸边坡等);②当滑动面由两个及两个以上平面组成时,滑动面上的反力为超静定,此时必须对反力的方向或大小进行假定,有可能引入较大的计算误差,而且仅能对滑动破坏进行评价,对崩塌和蠕动等变形破坏的边坡尚缺少相对成熟的分析方法。

数值分析方法主要为有限元法和有限差分法。有限元法与传统的边坡稳定分析方法相比有如下优点:①能够动态模拟边坡的滑坡过程及其滑移面形状,滑移面大致在水平位移突变的地方及塑性变形发展严重的部位;②考虑了土体的本构关系以及变形对应力的影响;③可考虑复杂的边界条件、介质力学性质、岩土内不同级别的结构面的影响,可考虑渗流与温度耦合,并能够模拟岩、土体与支护结构的相互作用;④求解安全系数时,可以不需要假定滑移面的形状,也无须进行条分也不需要假定土条之间的相互作用力;⑤对于水文地质与工程地质条件均复杂的边坡,尤其是需要三维建模时,有限元法比极限平衡法更接近于实际。有限元法主要缺点:①建立合理反映岩体应力应变特点和破坏机理的模型较为困难;②数值分析前处理复杂且工程量大;③计算结果因人而异;④获取参数较为困难且工程类比经验尚不多。有限元强度折减法可以说是极限平衡法思想下的一种新的求解边坡安全系数的计算方法。但是有限元强度折减法与瑞典条分法等极限平衡法两者区别在于极限平衡法求解的安全系数是基于条块间力假设的解析解,强度折减法求解的安全系数则是基于应力一应变分析的近似解。根据前人的研究结果,对于简单的均质边坡,强度折减法的安全系数计算结果与严格的极限平衡方法求解的计算结果较为接近。

根据西宁地区实践经验及规范推荐,对于圆弧滑面一般推荐采用毕肖普法,任意滑面采用不平衡推力法(传递系数法),且应用隐式解,相比显示解精度更好。随着计算机运算能力的大幅提高,目前在滑坡实际勘查过程中,推荐数值解析法,如有限元强度折减法、有限差分法,应用比较成熟的软件有MiDas、FLac3D等商业软件。

七、地质灾害治理工程设计的关键问题

(一)抗滑桩工程设计

西宁市大部分滑坡灾害防治工程都选用了抗滑桩,从实践来看,虽然抗滑桩圬工量大,施工难度较大及造价高,但其抗弯抗剪作用大,在狭小空间也能够施工,地质灾害防治效果较好。如西宁市南川东路H7、H6滑坡,张家湾滑坡、林家崖滑坡等治理工程均取得了较好的成效。在滑坡抗滑桩设计过程中,要注意以下几点问题。

1. 布设位置的选择

纵剖面上,抗滑工程应尽量设在阻滑段(最好是滑坡前缘)滑体较薄处、基岩埋深较浅处、被保护对象前后、有施工空间处。平面上,抗滑工程多平行于等高线而成排状;亦可根据地形或保护对象而分段设置,总体呈阶状。抗滑工程的设置范围,理论上宜适当超出滑体边界。但因地震诱发滑坡往往规模很大、保护对象较少、治理经费有限,故在无突滑堵沟造成次生灾害的前提下,可酌情减小工程范围,仅在有保护对象的范围内设置。滑体推力大者,或滑体过长可能多级剪出者,可设两排甚至多排抗滑工程。

2. 桩间距

根据实践经验,桩中心间距一般采用4~8m较为合适,目前西宁市大部分抗滑桩工程选用桩中心间距5m,效果较好。

3. 桩长及嵌固段长度

桩的高度一般齐坡面,形成全埋式桩,据坡面地形可分段设为不同高度。在前缘临空面设桩,或在滑体由厚变薄处设桩,应根据从桩顶剪出的滑移模式进行越顶计算来控制,必要时桩可高于坡面,并在桩后回填坡体,以免桩后滑体越桩顶剪出。坡面较平缓而无越顶可能时,亦可将上部做成空桩以减小桩身工程。越顶检算应搜索桩顶滑体中的潜在滑面,并相应采用滑体土的抗剪强度指标。

嵌固段长度据检算确定,且要求不会从桩底产生深层滑动。在无深层滑动条件下,嵌固段长度的经验值是桩全长的1/2(土层)～1/3(岩层),锚拉桩减小为1/3(土层)～1/4(岩层)。嵌固段可不将全长设于基岩中风化层中,部分仍可设于强风化层甚至土层中。此时的综合计算方法尚不成熟,可对强风化层、土层的嵌固力按经验折减,或按 m 法、k 法将抗力设为等面积梯形来近似计算桩的长度应与截面大小相匹配,不要太过细长,有规范认为悬臂段长度不宜超过桩截面长度的 6 倍。

4. 桩身结构及配筋

桩身混凝土强度等级不低于C20,对于一般保护对象常用C25,重要保护对象采用C30,而对于强腐蚀或者推力较大的滑坡,可以采用C40以上,锁口、护壁混凝土强度等级不低于C20。土层中护壁厚度一般不大于15cm,基岩强风化层中护壁要减薄,弱风化层中可取消护壁。

桩截面根据滑面处的弯矩和剪力配筋。配筋中要注意构造筋和箍筋的合理而不过多,特别是通长配筋要根据实际情况布置,往往通长配筋造成一定的浪费。受力筋要纵向截筋但不要过分,要满足保护层厚度的要求,现两肢或三肢成束的受力筋通常布置显得不合理。

桩的截面面积与配筋要协调。按抗弯矩与剪力配筋后,当配筋率偏低时(一般每立方米桩体不少于100kg),要复核桩截面是否偏大,在桩抗力满足要求的前提下优化桩的截面尺寸。据实践经验,对 $1m^2$ 截面的桩体合理配筋至少可抗 3000～4000kN/m 的弯矩。例如,对设计推力 1000kN/m、桩心距 5m、受荷段长 10m 的抗滑桩,截面 2m×3m 是合适的。

(二)泥石流拦挡工程

1. 坝位及坝数

坝位应按地形地质条件进行选择,尽量选在上游纵坡缓的基岩锁口处,使坝短、库容大、坝基浅;谷坊坝位选于防揭底沟段,对崩滑体回淤压脚的拦砂坝应设于崩滑体下游边缘。坝一般不设于水力条件复杂的弯道处,坝轴线应尽量与沟道主流线垂直。

按拟设坝高回淤坡度计算库容以及防揭底和侧蚀的固体物质量,按工程有效期内应拦固的固体物质总量确定应设坝的座数。拟设坝高可据坝高与拦固效益比的关系优选厘定,再按各坝拦固效益比从高到低逐一选定坝址,至满足应拦固的固体物质总量为止。

2. 坝体结构

西宁市泥石流拦砂坝设计成功案例较多,如苦水沟(瓦窑沟)采用的黏土淤地坝,效果较好;在高寒地区,用格宾石笼坝也较多,其柔性结构、透水性好,易于施工,近年来大量使用。浆砌石坝由于浆砌质量至关重要,如浆砌坝体的砂浆不饱满,一次泥石流就可能将其冲毁,其造价也接近混凝土坝。现在多数也是素混凝土坝,强度等级最高为C25～C30,采用商混凝土一般质量也较好。

3. 坝肩及翼墙

根据近年来实施的泥石流拦挡坝工程,设置翼墙非常有必要,以及坝肩要伸入稳定地层,否则有可能被冲蚀掏挖,失去作用。坝肩伸入基岩 0.5～1.0m,土层 1.0～2.5m 即可,不应过深或过浅,并尽量呈台阶状。坝肩顶面可向两端升高,保护坝肩处土体不受冲刷;临时开挖边坡,包括上、下游面的侧边坡,不应过高,坡率应合理。为防土坡中坝肩遭冲蚀,可对坝肩上游毗连的一定长度土坡采用护面墙防冲,坝体上游设置"八"字形翼墙,下游设置护坦消力池。

（三）削坡及生物工程

削坡工程近年来受地形条件制约较大,破坏环境较严重,设计时要慎重考虑,切坡要看地形条件,对于凹型坡和直线型坡尽量不设计削坡工程,对于凸形"头重脚轻"型滑坡,切坡工程量小时,可以设置切坡工程。切坡要按稳定坡率进行,多级时向上逐级放缓,每级高度不超过10m,每级要留3~5m马道,一般土质坡最陡坡率1：1.25,向上逐级放缓至1：1.5,部分黄土地区,可以设置1：1或者有防护措施可以设置成1：0.75。

近年来,地质灾害防治工程与生态环境保护相关,地质灾害设计时应考虑生物工程,尽量与周边生态环境相协调,如坡面防护采用骨架类非全封闭较多,如格构骨架、拱形骨架、人字形骨架、菱形骨架等,西宁市南川东路H6滑坡及湟中区青一、青二村不稳定斜坡治理工程采用的格构骨架＋六棱砖护坡效果较好。

第七章　地质灾害应急处置

第一节　地质灾害应急调查

2016—2020年,西宁市自然资源系统共应急调查处置560起突发地质灾害,地质灾害冲毁、损坏民房3500多间,上千名居民被迫撤离,直接经济损失超过2亿元。如2010年7月6日发生湟源县和平乡泥石流灾害致12人死亡,3人失踪;2015年7月2日大通县新庄镇拦隆村滑坡致2人死亡;2017年4月30日,西宁市大通县桥头镇元树尔村西侧发生地面塌陷、滑坡险情,区内梯田大面积出现裂缝,田间硬化路多处被错断,损毁田间路800m、梯田约400亩(1亩≈666.67m^2)[图7-1(a)];2017年8月8日,西宁市城东区王家庄滑坡西侧发生滑动,造成4人死亡[图7-1(b)];2018年1月3日,青海省总工会绿化区东侧坡顶危岩崩塌,损毁道路及灌溉主网,110kV输电立塔受损,严重影响西宁北山美丽园建设;2018年5月27日,西宁市城中区南川东路H4滑坡发生滑动,造成坡面南山公园灌溉管网和南川东路一期治理工程排水沟掩埋20m,交通中断1d[图7-1(c)];2018年8月26日,西宁市城中区南川东路H6滑坡发生大规模滑动,损毁治理工程搭建的脚手架,损坏坡脚房屋3间、绿化泵站1座,致使坡脚加油站和加气站关停,造成直接经济损失约1000万元,并迫使坡脚城区主干道南川东路交通中断5d[图7-1(d)];2021年3月12日,西宁市大通县良教乡上治泉村六社滑坡,造成1人死亡。

根据2017—2021年地质灾害调查资料分析(图7-2),按地质灾害类型划分:2017年发生滑坡81处,其中黄土滑坡58处,占比71.6%,崩塌8处,泥石流4处;2018年发生滑坡78处,其中黄土滑坡53处,占比67.9%,崩塌20处;2019年发生滑坡80处,其中黄土滑坡79处,占比99%,崩塌9处,泥石流3处;2020年发生滑坡60处,均为黄土滑坡,崩塌104处,泥石流4处;2021年发生滑坡32处,均为黄土滑坡,崩塌71处,泥石流2处;截至2022年9月,发生滑坡74处,均为黄土滑坡,崩塌87处,泥石流1处。按行政区划分:2017年大通县发生突发性地质灾害23处,湟中县(现湟中区)发生地质灾害17处,西宁城区发生地质灾害36处,湟源县发生地质灾害19处;2018年大通县发生突发性地质灾害25处,湟中县发生地质灾害51处,西宁城区发生地质灾害23处,湟源县发生地质灾害2处;2019年大通县发生突发性地质灾害24处,湟中县发生地质灾害41处,西宁城区发生地质灾害28处,湟源县发生地质灾害1处;2020年大通县发生突发性地质灾害64处,湟中区发生地质灾害75处,西宁城区发生地质灾害29处,湟源县发生地质灾害4处;2021年大通县发生突发性地质灾害30处,湟中区发生地质灾害60处,西宁城区发生地质灾害12处,湟源县发生地质灾害4处。

(a)元树尔滑坡(2017年5月)

(b)王家庄滑坡(2017年8月)

(c)南川东路H4滑坡(2018年5月)

(d)南川东路H6滑坡(2018年8月)

图 7-1　典型地质灾害造成的损失

图 7-2　2017—2021 年突发性地质灾害统计图

典型地质灾害应急调查处置如下。

一、城东区王家庄滑坡应急调查处置

(一)基本情况

2017 年 8 月 8 日上午 8 时,城东区王家庄滑坡局部发生滑动造成 4 人死亡,11 间管理用房掩埋及供电等设施损毁。险情发生后,青海省国土资源厅即刻安排青海省水文地质工程地质环境地质调查院会同省地质环境监测总站(青海省地质灾害技术指导中心)、西宁市国土资源局、城东区国土资源局随即开展了应急调查及处置工作。

地质环境条件:城东区王家庄滑坡位于西宁市城东区王家庄村北侧低山丘陵前缘之高陡斜坡地带(图7-3),为青海省教育厅绿化区管护基地范围,北侧东临索盐沟北沟,西临大山路沟,南侧直抵G6京藏高速公路。地理坐标:东经$101°49'18.8''$,北纬$36°37'04.4''$。该滑坡地处低山丘陵前缘,北侧后壁为陡崖危岩区,常发生小型崩塌,山体中前部为新发生的滑坡区。山体相对高差160m,山坡坡度$31°\sim33°$,坡向$210°$,原始坡体出露岩性表层为粉质黏土夹石膏碎块,粉质黏土呈暗红色、潮湿,石膏块体呈灰白色,灰绿色,呈棱角状,坚硬—半坚硬状,粒径一般为$0.5\sim24$cm,覆盖层厚度$3\sim15$m。坡顶处出露有古近系红色泥岩与石膏互层,大部分地段产状近水平,表层风化破碎,强风化层厚$5\sim10$m,节理裂隙发育。坡体由于绿化工程多被改造为梯状,植被覆盖率55%,坡体前缘下部为北山公园绿化区。

滑坡发育特征:滑坡平面上似簸箕形,已发生滑坡南北长128m,东西宽61m,平均厚6m,总体积约4.68万m^3,规模为小型,主滑方向$145°$。滑坡体后缘上部为崩塌危岩体,陡崖直立,高$15\sim20$m,节理裂隙发育,经常发生小型崩塌。滑坡体中部滑体凌乱,树木歪斜,坡面上有数条灌溉管网断裂,供电线路水泥杆出现倾斜,滑坡体前缘绿化看护管理房和部分绿化专用道路已被掩埋,前缘滑体直接堆覆于硬化路,高约2.8m。目前坡体顶部可见一条弧形拉张裂缝,裂缝长约18m,可见深度0.7m,宽$10\sim30$cm,滑坡两侧边界处未见明显裂缝。滑坡东侧的沟道已被滑体覆盖堵塞,西侧滑坡后壁仍有水渗出,发生蠕滑变形。

(二)形成机制及险情分析

(1)该处山坡由于坡面绿化改造为多级平台,灌溉管网纵横交错,调查时多处破损,部分接头无阀门,部分地段溢水痕迹明显,近期绿化灌溉及管网漏水致坡体饱和,在重力作用下发生下滑;加之坡体出露地层为粉质黏土夹石膏块体,其结构松散,遇水软化,力学强度低,为滑坡的形成提供了地质条件。

(2)目前正处雨汛期,降雨较为集中,据气象局资料,2017年8月2—8日累计降雨量17.9mm,8月8日当天降雨量3.8mm。雨水沿节理裂隙下渗,使滑体的容重增大,且软化土体,降低了抗剪强度,影响坡体稳定性,加剧了滑坡的发生。

(三)处置措施

(1)当地政府立即启动地质灾害应急预案,并做好滑坡灾害群测群防预警工作,安装了监测设备对滑坡实施24h监测,及时掌握滑坡动态。
(2)划定滑坡危险区,在各路口设立警示牌,禁止人员在危险区内活动。
(3)下一步对滑坡进行勘查、治理工程。

二、南川东路滑坡应急调查处置

(一)基本情况

2018年8月26日下午7时,城中区南川东路东侧发生险情,青海省自然资源厅立即安排省水文地质工程地质环境地质调查院、西宁市国土资源局、城中区自然资源与规划局地质灾害应急排查人员于

(a)滑坡平面示意

(b)滑坡发生时全貌

(c)滑坡后缘拉张裂缝

(d)滑坡中部溢水

(e)滑坡应急救援

(f)滑坡应急救援

图 7-3　城东区王家庄滑坡应急调查处置

26 日至 27 日赶往现场进行实地应急调查处置。

地质环境条件：滑坡部位原始坡体发育有相连的两处滑坡体(编号 H6-1、H6-2)。H6-1 滑坡平面形态大致呈矩形，滑坡前缘由于以前的工程建设开挖坡脚形成 2~4m 的陡坎，滑坡后壁为近直立的陡壁，泥岩和石膏岩裸露，滑坡坡面形态呈后缘略凸的直线形，滑体平均坡度约 33°。滑坡前缘高程 2285m，后缘高程 2343m，高差 58m。滑坡边界较为清晰，后缘滑坡壁明显，北侧边界为自然冲沟，南侧与 H6-2 滑坡相接，二者之间存在一条自然小冲沟。H6-2 滑坡平面形态呈半圆形，滑坡体前缘距离南川东路 42m，滑坡前缘由于以前的工程建设开挖坡脚形成 2~4m 的陡坎，有原居民自建的砌石挡土墙防护，滑坡后壁呈弧形高度1～2m。滑坡坡面形态呈凹形，滑体平均坡度约35°。滑坡前缘高程约2283m，后缘高程约2335m，高差52m。H6滑坡边界较为清晰，后缘滑坡壁明显，北侧、南侧边界为自然冲沟。

滑坡发育特征：据8月26—27日野外现场调查，原H6-1、H6-2滑坡发生整体滑动，分界面被掩埋，形成南北宽150m，长60m，平均厚度10m，滑向280°的堆积层滑坡。滑坡南北两侧界面清晰，以冲沟为界，在北侧边界与后壁交界处，可见泉水出露，泉水顺冲沟下泄，部分顺剪切裂缝入渗至滑体内。滑坡体后壁陡直，坡度80°～85°，高5～10m，后缘拉张裂缝发育。滑体中部形成高5～10m的鼓丘，鼓丘表面拉、张裂缝发育，可见较明显的4级主裂缝，裂缝间距8～12m，宽1.5～3.5m，深1.5～2.5m，有少量泥质充填，局部形成错坎，错坎高约1.5m。滑坡体前缘堆积凌乱，可见树木歪斜。滑体前缘形成高15～20m的松散堆积体陡坎，坡度50°～60°，表面土体裸露，最大可见粒径5m的块石。滑坡体前缘加气站附近浆砌石挡土墙的中、下部发生明显变形鼓胀，最大鼓胀水平距离8cm，地表有少量混凝土掉块。

滑体上主要分布为树木及浇灌管线，受滑坡滑动的影响，树木歪斜，管道弯折。在滑体前缘，目前主要威胁加气站1座、洗车行1间。在滑坡坡脚前缘南侧，已经造成3间活动板房及1间泵房倒塌破坏，滑坡体前缘掩埋80m的自来水上水管线。

(二)形成机制及险情分析

(1)该滑坡地处丘陵地带，受人工开挖影响形成近直立的陡坡，滑坡岩体以泥岩和灰绿色石膏岩互层，表层风化强烈，节理裂隙发育，加之2018年8月以来降水剧增，降水入渗后，增加坡体自重，导致滑坡体变形(图7-4)。

(a)滑坡平面示意图(滑动前)

(b)滑坡发生滑动后

(c)滑坡下错前缘挤压

(d)滑坡前缘挤压变形

图7-4 城中区南川东路滑坡应急调查处置

(2)从汛期排查情况看,该滑坡坡顶剪切及拉张裂缝发育,同时2018年已发生多次险情,综上所述,该滑坡稳定性差,随时有可能发生大规模的滑坡灾害,对坡前在建南川东路加气站、滑坡体前缘南侧的洗车行、居民的财产及人员安全构成严重危害。

(三)处置措施

(1)立即安装了专业监测设备,随时关注雨情监测及时掌握滑坡动态。
(2)划定危险区,在路口设置警示牌,禁止人员在危险区活动。
(3)依据现状滑坡体分布及变形特征,重新进行施工图设计,及时进行施工治理。
(4)对滑坡体南侧冲沟做好排水措施,避免雨水渗入滑坡引发再次滑动。

三、大通县良教乡上治泉村六社崩塌应急调查处置

(一)基本情况

2021年3月12日,大通县良教乡上治泉村六组发生崩塌灾害,青海省水文地质工程地质环境地质调查院立即组织专业技术人员会同西宁市自然资源和规划局、大通回族土族自治县自然资源局及良教乡政府等相关负责人赶赴现场进行了应急调查处置。

该崩塌位于良教乡上治泉村六组,地处低山丘陵区斜坡前缘地带,为黄土崩塌(图7-5)。地理坐标:东经101°37′21″,北纬36°58′51″,原始斜坡西高东低,微地貌为陡坡,坡顶高程2518m,坡脚高程2500m,相对高差18m。坡向116°,坡度70°。坡体出露岩性为第四系上更新统风积黄土,土黄色、稍湿、稍密,垂直节理发育,具湿陷性,坡面植被覆盖率30%。坡顶分布有厚2~3m的人工回填土。

(a)崩塌发生后全貌　　　　　　　(b)上部崩塌残留体

图7-5　大通县良教乡上治泉村六社崩塌应急调查处置

该崩塌发生于2021年3月12日下午4时37分,崩塌体长5m,宽20m,高18m,崩塌体积1800m³,主崩方向116°,为小型土质崩塌,崩塌造成1人死亡,5间砖木结构房屋倒塌,直接经济损失10万元。由于坡脚地带人工局部切坡、依坡建房,形成高18m,宽约70m,坡度约70°的土质边坡,坡面形态呈直线型,坡体呈南北向展布。该崩塌体位于土质斜坡中段,坡顶为一平台,平台宽约20m,现为养羊场,距坡肩1.5m范围内发育3条拉张裂缝,裂缝宽约1cm,长6m,走向206°,受崩塌破坏影响,坡体中部土体凌乱,坡脚堆积大量崩积物,掩埋5间砖木结构房屋,崩滑距最大达12m,平均堆积厚度3.5m,可见最大土体块径3.0m×1.5m×1.0m。

(二)形成机制及险情分析

(1)局部人工开挖坡脚建房,致使该处斜坡过陡过高,改变了原有坡体的应力平衡,加剧了坡体的不稳定性。

(2)组成斜坡体的岩性为上更新世风积黄土,稍湿、稍密,具大孔隙,垂直节理发育,并具有湿陷性,力学强度低,易产生崩塌。

(3)受近期天气回暖,前期的降雪融化及季节性冻土消融,增大了松散土体的容重,降低了土体力学强度,从而破坏了斜坡的稳定性,对崩塌的变形破坏起了促进作用。

(三)处置措施

(1)立即启动地质灾害应急预案,并做好崩塌灾害群测群防预警工作,对崩塌实施监测,及时掌握变形动态。

(2)划定崩塌危险区,设立警示牌、警戒线,禁止人员在危险区内活动。

(3)对该崩塌体采取应急工程措施,并对坡脚2户居民进行避险搬迁。

第二节 地质灾害应急能力建设

一、地质灾害应急演练

(一)地质灾害应急演练目的

(1)检验《西宁市地质灾害防灾预案》《西宁市突发地质灾害应急预案》等相关预案,查漏补缺,提高了预案的实用性和可操作性。

(2)检验应急管理部门的应急指挥和行业管理部门协同作战能力、应急救援队伍的现场处置能力、应急救援装备的实际使用效果情况,提高了应急处置快速反应能力。

(3)检验应急管理部门应急指挥体系建设和自然资源部门对防范地质灾害的技术支撑能力,同时从监测设备数据采集与传输、风险预警预报和灾后应急监测等方面,提升了监测装备使用效能。

(4)检验地质灾害预警预报、信息报送、指导疏散、抢险救灾、调查评估等环节的应对能力,最大限度地减轻了地质灾害造成的损失,切实维护了受威胁群众生命财产安全。

(5)提高县(区)、乡镇(街道)、村(社区)干部的应急能力,提高了人民群众防灾减灾救灾意识和应对突发事件的自救互救技能,确保人民群众生命财产安全。

(二)地质灾害应急演练实例

1. 2020年青海省突发地质灾害应急演练

为贯彻落实习近平总书记关于防灾减灾救灾"两个坚持、三个转变"的重要指示精神,结合防灾减灾救灾体制机制改革,强化各部门资源统筹、工作协同和专业优势,依据《突发事件应对法》《地质灾害防治条例》《青海省地质灾害防灾预案》《西宁市地质灾害防灾预案》《西宁市突发地质灾害应急预案》,2020年8月25日,青海省应急管理厅、青海省自然资源厅和西宁市人民政府主办,西宁市应急管理局和青海省水文地质工程地质环境地质调查院承办,青海省地质矿产勘查开发局和青海省地质环境监测总站协办,西宁市公安局、气象局、卫生健康委员会、消防救援支队、交通运输局和西宁供电公司及城西区人民政府等20余家单位参与,模拟张家湾滑坡突发地质灾害,开展了青海省2020年突发地质灾害应急演练(图7-6),演练采取模拟实战状态,以现场演练、远程指挥、启动应急预案、各部门赶赴现场处置为情景。通过应急演练,检验各参与部门的协同作战能力、应急救援队伍的现场处置能力,提高了人民群众防灾减灾救灾意识。

(a)突发性地质灾害演练

(b)应急演练小组

(c)张家湾滑坡应急演练现场

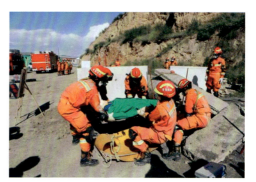
(d)模拟地质灾害应急处置

图 7-6　2020 年青海省突发地质灾害应急演练

2. 2021 年西宁市城西区突发地质灾害应急演练

2021年5月18日,西宁市自然资源和规划局、西宁市城西区人民政府主办,西宁市城西区自然资源局、青海省水文地质工程地质环境地质调查院、青海工程勘察院和青海九〇六工程勘察设计院协办,西宁市应急管理局、卫生局、城管局、城乡建设局、交警大队、消防救援大队及彭家寨镇人民政府、张家湾村民等近百人参演,开展了西宁市城西区2021年突发地质灾害应急演练,有效提升了西宁市城西区专群结合监测预警及突发地质灾害应急抢险救灾能力(图7-7)。

3. 2021 年湟中区海子沟乡突发地质灾害应急演练

2021年5月12日,青海省地质环境监测总站、青海省水文地质工程地质环境地质调查院、西宁市湟中区自然资源局、西宁市湟中区海子沟乡人民政府联合组织开展防灾减灾日"不忘初心担使命,为民服务解难题"活动,在湟中区海子沟乡王家庄、中庄和景家庄村逐村进行了地质灾害防治知识现场宣讲培训,在发放宣传材料、宣讲防灾预案的基础上,组织村民开展了突发地质灾害应急演练(图7-8),进一步增强了人民群众防灾减灾意识,有效提升了基层应对突发地质灾害应急避险和灾情处置能力。

(a)西宁市城西区地质灾害应急演练　　　　　(b)西宁市城西区2021年突发地质灾害应急演练

图7-7　2021年西宁市城西区突发性地质灾害应急演练

(a)突发地质灾害应急避险技能宣讲及演练　　　　　(b)地质灾害监测预警知识培训

图7-8　2021年湟中区海子沟乡突发地质灾害应急演练

二、地质灾害宣传培训

开展地质灾害宣传培训教育,对受威胁群众进行了识灾、辨灾、避灾等知识讲解,明确受威胁群众撤离信号、路线、应急避险场所,普及应急避险知识,提高广大人民群众的地质灾害知识和应急能力。近年来,西宁市自然资源系统和技术支撑单位通过举办各级自然资源管理干部培训班、"4·22世界地球日"科普宣传活动、电视宣传讲座等,提高了受灾害威胁地区干部群众的减灾防灾意识,"群测群防、群专结合"的地质灾害监测预警体系开始发挥作用。如2021年西宁市各级政府培训专业监测预警员50名。基层地质灾害监测预警培训会4次(共150人),开展技术交流培训会2次,参与防灾演练15次,地质灾害宣传培训4746次(共11 819人)(图7-9)。

三、地质灾害应急值守与叫醒叫应机制

(一)应急值守

地质灾害应急值守地质灾害应急防治的重要内容,充分发挥技术支撑单位人才、技术、装备优势,西宁市自然资源部门联合技术支撑单位组成汛期驻守工作组,对口服务县(区)地质灾害防治工作,驻守工

(a)地质灾害警示牌

(b)地质灾害宣传手册

(c)地质灾害培训会议

(d)地质灾害进村现场培训

图 7-9　地质灾害宣传培训

作组每组至少安排3名相关专业技术人员,组长须安排具有水工环专业高级以上技术职称资格,责任心强、素质过硬、身体健康且能长期适应野外工作的人员担任。驻守时间至少包括6—9月,其间不得擅自离开驻守地,确保技术支撑工作正常开展。青海省地质环境监测总站负责全省地质灾害防治汛期驻守技术支撑工作的全面协调、联络和信息收集反馈工作,并对驻守技术支撑进行业务指导,同时建立汛期驻守技术支撑工作组人员动态管理数据库。各级自然资源部门领导带班开展地质灾害应急值守工作,值班人员必须24h坚守岗位并保持通信畅通。严格执行国家重大公共突发事件信息上报规定和地质灾害灾情险情信息上报制度;在做好应急值守的同时,要与气象部门完善合作机制,紧密沟通,针对极端天气开展会商研判,第一时间发布预警信息。通过电视、广播、手机短信等多种渠道,及时向乡(镇)、村负责同志,地质灾害隐患点的防灾责任人、群测群防员和危险区内的群众发布预警信息,特别要加强偏远地区紧急预警信息发布,确保预警信息进村入户到人,切实发挥防灾减灾作用。

(二)叫醒叫应机制

地质灾害叫醒叫应机制是当地质灾害有险情时,及时准确向省应急指挥中心和各级政府及有关部门推送预警信息,确保各相关单位、部门及时收到并确认预警信息,及时转移受威胁群众,做到应转早转、应转尽转、应转必转,确保不漏一户、不漏一人。地质灾害具有复杂性,有时不可能准确预警,对待地质灾害,讲求"防为上、救次之"。坚持"宁可十防九空,不可失防万一"原则,按照极端天气情况完善应急预案,建立第一时间响应机制。遇到险情,第一时间进行转移群众,"宁可事前听'骂声'、不可事后听哭声",切实把问题解决在萌芽之时、成灾之前,做好"最坏"打算,争取"最好"结果。

当地质灾害监测预警和气象风险预警信息发布地质灾害风险红色、橙色预警信号后,第一时间进行地质灾害防治和应对"叫醒叫应"机制,确保第一时间有人现场查看,第一时间反馈信息,并按防灾预案第一时间因地制宜利用有线广播、高音喇叭、鸣锣吹哨、逐户通知等方式将预警信息传达到受地质灾害威胁群众,做到不漏一户、不落一人,立即启动应急响应机制转移避险,逐级落实好县(区)级领导包乡、乡干部包村、村干部包组分片包保责任制,落实好"转移谁、谁组织、何时转、转到哪、如何管理"五个关键环节工作。对危险区和隐患点人员迅速开展"三个紧急撤离"(危险隐患点强降雨时立即紧急撤离、隐患点发生异常险情时立即紧急撤离、对隐患点险情不能准确判断时立即紧急撤离)。加强转移人员安全管理,严防灾害风险解除前擅自返回造成伤亡。

1. 乡(镇、街道办)级红色预警叫醒叫应机制

(1)立即启动相应应急预案,第一时间"叫醒"村(社区)两委[村(社区)共产党员支部委员会、村(居)民自治委员会]并进行应急工作调度;

(2)党委主要负责同志根据指挥部调度,指挥本乡镇应急防范工作,同步启动本乡镇应急避险方案;

(3)政府主要负责同志、分管同志、包村领导入村开展应急防范工作;

(4)乡(镇、街道办)应急队伍按职责进村入户协助村(社区)两委开展避险防范工作;

(5)应急物资调配至一线;

(6)按照县(区)应急指挥部调度节奏汇报应急工作开展情况;

(7)包村领导对包联村应急工作责任落实负总责;

2. 村(社区)级红色预警叫醒叫应机制

(1)村(社区)两委承担全村"叫醒""叫应"和应急防范工作,第一时间启动应急处置办法;

(2)迅速采取有效方式(通过村微信群、大喇叭、应急广播、鸣锣敲鼓等)向群众发送气象预警信息和防范提醒,务必做到不漏一户、不落一人;

(3)启动临时避险场所,并安排专人做好本村集中安置和分散安置人员的统计梳理工作;

(4)针对本村重点人群(老弱病残幼等)清单由村应急分队开展避让转移工作;

(5)分配所需应急物资;

(6)联合下派应急救援工作人员,一线开展防灾、减灾工作;

(7)安排专人对安全隐患点(地质灾害隐患点、重要河道、低洼易涝等)实行24h值守监测和情况汇报;

(8)随时向乡镇汇报应急工作开展情况。

第八章　地质灾害防治建议

第一节　地质灾害防治成效

一、防治成效评述

近年来,中央和省级财政先后下拨资金,尤其是对地质灾害防治重点区,西宁市安排实施了一批基础调查评价和监测预警、地质灾害治理、应急能力建设项目,地质灾害防治工作取得了显著成效,具体如下。

1. 基础调查评价持续推进

全面完成了全省43个县(市、区)1∶10万地质灾害调查与区划和43个县(市、区)的1∶5万地质灾害详细调查,西宁市城区调查评价达到1∶1万精度,开展了湟中区鲁沙尔镇、城关镇、桥头镇、总寨镇等9个重要城镇的地质灾害调查评价及风险区划工作。基本摸清了直接威胁人民生命财产安全的地质灾害类型、规模和分布,初步评价了其稳定性和危险性,划定了各行政区内地质灾害易发地段,提出了防治目标和方案,建立了地质灾害数据库,地质灾害防治的基础工作得到了明显加强,为地质灾害防治和管理奠定了坚实基础。

2. 综合治理力度不断加大

近十年来,明显加大了特大型、大型地质灾害防治工程投资力度。自2002年以来,获批国家特大型地质灾害防治资金1.89亿元,完成了林家崖滑坡、一颗印滑坡、大寺沟东滑坡、南川东路滑坡、火烧沟等泥石流灾害治理工程。这些特大型地质灾害防治工程得以实施,体现了国家对西宁市地质灾害防治工作的重视和支持,同时为进一步全方位大规模地开展地质灾害防治工作积累了宝贵的实践经验和技术支撑。

3. 监测预警体系初步形成

建立了覆盖全省的县乡村三级地质灾害群测群防网络,在地质灾害高易发区的县(市、区)初步组建了基层监测员队伍,组织体系和监测业务流程不断完善。各县(市、区)根据当地地质灾害动态信息,编制了年度地质灾害防治方案,对已查明的地质灾害(隐患)点发放了防灾避险明白卡,在重点地质灾害隐患点设立了警示牌。省级地质灾害气象风险预警水平不断提高,市(州)、县(市、区)气象风险预警工作逐步展开,2019年以后开始了地质灾害"群防＋技防"的专业监测预警工作,综合运用智能传感、物联网、大数据、云计算和人工智能等新技术,采用视频监控、雨量监测、地表和深部变形监测等自动化专业监测技术手段,建立"空—天—地"立体化监测网络及监测预警系统平台,推动地质灾害监测预警由传统的人工监测预警向自动化、数字化、网络化和智能化转变,全面提升了青海省地质灾害群测群防专业化水平及防灾减灾救灾综合能力。

4. 防治管理工作明显加强

省、市(州)、县(市、区)三级政府成立了地质灾害防治工作领导小组,实行了地质灾害防治工作领导责任制,形成了省、市(州)、县(市、区)、乡(镇)、村、社六级责任体系。各市(州)、县(市、区)相继出台了防治规划,初步建立了防灾预案、灾害速报、汛期值班、汛期巡查等制度;规范了地质灾害防治工程勘查、设计、施工、监理单位资质管理,全面推行了地质灾害危险性评估备案制度。地质灾害易发区(段)各类建设工程基本落实了"三同时"制度。以张家湾、南川东路等重大地质灾害防治项目为示范,制定了项目管理办法,项目质量验收标准,管理水平不断提高。

5. 社会公众参与不断扩大

通过系统开展地质灾害防治知识"万村培训"、科普宣传等活动及防灾避险应急演练,参训群众识灾避险的意识和能力有了明显提升。社会动员能力和资源整合能力明显提高,全社会积极参与防灾减灾的良好氛围正在逐步形成。社会各界的积极参与,群众的热切期盼,为地质灾害防治提供了强大动力,奠定了坚实基础。

二、面临的新形势

西宁市地质环境脆弱,人类工程活动强烈,近年来极端天气造成地质灾害呈现出频发、群发态势,而地质灾害具隐蔽性、突发性和周期性、防范难度大、社会影响广之特点。主要表现在以下几个方面。

1. 社会经济发展对地质灾害防治提出了更高的要求

党的十九大报告中提出"加强地质灾害防治";习近平总书记在2016年考察唐山防灾减灾工作时提出"两个坚持、三个转变"重大防灾理念;2018年10月习近平总书记在中央财经委员会第三次会议上指出要建立高效科学的自然灾害防治体系,提高全社会自然灾害防治能力,为保护人民群众生命财产安全和国家安全提供有力保障。青海省委员会、青海省人民政府要求自然灾害防治要"牢固树立以人民为中心的发展理念,确保人民生命财产安全"。《青海省"十三五"综合防灾减灾规划》也对西宁市加强地质灾害防治提出了"有计划地分期、分批实施治理"的要求。由此可见,国家对地质灾害防治工作高度重视,西宁市经济社会的快速发展也对地质灾害防灾减灾工作提出了更高的要求。

2. 极端天气引发地质灾害的态势十分严峻

从近年气象条件来看,西宁市极端气候发生的频率、强度和区域分布变得更加复杂,局地突发性强降水等极端气候事件增多,极端暴雨有增强的趋势,降雨更加集中,容易引发大范围群发性地质灾害,尤其是东部黄土丘陵地区降雨引发的突发性、群发性地质灾害异常频繁。据统计,2018年8月25日,湟中区田家寨、土门关地区3h降雨量达50mm以上,以上降雨量创各地区有气象记录以来历史日降水量极大值。这些强降雨均形成了区域性、群发性崩塌、滑坡、泥石流地质灾害,严重威胁人民生命财产安全,造成道路中断、房屋农田损毁等,经济损失巨大。

3. 人类工程活动引发地质灾害的频率不断增长

随着城镇化、全面建成小康社会的进程加快,城乡建设等工程活动对地质环境的扰动和改造将不断加剧,人类工程活动引发或加剧地质灾害呈不断上升趋势。特别是地质灾害高易发区切坡建房、灌溉管网、城镇扩张挤占行洪通道等人为工程活动引发的滑坡、崩塌、泥石流地质灾害仍将呈现快速增长态势,地质灾害防治任务更为繁重。西宁城市呈现出四周环山、三川(湟水、南川河、北川河)交汇的"X"形空间结构形态,地形复杂,地势起伏大,适宜城市建设的一、二级建设用地少,建设用地选择沿着河谷形成带状或者组团状,城市空间扩张已从填充紧凑型过渡为外延扩张型。受河谷狭窄地形限制,城市建设空间向湟水河谷边缘及其支流延展扩张,地质灾害所造成的人员伤亡和经济损失必将同步增长,影响危害也会愈来愈大。

4. 调查工作仍需加强

近年来,全省极端气候事件和极端暴雨引发大范围的突发性、群发性地质灾害增多,加之全球气候变暖、地震多发频发、青藏高原暖湿化加剧、多年冻土面积缩减、冰川冰湖逐步消融等多重因素影响,地质灾害发生频率不断加大。从全国范围统计数据来看,每年发生的地质灾害,80%发生在已圈定的隐患点范围之外、80%的地质灾害发生在广大的农村地区,地质灾害呈现"发生地点隐蔽、发生时间随机、灾害破坏更大"的特点,精准防范难度比较困难。尤其是地震、暴雨等因素使得研究区地质环境条件发生了剧烈变化,加之城镇化建设快速发展和社会经济建设不断扩大,许多地方地质灾害的形成超出了基本的认识,地质灾害发育出现新特点,基础调查、勘查工作需要及时跟进,数据亟须更新。

5. 防治经费投入不足

地质灾害工程综合治理耗资巨大,稳定的地质灾害防治经费投入机制尚未建立。地质灾害防治经费投入不足,地质灾害工程治理经费主要来源于国家和省级财政支持,市、县级财政投入不足,地质灾害防治资金投入远远不能满足地质灾害防治的需要。

6. 应急体系建设薄弱

地质灾害应急机构尚未健全,应急处置责任主体不够明细,市、县级应急装备、技术手段、应急通信等设施落后,应急能力不足,地质灾害应急指挥平台尚未建立,专业应急救援队伍数量不足。防灾减灾避险场所需进一步建设。

7. 科技支撑能力不强

近年来,地质灾害防治经费主要针对治理工程,而地质灾害防治科学研究较为薄弱,使得地质灾害防治研究不足,尤其是地质灾害区域评价技术方法研究不够深入,成因、机理等研究水平偏低,信息化程度不高,防治工程技术创新能力不足。

第二节 地质灾害防治工作建议

一、地质灾害防治需求

近年来,受青藏高原暖湿化趋势加剧、极端天气增加的影响,全市地质灾害发生频率明显上升,地质灾害进入相对活跃期,地质灾害呈现出频发、群发的态势,而地质灾害具有隐蔽性、突发性和周期性,防范难度大,社会影响广,防灾形势十分严峻。按照青海省委员会、青海省人民政府和自然资源部地质灾害防治工作的部署和要求,以往西宁市地质灾害防治工作取得了明显成效,但是全市地质环境条件复杂,气象条件差异很大,已发现的地质灾害隐患点在全市各地均有分布,仍有大量人民群众的生命财产、基础设施的安全受到地质灾害严重威胁,地质灾害群测群防整体水平较低,专业监测网点仅在示范阶段,完全没有建立成监测网,地质灾害治理率低,许多威胁城镇、村庄、学校等人员密集区的重大地质灾害隐患点工程治理或避险搬迁难度大,资金困难,基层防灾救灾能力弱,地质灾害防治任重道远。

二、地质灾害防治建议

(一)深化地质灾害调查评价体系

(1)充分利用遥感,加强地质灾害调查,提升地质灾害隐患精准识别能力,重点解决"隐患在哪里"。地质灾害隐患识别应采用"空—天—地"立体化,充分利用多光谱影像、光学遥感影像、InSAR形变监测、激光雷达测量(LiDAR)等技术,对调查区地质灾害高易发地区开展多方法、多层次、多尺度的综合遥感动态调查,圈定重点变形区和疑似隐患点;针对隐患识别成果开展地面核查,充分利用无人机多视角调查、地表形变细部调查,查明隐患基本特征和变化趋势。

(2)加强信息化水平,提高野外调查效率,加强观测精度,提升地质灾害隐患的及时更新及共享地面调查采用野外数字采集系统,实现数字采集、无人机航拍、地面形变调查结合依托现有地质灾害调查野外数据采集系统,实现无人机航拍、基础数据采集、坐标采集、地质灾害细部变形记录、拍摄等资料的综合采集,提高各个调查手段的物联水平,提升地质灾害调查作业效率,加强致灾体观测精度。同时,在收集调查区内以村为单位的人口户籍(常住)信息及房屋宗地数据的基础上,在野外数据采集系统平台上实现人口户籍、房屋宗地资料快速调用,实现承灾体快速、精准调查。数字采集系统能够实现地质灾害隐患信息的及时上报及更新,同时与排查、监测等各防灾减灾工作的隐患信息共享。

(3)在地质灾害高易发区的重要城镇、人口密集地区建议开展大比例尺地质灾害调查与风险区划工作,为今后城乡规划建设、地质灾害防治起到指导性、专业性作用,并采取不同措施对地质灾害进行治理,从而避免地质灾害的发生,以及对国民经济建设、人民生命财产安全的影响。

(4)针对人口聚集区、公共基础设施区、黄土红层丘陵地质灾害易发区等重点城镇精细化风险调查、掌握地质灾害隐患和风险地段的结构特征、稳定性变化趋势、威胁范围和风险等级,划定地质灾害不同等级风险区。推行"隐患点+风险区"双控风险管控制度、责任体系,做到早发现、早防范,为城镇规划、乡村振兴等重大工程提供地质环境安全保障。

(二)加强地质灾害监测预警,提升地质灾害群测群防能力

(1)加强群测群防的组织领导,健全以村干部和骨干群众为主体的群测群防队伍。引导、鼓励基层社区、村组成立地质灾害联防联控互助组织。对群测群防员给予适当经费补贴,并配备简便实用的监测预警设备。组织相关部门和专业技术人员加强对群测群防员等的防灾知识技能培训,不断增强其识灾报灾、监测预警和临灾避险应急能力。

(2)针对地质灾害专业监测预警工作中存在的预警模型不合理、阈值不完善、误报率高等突出问题,以及地质灾害监测预警平台市(州)级、县级关注度不够、使用不到位等现象,由省级统一对专业监测预警模型及阈值进行优化研究,继续加大力度推广使用地质灾害监测预警平台,优化预警短信发布功能;市、县级进一步加强地质灾害预警信息处置和响应,进一步落实预警信息"叫醒""叫应"制度;由县级对

监测预警设备进行维护,确保设备正常运行。

(3)加强专业监测建设,扩大地质灾害隐患监测预警覆盖面。落实防灾责任人和群测群防员,提高"人防+技防"监测预警能力,做到预警和响应闭环,切实减轻地质灾害风险,全力避免人员伤亡,使得受地质灾害威胁的人民生命财产安全得到有效保护。

(三)开展地质灾害隐患综合治理工作

(1)坚持"以防为主,防治结合"的原则,立足当下、着眼长远,合理确定地质灾害防治重点和时序,统筹推进各类防治工程,充分认识地质灾害形成机制的复杂性和地质灾害突发性、隐蔽性及动态变化的特点,按轻重缓急动态调整部署,落实落细工作举措,推进防治任务落地落实。

(2)加大重要城镇及周边的地质灾害专项勘查治理力度,西宁市政府提出要加大市区地灾防治工作,主要包括西宁市南、北山崩塌、滑坡、泥石流、不稳定斜坡、危岩及各县(区)周边分散性地质灾害。

(3)西宁市大多数居住区环境容量有限,附近适合居住地点很少,所以县级自然资源主管部门提出了将搬迁难的中、小型地质灾害纳入勘查治理规划,以确保人民生命财产安全。主要有大通、湟源、湟中3地的部分村庄,同时要求加强分散性小型地质灾害的勘查治理工作。

(4)要把地质灾害工程治理与脱贫攻坚、土地整治、生态移民、新农村建设等相关工作紧密结合起来,统筹融合相关资金,充分发挥财政资金的引领作用,提高资金使用效益。坚持生态保护与治理工程相结合,加强避险搬迁土地恢复整理与复垦,践行绿色勘查、绿色施工、绿色治理理念,提高地质灾害综合治理和生态环境保护水平。

(5)加强工程建设管控并落实治理责任,从源头减轻或消除地质灾害隐患,严防工程建设领域引发地质灾害。在地质灾害危险区内,禁止从事与地质灾害防治工作无关的爆破、削坡、工程建设以及其他可能引发或者加剧地质灾害的活动。政府要组织自然资源、水利、生态环境等相关部门,统筹各方资源在山水林田湖草沙冰系统修复、水土保持、国土绿化、高标准农田、山洪灾害防治、中小河流治理等项目中加强综合治理,兼顾地质灾害治理工作,合理安排非工程措施和工程措施,为推动生态文明建设做出积极贡献,从根本上减轻或消除地质灾害隐患,人民安居乐业,对提高人民生活质量、确保当地稳定发展起到积极广泛的影响和良好的社会效益,为构建和谐社会提供强有力的保障。

(6)坚持规划引领,在乡(镇)国土空间规划和村庄规划编制中,充分考虑本县(区)地质灾害发育状况和工作实际,为地质灾害避险搬迁预留空间,划定村庄集中建设区,优先保障地质灾害避险搬迁工作需要。要加强实地踏勘和科学研判,通过地质灾害避险搬迁补助资金引导,形成由政府组织、统筹各级相关部门资金和政策的工作机制,共同推进地质灾害避险搬迁,确保避险搬迁群众搬得出、稳得住,从根本上改善人民群众居住环境。

(四)加强应急处置能力建设,提升防灾减灾科技水平

1. 健全应急机构和队伍

目前地质灾害调查技术人员仍需加强培训,提升地质灾害调查技术水平,进一步提高调查精度水平。同时,针对群众防灾避险意识薄弱问题,应加强基层干部(村委干部、乡镇主管领导及干部)防灾减灾知识、群测群防宣传培训,针对性开展防灾演练,同时对地质灾害多发地区群众开展防灾减灾及群测群防知识培训。推动地质灾害重点防治区的县(区)全面建立地质灾害专业技术指导机构,推行专业技术单位包县、包乡提供服务。加强地质灾害应急专业人才培养,推进基层地质灾害应急处置和救援队伍建设,配备应急车辆等必要的应急装备,提升应急处置能力。

2. 加强应急值守与处置

加强应急值守队伍建设，完善应急值守工作制度，提高信息报送的时效性、准确性，及时发布地质灾害预警信息和启动应急响应，提高应急值守信息化和自动化水平。完善地质灾害应急预案，坚持依法减灾，依法治灾，建立减灾工作地方行政法规体系，健全和完善各项管理制度，提高应急处置流程的科学化、标准化、规范化水平。

3. 加强宣传教育，营造良好氛围

充分利用广播电视、新闻报刊、网络、手机短信等多种形式，广泛开展地质灾害综合防治体系建设重要意义的宣传教育，提高市民减灾知识水平，增强减灾风险防范意识，采取集中办班、现场宣讲等方式对县、乡、村、组基层干部、监测人员分级分类进行培训；通过开展进社区、进村庄、进校园、进厂矿宣传活动，提高全社会对开展地质灾害综合防治体系建设的认知度，赢得全社会的积极支持与广泛参与。

4. 加强减灾基础和应用科学研究

加快科技成果转化为实际减灾能力的进程，逐步应用高新技术，全面提高综合减灾能力。研究工作必须继续深入进行，通过认识的深化和技术革新，为行政管理提供逐渐完善的技术支持，通过科学研究成果，以增强行政管理措施的针对性，达到有效防灾减灾的目的。

根据青海省地质灾害防治"十四五"规划，随着地质灾害防治工作的不断深入和完善，西宁市地质灾害防治在未来将得到明显加强。展望至 2025 年，西宁市全部完成地质灾害高易发区重点城镇精细化调查，初步建立"空—天—地"立体化多源调查体系，推行"隐患点＋风险区"双控风险管控制度；坚持"人防"和"技防"并重，不断健全完善群测群防体系和专业监测体系，提升专群结合的地质灾害监测预警效能；完成"十四五"规划的重大地质灾害隐患点工程治理和避险搬迁，重大地质灾害隐患风险得到有效控制。展望至 2030 年：西宁市基本建立"隐患点＋风险区"双控风险防控体系，既要管住"隐患点"，也要管住"风险区"；基本建成专群结合监测预警体系，灾情、险情得到及时监控和有效处置，地质灾害监测预警能力明显提高；地质灾害工程治理和避险搬迁进一步加强，地质灾害防治工作水平明显提升。

主要参考文献

白朝能,彭亮,沈远,等,2021. 西宁张家湾特大滑坡特征及机理[J]. 科学技术与工程,21(3):927-934.

曹春山,吴树仁,潘懋,等,2016.古土壤力学特性及其对黄土滑坡的意义[J].水文地质工程地质,43(5):127-132.

陈大伟,吴志坚,梁超,等,2022.通渭黄土滑坡变形特征及致灾机理分析[J].防灾减灾工程学报,42(1):24-33.

陈贺,汤华,葛修润,等,2019. 基于深部位移的蠕滑型滑坡预警指标及预警预报研究[J]. 岩石力学与工程学报,38(S1):3015-3024.

陈祖煜,2003. 土质边坡稳定性分析[M].北京:中国水利水电出版社.

董建辉,吴启红,万世明,等,2018. 突发滑坡应急监测预警技术体系研究[J]. 科学技术与工程,18(11):135-140.

郭晨,许强,魏勇,等,2019.陕西泾阳南塬多序次黄土滑坡演化特征及成灾模式[J].地质科技情报,38(5):204-211.

胡贵寿,2013. 青海省特大型滑坡发育分布规律[D].北京:中国地质大学(北京).

胡胜,邱海军,王宁练,等,2021.地形对黄土高原滑坡的影响[J].地理学报,76(11):2697-2709.

黄健,巨能攀,何朝阳,等,2015. 基于新一代信息技术的地质灾害监测预警系统建设[J]. 工程地质学报,23(1):140-147.

黄润秋,2009. 汶川地震地质灾害研究[M]. 北京:科学出版社.

蒋忠信,2018. 震后山地地质灾害治理工程勘查设计实用技术[M]. 成都:西南交通大学出版社.

李昂,侯圣山,周平根,2007.四川雅安市雨城区降雨诱发滑坡研究[J].中国地质灾害与防治学报,18(1):15-17+14.

李滨,殷跃平,吴树仁,等,2011.多级旋转黄土滑坡基本类型及特征分析[J].工程地质学报,19(5):703-711.

李明,杜继稳,高维英,2009.陕北黄土高原区地质灾害与降水关系[J].干旱区研究,26(4):599-606.

李铁锋,丛威青,2006.基于Logistic回归及前期有效雨量的降雨诱发型滑坡预测方法[J].中国地质灾害与防治学报,17(1):33-35.

林宗元,2003. 简明岩土工程勘察设计手册[M]. 北京:中国建筑工业出版社.

刘爱华,林泽雨,张巍,2019. 降雨型滑坡安全预警模型研究进展[J]. 科学技术与工程,19(28):16-29.

刘传正,2021. 突发性地质灾害防治研究[M]. 北京:科学出版社.

刘传正,陈春利,2020. 中国地质灾害成因分析[J]. 地质论评,66(5):1334-1348.

刘红星,孙广仁,1994. 西宁地区地质灾害与地质环境[J]. 青海环境(1):18-22.

马鹏辉,彭建兵,2022.论黄土地质灾害链(二)[J].自然灾害学报,31(3):15-24.

马鹏辉,彭建兵,2022.论黄土地质灾害链(一)[J].自然灾害学报,31(2):1-11.

门玉明,王勇智,周德培,2011.地质灾害治理工程设计[M].北京:冶金工业出版社.

彭建兵,2019.黄土高原滑坡灾害[M].北京:科学出版社.

彭亮,杜文学,田浩,2021.西宁市特大滑坡监测预警示范[J].科学技术与工程,21(18):7806-7813.

亓星,2017.突发型黄土滑坡监测预警研究[D].成都:成都理工大学.

沈伟,李同录,张中华,等,2017.浅层蠕动型黄土滑坡机理[J].山地学报,35(6):835-841.

孙萍萍,张茂省,程秀娟,等,2019.黄土高原地质灾害发生规律[J].山地学报,37(5):737-746.

孙萍萍,张茂省,贾俊,等,2022.中国西部黄土区地质灾害调查研究进展[J].西北地质,55(3):96-107.

孙萍萍,张茂省,江睿君,等,2021.降雨诱发浅层黄土滑坡变形破坏机制[J].地质通报,40(10):1617-1625.

唐亚明,张茂省,薛强,等,2012.滑坡监测预警国内外研究现状及评述[J].地质论评,58(3):533-541.

王刚,孙萍,吴礼舟,等,2017.灌溉作用下浅表层黄土滑坡变形破坏机理实验研究[J].地质力学学报,23(5):778-787.

王鼐,王兰民,王谦,等,2016.黄土高原地震作用下黄土滑坡滑距预测方法[J].地震工程学报,38(4):533-540.

王念秦,王永锋,罗东海,等,2008.中国滑坡预测预报研究综述[J].地质评论,54(3):355-360.

文宝萍,曾启强,闫天玺,2020.青藏高原东南部大型岩质高速远程崩滑启动地质力学模式初探[J].工程科学与技术,52(5):38-49.

吴树仁,金逸民,石菊松,等,2004.滑坡预警判据初步研究:以三峡库区为例[J].吉林大学学报(地球科学版),34(4):596-600.

谢剑明,刘礼领,殷坤龙,等,2003.浙江省滑坡灾害预警预报的降雨阈值研究[J].地质科技情报,22(4):101-105.

辛鹏,吴树仁,石菊松,等,2014.黄土高原渭河宝鸡段北岸大型深层滑坡动力学机制研究[J].地质学报,88(7):1341-1352.

徐张建,林在贯,张茂省,2007.中国黄土与黄土滑坡[J].岩石力学与工程学报(7):1297-1312.

许强,陆会燕,李为乐,等,2022.滑坡隐患类型与对应识别方法[J].武汉大学学报(信息科学版),47(3):377-387.

许强,彭大雷,何朝阳,等,2020a.突发型黄土滑坡监测预警理论方法研究:以甘肃黑方台为例[J].工程地质学报,28(1):111-121.

许强,汤明高,黄润秋,2020b.大型滑坡监测预警与应急处置[M].北京:科学出版社.

殷跃平,胡时友,石胜伟,等,2018.滑坡防治技术指南[M].北京:地质出版社.

殷跃平,朱赛楠,李滨,等,2021.青藏高原高位远程地质灾害[M].北京:科学出版社.

曾佑江,2015.黄土滑坡研究现状及其展望[J].地下水,37(1):221-223.

张珊,杨树文,杨猛,等,2016.兰州市降雨型黄土滑坡灾害空间分布特征[J].测绘科学,41(12):142-146+211.

张晓超,裴向军,张茂省,等,2018.强震触发黄土滑坡流滑机理的试验研究:以宁夏党家岔滑坡为例[J].工程地质学报,26(5):1219-1226.

张倬元,王兰生,王士天,等,2017.工程地质分析原理[M].北京:地质出版社.

赵超英,刘晓杰,张勤,等,2019.甘肃黑方台黄土滑坡InSAR识别、监测与失稳模式研究[J].武汉大学学报(信息科学版),44(7):996-1007.

郑颖人,陈祖煜,王恭先,等,2010. 边坡与滑坡工程治理[M]. 北京:人民交通出版社.

周保,彭建兵,赖忠平,等,2014. 黄河上游特大型滑坡群发特性的年代学研究[J]. 第四纪研究,34(2):346-353.

周飞,许强,亓星,等,2020. 灌溉诱发突发性黄土滑坡机理研究[J]. 山地学报,38(1):73-82.

朱立峰,谷天峰,胡炜,等,2016. 灌溉诱发黄土滑坡的发育机制研究[J]. 工程地质学报,24(4):485-491.

《工程地质手册》编委会,2018. 工程地质手册[M]. 5版. 北京:中国建筑工业出版社.

CHEN G,MENG X,QIAO L,et al.,2018. Response of a loess landslide to rainfall: observations from a field artificial rainfall experiment in Bailong River Basin, China[J]. Landslides, 15(1-2):895-911.

DONG Q T,JIANG B P,2015. Statistical analysis of excavation model of the loess landslide developmental characteristics[J]. Applied Mechanics and Materials, 3843(744-746):601-605.

LI H J,HE Y S,XU Q,et al.,2022. Detection and segmentation of loess landslides via satellite images: a two-phase framework[J]. Landslides,19(3):673-686.

PENG J B,WANG G H,WANG Q Y,et al.,2017. Shear wave velocity imaging of landslide debris deposited on an erodible bed and possible movement mechanism for a loess landslide in Jingyang,Xi'an,China[J]. Landslides,14(4):1503-1512.

YU Z B,CHANG R C,CHEN Z,2022. Automatic detection method for loess landslides based on GEE and an improved YOLOX algorithm[J]. Remote Sensing,14(18):4599-4599.

ZHU R S,XIE W L,LIU Q,et al.,2022. Shear behavior of sliding zone soil of loess landslides via ring shear tests in the South Jingyang Plateau[J]. Bulletin of Engineering Geology and the Environment,81(6):1-15.

ZHU Y,QIU H,YANG D,et al.,2021. Pre- and post-failure spatiotemporal evolution of loess landslides: a case study of the Jiangou landslide in Ledu,China[J]. Landslides,18(10):3475-3484.